国家职业资格培训教材
技能型人才培训用书

钳工（中级）

第2版

国家职业资格培训教材编审委员会　组编

徐　彬　主编

机 械 工 业 出 版 社

本教材是依据最新颁布的《国家职业技能标准》装配钳工（中级）的理论知识要求和技能要求（为照顾行业习惯，本教材仍沿用传统名称"钳工"），按照岗位培训需要的原则编写的。本教材主要内容包括：复杂零件的划线，锯削、锉削、錾削、刮削和研磨加工，几何公差及表面粗糙度基本知识，孔加工和螺纹的攻制，固定联接装配和传动机构的装配，轴承和轴组的装配，液压传动机构的装配，部件和整机的装配，装配精度检验。书末附有与之配套的试题库和答案，每章前有培训目标，章末有复习思考题，以便于企业培训和读者自测。

本教材既可作为各级职业技能鉴定培训机构、企业培训部门的考前培训教材，又可作为读者考前复习用书，还可作为职业技术院校、技工院校的专业实训课教材。

图书在版编目（CIP）数据

钳工：中级/徐彬主编；国家职业资格培训教材编审委员会组编．—2版．—北京：机械工业出版社，2012.4（2025.5重印）
国家职业资格培训教材．技能型人才培训用书
ISBN 978-7-111-37949-2

Ⅰ．①钳…　Ⅱ．①徐…②国…　Ⅲ．①钳工—职业技能—鉴定—教材　Ⅳ．①TG9

中国版本图书馆CIP数据核字（2012）第059891号

机械工业出版社（北京市百万庄大街22号　邮政编码100037）
策划编辑：赵磊磊　责任编辑：赵磊磊
版式设计：霍永明　责任校对：申春香
封面设计：饶　薇　责任印制：刘　媛
北京富资园科技发展有限公司印刷
2025年5月第2版第11次印刷
169mm×239mm·19印张·368千字
标准书号：ISBN 978-7-111-37949-2
定价：39.80元

电话服务　　　　　　　　网络服务
客服电话：010-88361066　机工官网：www.cmpbook.com
　　　　　010-88379833　机工官博：weibo.com/cmp1952
　　　　　010-68326294　金书网：www.golden-book.com
封底无防伪标均为盗版　机工教育服务网：www.cmpedu.com

国家职业资格培训教材(第2版)

编 审 委 员 会

第2版 序

在"十五"末期，为贯彻"全国职业教育工作会议"和"全国再就业会议"精神，加快培养一大批高素质的技能型人才，机械工业出版社精心策划了与原劳动和社会保障部《国家职业标准》配套的《国家职业资格培训教材》。这套教材涵盖 41 个职业工种，共 172 种，有十几个省、自治区、直辖市相关行业 200 多名工程技术人员、教师、技师和高级技师等从事技能培训和鉴定的专家参加编写。教材出版后，以其兼顾岗位培训和鉴定培训需要，理论、技能、题库合一，便于自检自测，受到全国各级培训、鉴定部门和广大技术工人的欢迎，基本满足了培训、鉴定和读者自学的需要，在"十一五"期间为培养技能人才发挥了重要作用，本套教材也因此成为国家职业资格鉴定考证培训及企业员工培训的品牌教材。

2010 年，《国家中长期人才发展规划纲要（2010—2020 年）》、《国家中长期教育改革和发展规划纲要（2010—2020 年）》、《关于加强职业培训促就业的意见》相继颁布和出台，2012 年 1 月，国务院批转了七部委联合制定的《促进就业规划（2011—2015 年）》，在这些规划和意见中，都重点阐述了加大职业技能培训力度、加快技能人才培养的重要意义，以及相应的配套政策和措施。为适应这一新形势，同时也鉴于第 1 版教材所涉及的许多知识、技术、工艺、标准等已发生了变化的实际情况，我们经过深入调研，并在充分听取了广大读者和业界专家意见的基础上，决定对已经出版的《国家职业资格培训教材》进行修订。本次修订，仍以原有的大部分作者为班底，并保持原有的"以技能为主线，理论、技能、题库合一"的编写模式，重点在以下几个方面进行了改进：

1. 新增紧缺职业工种——为满足社会需求，又开发了一批近几年比较紧缺的以及新增的职业工种教材，使本套教材覆盖的职业工种更加广泛。

2. 紧跟国家职业标准——按照最新颁布的《国家职业技能标准》或《国家职业标准》规定的工作内容和技能要求重新整合、补充和完善内容，涵盖职业标准中所要求的知识点和技能点。

3. 提炼重点知识技能——在内容的选择上，以"够用"为原则，提炼应重点掌握的必需的专业知识和技能，删减了不必要的理论知识，使内容更加精炼。

4. 补充更新技术内容——紧密结合最新技术发展，删除了陈旧过时的内容，补充了新的技术内容。

5. 同步最新技术标准——对原教材中按旧的技术标准编写的内容进行更新，所有内容均与最新的技术标准同步。

6. 精选技能鉴定题库——按鉴定要求精选了职业技能鉴定试题，试题贴近教材、贴近国家试题库的考点，更具典型性、代表性、通用性和实用性。

7. 配备免费电子教案——为方便培训教学，我们为本套教材开发配备了配套的电子教案，免费赠送给选用本套教材的机构和教师。

8. 配备操作实景光盘——根据读者需要，部分教材配备了操作实景光盘。

一言概之，经过精心修订，第 2 版教材在保留了第 1 版精华的同时，内容更加精炼、可靠、实用，针对性更强，更能满足社会需求和读者需要。全套教材既可作为各级职业技能鉴定培训机构、企业培训部门的考前培训教材，又可作为读者考前复习和自测使用的复习用书，也可供职业技能鉴定部门在鉴定命题时参考，还可作为职业技术院校、技术院校、各种短训班的专业课教材。

在本套教材的调研、策划、编写过程中，曾经得到许多企业、鉴定培训机构有关领导、专家的大力支持和帮助，在此表示衷心的感谢！

虽然我们已经尽了最大努力，但教材中仍难免存在不足之处，恳请专家和广大读者批评指正。

国家职业资格培训教材第 2 版编审委员会

第1版 序一

当前和今后一个时期，是我国全国建设小康社会、开创中国特色社会主义事业新局面的重要战略机遇期。建设小康社会需要科技创新，离不开技能人才。"全国人才工作会议"、"全国职教工作会议"都强调要把"提高技术工人素质、培养高技能人才"作为重要任务来抓。当今世界，谁掌握了先进的科学技术并拥有大量技术娴熟、手艺高超的技能人才，谁就能生产出高质量的产品，创出自己的名牌；谁就能在激烈的市场竞争中立于不败之地。我国有近一亿技术工人，他们是社会物质财富的直接创造者。技术工人的劳动，是科技成果转化为生产力的关键环节，是经济发展的重要基础。

科学技术是财富，操作技能也是财富，而且是重要的财富。中华全国总工会始终把提高劳动者素质作为一项重要任务，在职工中开展的"当好主力军，建功'十一五'和谐奔小康"竞赛中，全国各级工会特别是各级工会职工技协组织注重加强职工技能开发，实施群众性经济技术创新工程，坚持从行业和企业实际出发，广泛开展岗位练兵、技术比赛、技术革新、技术协作等活动，不断提高职工的技术技能和操作水平，涌现出一大批掌握高超技能的能工巧匠。他们以自己的勤劳和智慧，在推动企业技术进步，促进产品更新换代和升级中发挥了积极的作用。

欣闻机械工业出版社配合新的《国家职业标准》为技术工人编写了这套涵盖41个职业的172种"国家职业资格培训教材"。这套教材由全国各地技能培训和考评专家编写，具有权威性和代表性；将理论与技能有机结合，并紧紧围绕《国家职业标准》的知识点和技能鉴定点编写，实用性、针对性强，既有必备的理论和技能知识，又有考核鉴定的理论和技能题库及答案，编排科学，便于培训和检测。

这套教材的出版非常及时，为培养技能型人才做了一件大好事，我相信这套教材一定会为我们培养更多更好的高技能人才做出贡献！

（李永安　中国职工技术协会常务副会长）

第1版 序二

为贯彻"全国职业教育工作会议"和"全国再就业会议"精神，全面推进技能振兴计划和高技能人才培养工程，加快培养一大批高素质的技能型人才，我们精心策划了这套与劳动和社会保障部最新颁布的《国家职业标准》配套的《国家职业资格培训教材》。

进入 21 世纪，我国制造业在世界上所占的比重越来越大，随着我国逐渐成为"世界制造业中心"进程的加快，制造业的主力军——技能人才，尤其是高级技能人才的严重缺乏已成为制约我国制造业快速发展的瓶颈，高级蓝领出现断层的消息屡屡见诸报端。据统计，我国技术工人中高级以上技工只占 3.5%，与发达国家 40% 的比例相去甚远。为此，国务院先后召开了"全国职业教育工作会议"和"全国再就业会议"，提出了"三年 50 万新技师的培养计划"，强调各地、各行业、各企业、各职业院校等要大力开展职业技术培训，以培训促就业，全面提高技术工人的素质。

技术工人密集的机械行业历来高度重视技术工人的职业技能培训工作，尤其是技术工人培训教材的基础建设工作，并在几十年的实践中积累了丰富的教材建设经验。作为机械行业的专业出版社，机械工业出版社在"七五"、"八五"、"九五"期间，先后组织编写出版了"机械工人技术理论培训教材"149 种，"机械工人操作技能培训教材"85 种，"机械工人职业技能培训教材"66 种，"机械工业技师考评培训教材"22 种，以及配套的习题集、试题库和各种辅导性教材约 800 种，基本满足了机械行业技术工人培训的需要。这些教材以其针对性、实用性强，覆盖面广，层次齐备，成龙配套等特点，受到全国各级培训、鉴定和考工部门和技术工人的欢迎。

2000 年以来，我国相继颁布了《中华人民共和国职业分类大典》和新的《国家职业标准》，其中对我国职业技术工人的工种、等级、职业的活动范围、工作内容、技能要求和知识水平等根据实际需要进行了重新界定，将国家职业资格分为 5 个等级：初级（5 级）、中级（4 级）、高级（3 级）、技师（2 级）、高级技师（1 级）。为与新的《国家职业标准》配套，更好地满足当前各级职业培训和技术工人考工取证的需要，我们精心策划编写了这套《国家职业资格培训教材》。

这套教材是依据劳动和社会保障部最新颁布的《国家职业标准》编写的，

为满足各级培训考工部门和广大读者的需要，这次共编写了41个职业172种教材。在职业选择上，除机电行业通用职业外，还选择了建筑、汽车、家电等其他相近行业的热门职业。每个职业按《国家职业技能标准》规定的工作内容和技能要求编写初级、中级、高级、技师（含高级技师）四本教材，各等级合理衔接、步步提升，为高技能人才培养搭建了科学的阶梯型培训架构。为满足实际培训的需要，对多工种共同需求的基础知识我们还分别编写了《机械制图》、《机械基础》、《电工常识》、《电工基础》、《建筑装饰识图》等近20种公共基础教材。

在编写原则上，依据《国家职业标准》又不拘泥于《国家职业标准》是我们这套教材的创新。为满足沿海制造业发达地区对技能人才细分市场的需要，我们对模具、制冷、电梯等社会需求量大又已单独培训和考核的职业，从相应的职业标准中剥离出来单独编写了针对性较强的培训教材。

为满足培训、鉴定、考工和读者自学的需要，在编写时我们考虑了教材的配套性。教材的章首有培训要点、章末配复习思考题，书末有与之配套的试题库和答案，以及便于自检自测的理论和技能模拟试卷，同时还根据需求为20多种教材配制了VCD光盘。

为扩大教材的覆盖面和体现教材的权威性，我们组织了上海、江苏、广东、广西、北京、山东、吉林、河北、四川、内蒙古等地相关行业从事技能培训和考工的200多名专家、工程技术人员、教师、技师和高级技师参加编写。

这套教材在编写过程中力求突出"新"字，做到"知识新、工艺新、技术新、设备新、标准新"；增强实用性，重在教会读者掌握必需的专业知识和技能，是企业培训部门、各级职业技能鉴定培训机构、再就业和农民工培训机构的理想教材，也可作为技工学校、职业高中、各种短训班的专业课教材。

在这套教材的调研、策划、编写过程中，曾经得到广东省职业技能鉴定中心、上海市职业技能鉴定中心、江苏省机械工业联合会、中国第一汽车集团公司以及北京、上海、广东、广西、江苏、山东、河北、内蒙古等地许多企业和技工学校的有关领导、专家、工程技术人员、教师、技师和高级技师的大力支持和帮助，在此谨向为本套教材的策划、编写和出版付出艰辛劳动的全体人员表示衷心的感谢！

教材中难免存在不足之处，诚恳希望从事职业教育的专家和广大读者不吝赐教，提出批评指正。我们真诚希望与您携手，共同打造职业培训教材的精品。

国家职业资格培训教材编审委员会

前　言

机械制造业是技术密集型的行业，机械行业职工队伍中一半以上是技术工人，技术工人的素质如何，直接关系到能否振兴和发展我国的机械工业。优秀的技术工人是企业各类人才中最至关重要的一个组成部分，如何使其成为技术过硬、技艺精湛的能工巧匠，是关系到企业能否保证产品质量，提高生产效率，降低物质消耗，使企业获得较好经济效益的关键，也是能否使企业在激烈的市场竞争中立于不败之地的重要因素。

《钳工（中级）》第1版自2005年出版以来，得到了广大读者的广泛关注和热情支持，全国各地有不少读者通过电话、信函、E-mail等形式对本书提出了很多宝贵的意见和建议。最近，为了提高技术工人的职业素质，使其适应企业的发展需要，并在企业中发挥应有的作用，人力资源和社会保障部颁布了最新的《国家职业技能标准》。根据读者的建议和最新的《国家职业技能标准》，我们对原书进行了修订。本教材按照《国家职业技能标准》对中级装配钳工（为照顾行业习惯，本教材仍沿用传统名称"钳工"）的职业要求、知识要求和技能要求进行编写，并且采用最新的国家标准，着重体现了"以职业活动为导向，以职业技能为核心"的指导思想，以"实用、够用"为宗旨，突出职业培训特色。

本教材内容精练、实用，图文并茂，通俗易懂，覆盖面广，通用性强，力求做到"知识新、工艺新、技术新和标准新"。本教材主要内容包括：复杂零件的划线，锯削、锉削、錾削、刮削和研磨加工，几何公差及表面粗糙度基本知识，孔加工和螺纹的攻制，固定联接装配和传动机构的装配，轴承和轴组的装配，液压传动机构的装配，部件和整机的装配，装配精度检验。书末附有与之配套的试题库和答案，每章前有培训目标，章末有复习思考题，以便于企业培训和读者自测。本教材既可作为各级职业技能鉴定培训机构、企业培训部门的考前培训教材，又可作为读者考前复习用书，还可作为职业技术院校、技工院校的专业课教材。

本教材由徐彬任主编，蔡湧参加编写，黄涛勋主审。

由于作者的水平有限，书中难免存在不足和错误之处，恳请广大读者批评指正。

编　者

目　录

第 一 章

复杂零件的划线

培训目标 能掌握箱体等复杂工件的划线要领和操作技能，了解钣金技术中展开放样的基本内容。

◈◈◈ 第一节　概　述

在机械加工前，一些形状复杂的毛坯和半成品，需要划出基准线和加工线，作为加工和校准的依据。通过划线可以检查坯件是否合格，对一些局部有缺陷的坯件，还可以利用划线调整加工余量来补救，以提高坯件合格率。故划线质量也直接影响产品的加工质量。机械制造中，箱体工件占有一定的比例。由于大多数箱体类工件的加工工序多、工艺复杂及各种尺寸和位置精度要求高等因素，所以箱体类工件的划线难度比一般工件要大。下面以箱体类工件为主，具体介绍划线技能。

◈◈◈ 第二节　箱体类工件的划线方法和实例

一、划线方法

1. 基准的选择

箱体类工件的划线基准，是以面为主，若图样上是以平面为设计基准的，划线时就取用此平面。须说明的是箱体类工件划线基准选好后，还要考虑放置基准——如何把工件安置在划线平板上或划线箱、V形铁上的问题。此问题解决得好，将会简化划线工序或减少工作量和提高机械加工质量。这里对箱体类工件划线提几点应注意的问题。

1）第一划线位置的选择，应选择待加工表面和非加工表面比较重要和集中的位置——使工件上的主要中心线平行于平板平面。这样有利于找正和借料，也能减少工件翻转次数和提高划线质量。

2）在四个面上划出校正十字线时，线要划在较长或平直的部位，一般常用基准孔的轴线。若在毛坯上划十字校正线，待加工后，必须以已加工表面为基准重划。

3）为避免和减少翻转次数，其垂直线可利用角铁或直角尺一次划出。

4）要注意内壁的找正，应使其壁厚均匀，保证加工后有利于装配。

2. 找正依据

机器零件其形状尺寸是千变万化的，不同的零件，不同用途的零件，在划线时，其基准的找正是不同的。一般来说，第一次划线选择的那个非加工面作为找正的主要依据，这是主要的。箱体类工件常以工件与非加工部位有关的和比较直观的主要非加工面为找正依据。例如凸台，形状对称的肋片，以至一些非加工的内壁为找正依据。而第二次划线就要依据已加工过的表面作为基准并为找正依据。

关于一次划线、二次划线、……的问题，不是所有箱体都需要，几次划线的问题，取决于工件的复杂程度。有些工件经过一次划线就解决问题，而有些工件非要经过几次划线才能完成，总之要分情况对待。所以，第一次划线位置与第二、第三、……次划线位置是有可能变动的，其中没有必然的规律。

3. 借料的方法

一些铸、锻毛坯件，在尺寸、形状和位置上都存在一定的误差和缺陷。当误差和缺陷不大时，通过试划和调整可以使各加工表面都有足够的加工余量，并得到恰当的分配，而误差和缺陷完全可以在加工后排除，这种补救的方法称为借料。

如图1-1a所示是一个锻造毛坯。如果毛坯比较准确，就可按图样尺寸进行划线，工作比较简单（见图1-1b）。但如果由于锻造误差而使外圆与内孔产生较大的偏心，则划线就不那么简单了。如果不顾及内孔去划外圆，则内孔有一部分的加工余量就不够（见图1-2a）；反之，如果不顾及外圆去划内孔，则外圆有一部分的加工余量就不够（见图1-2b）。因此，只有在内孔和外圆都兼顾的情况下，适当地确定一个圆心位置，才能使内孔和外圆都保证具有足够的加工余量，如图1-2c所示。这就说明通过借料，使有误差的毛坯仍能很好地利用。当然，误差太大时也无法弥补，只能及早报废。

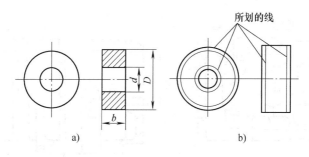

图 1-1　圆环工作图及划线

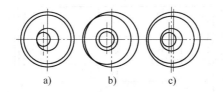

图 1-2　圆环划线的借料

二、划线实例

1. 卧式车床主轴箱的划线

如图 1-3 所示为卧式车床的主轴箱零件图，划线前仔细审阅图样，由图 1-3 可知Ⅵ孔是车床的主轴孔，也是主要设计基准，故划线的基准应选择此孔的十字中心线。根据工艺要求，此工件需要三次划线。

1）毛坯划线，确定各加工平面的加工线。

2）经机械加工后，划出各轴孔的加工线和十字线。

3）全部机械加工后的划线，划螺孔、油孔、定位孔等。

（1）第一次划线　如图 1-4a 所示将工件置于平板的千斤顶上，用划线盘划出 A、B 两面与平板基本平行，并用直角尺检查 G、C 两面与平板基本垂直。接着在Ⅵ孔的凸台上划一参考线作为此孔的中心线，然后以此为基准，检查各加工平面和孔是否有足够的加工余量，余量不足，要借料。符合要求后，可根据孔Ⅵ内壁、凸台和 A、B 两面的余量分配，划出孔Ⅵ的中心线 Ⅰ—Ⅰ（基准），再按尺寸 120mm 划出 A 面加工线，按尺寸 322mm 划出 B 面加工线。

将箱体翻转 90°，如图 1-4b 所示，按第二划线位置安放，调整千斤顶，用直角尺找正 Ⅰ—Ⅰ 线使之与平板垂直，并用划线盘找正 G 面使之与平面基本平行。根据Ⅵ孔内壁凸台和 E、F 两面的余量分配，划出Ⅵ孔的中心线 Ⅱ—Ⅱ（基准）；再按尺寸 142mm 划出 G 面的加工线；按尺寸 81mm 划出 E 面加工线；按尺寸 146mm 划出 F 面加工线。要注意检查各孔的加工余量。

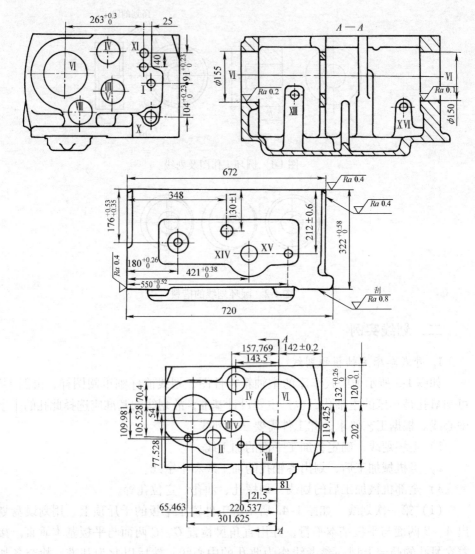

图 1-3　卧式车床主轴箱

　　然后将箱体再翻转 90°，如图 1-4c 所示，按第三划线位置置放，千斤顶支持在 D 面上，调整好高度。用直角尺找正 Ⅰ—Ⅰ、Ⅱ—Ⅱ 线使之与平板垂直。根据孔 Ⅵ 内壁凸台的高低，分配 C、D 两面的加工余量，并按尺寸 672mm 划出这两面的加工线。

　　这些线划好后，转入机械加工。

　　（2）第二次划线　箱体经过加工后，A、B、C、D、E、F、G 面都属已加工表面，以后的划线就可按这些已加工面为基准，主要把一些轴孔位置划出，以便

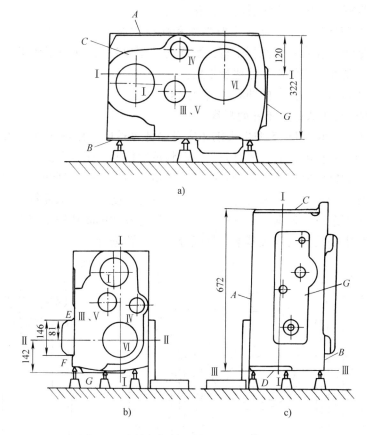

图 1-4 主轴箱箱体在第一放置位置划线

上钻床、镗床或磨床加工。

　　工件还是如图 1-4a 所示置于平板上，用两块等高垫块代替千斤顶支持在 B 面上，不必找正工件。直接以 A 面为基准，按尺寸 120mm，划出孔 Ⅵ 的中心线；再按图样上其余有关尺寸分别找出孔 Ⅰ、Ⅱ（ϕ52mm）、Ⅲ、……的中心线；按尺寸 176mm、130mm、212mm（图 1-3）在 G 面上划出孔 ⅩⅢ、ⅩⅣ、ⅩⅥ 的中心线。

　　将箱体翻转 90°，如图 1-4b 所示位置，将 G 面安放在平板上。以 G 面为基准，按尺寸 142mm 在 C、D 两面划出孔 Ⅵ 的中心线；按尺寸（142+220）mm 划出孔 Ⅱ 的中心线；按尺寸（142+157）mm 划出孔 Ⅲ 的中心线；按尺寸（142+143）mm 划出孔 Ⅳ 的中心线；再按图样上其余有关尺寸，划出孔 Ⅴ、Ⅷ、……的中心线。

　　将箱体翻转 90°，按图 1-4c 所示，将 D 面直接放在平板上。以 D 面为基准，按尺寸 180mm、348mm、550mm（图 1-3）分别划出孔 ⅩⅢ、ⅩⅣ、ⅩⅥ 的中心线。

这样分别划好各孔的加工线后转入镗孔。

（3）第三次划线 箱体各主要平面和孔经过加工后，还剩下一些螺孔、油孔等需要划线（注意：若图样上标注配作的孔不要划），这一划线工序均可按已加工表面为基准，按图样尺寸逐步划出。

线全部划出后，打上样冲眼，结束此道工序。

2. B665 型牛头刨床床身的划线

如图 1-5 所示为 B665 型牛头刨床床身箱体零件图。由图可知，床身的孔不仅有较高的尺寸精度，而且还有较高的形状位置精度。床身上的水平和垂直导轨不仅有各自的精度要求，还有相互间的位置精度要求。床身划线时需保证水平导轨和垂直导轨的垂直度和大齿轮孔的尺寸、位置精度，还应保证每个变速轴孔都有足够的加工余量。根据以上分析，选择大齿轮 φ540mm 孔的正交十字线及左视图中的对称中心线作为划线基准。划线分 3 个位置进行。

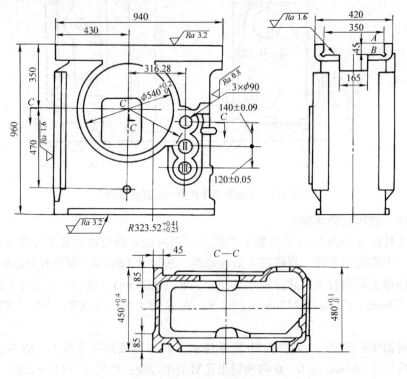

图 1-5 B665 型牛头刨床床身箱体零件图

（1）第一划线位置 准备工作及划线步骤为：

1）完成立体划线的准备工作。

① 在箱体大齿轮孔及 3 个变速轴孔（图示 Ⅰ、Ⅱ、Ⅲ）中心装上塞块，为划线、借料作准备。

② 用3个千斤顶按图1-6所示，将箱体底面支撑在平板上。

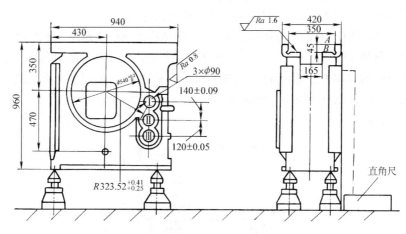

图1-6 刨床箱体第一次划线

③ 先用划线盘预找平 A、B 两个待加工表面的 4 个角；再用直角尺找正垂直导轨的待加工面与划线平台基本垂直；最后检查箱体两侧的不加工表面放置是否对称。这三个因素如果不协调，则主要应满足每个待加工表面有足够的加工余量。

2) 第一划线位置划线。

① 用划规在大齿轮孔中心塞块上预找出中心点，以此点为中心，检查 R323.52mm 是否有加工余量，同时检查其他各孔是否有加工余量，以及内外凸台是否同轴。

② 检查水平导轨、垂直导轨是否都有加工余量。

③ 协调各加工面的加工余量，完成借料过程。

④ 依次划出 $\phi 540^{+0.2}_{0}$ mm 孔中心线，孔 Ⅰ、Ⅱ、Ⅲ中心线，水平导轨 A、B 两面的尺寸线，底面加工线等（如 350mm、470mm、960mm、45mm）。

（2）第二划线位置 将箱体翻转 90°（如图1-7所示）。用直角尺找正第一位置所划基准线，即找正水平导轨外侧面和内侧加工面与划

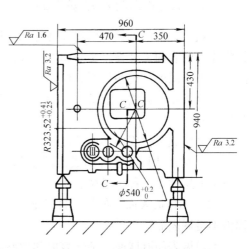

图1-7 刨床箱体第二次划线

线平板垂直，以大齿轮孔中心为基准，在箱体四周划出第二位置基准线，依次划出如图 1-7 所示的 430mm、940mm 以及三孔的尺寸线。

（3）第三划线位置　再将箱体朝另一方向翻转 90°（如图 1-8 所示）。用直角尺找正前两次已划出的基准线，以垂直、水平导轨加工余量的对称中线为依据，兼顾外表面的对称性，划出第三位置基准线。依次划出如图 1-8 所示的 165mm、350mm、420mm 以及 450mm、480mm、85mm 的尺寸加工线。

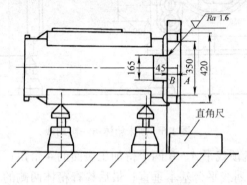

图 1-8　刨床箱体第三次划线

◆◆◆ 第三节　多面体的展开和钣金开料知识

一、可展表面与不可展表面

一块长方形的钢板可以卷成圆筒，反过来也可将圆筒摊开成长方形钢板。这样将零件的表面摊开在一个平面上的过程就叫展开。在平面上画得的图形叫展开图，作展开图的过程叫展开放样。

作展开图的方法，通常有两种：一种是计算法；一种是作图法。大多数零件都用作图法。

根据组成零件表面的展开性质，展开表面可分为可展表面和不可展表面。

（1）可展表面　零件的表面能全部平坦摊平在一个平面上，而不发生撕裂或皱折的这种表面称为可展表面。

（2）不可展表面　如果零件的表面不能自然地展开摊平在一个平面上，就称为不可展表面。

不可展表面有球面、圆环表面和螺旋面等。

二、展开方法

物体表面的展开方法，在机械行业中大多采用平行线法来展开。平行线法展开的原理是：

将零件的表面看作由无数条相互平行的素线组成，取相邻素线及其两端线所围成的微小面积作为平面，只要将每一小块平面的真实大小，依顺序地画在平面上，就将得到了零件表面的展开图，所以这种方法只适用于零件表面的素线或棱线互相平行的几何形体，如各棱柱体、圆柱体曲面等都可用平行线法展开。

除了平行线法外，还有放射线法和三角形法等展开方法。

三、展开实例

1. 锥体的展开

由于锥体表面素线不是平行的，而是所有素线汇交于一点，所以其展开方法就用放射线法。放射线法的展开原理是将零件表面由锥顶起作一系列的放射线，将锥面分成一系列的小三角形，每一小三角形作为一个平面，将各三角形依次展开画在平面上，就可求得展开图。

（1）平口正圆锥管的展开　平口正圆锥管是无锥顶的圆锥，如图 1-9 所示，其中图 1-9a 所示为其立体图；图 1-9b 所示的粗实线部分为其投影图。通常的作法是将俯视图上两个分别代表顶圆和底圆的圆周分成若干等分，图示分成 12 等

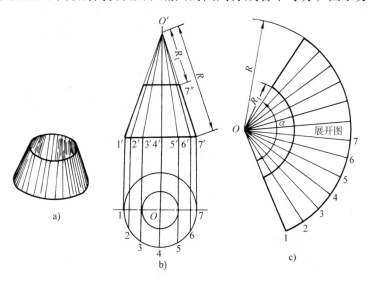

图 1-9　平口正圆锥管的展开

分，则1、2、3、…根据投影关系将这些等分点分别标到主视图上。将锥体两侧素线延长，交于 O'，$O'7'$ 和 $O'7''$ 则为展开扇形的大端半径 R 和小端半径 R_1。再在图样另一处取一中心 O，分别以 R_1 和 R 为半径作一合适的扇形，画一扇形始边 $O1$，自1起逐一作一段圆弧，其长度等于俯视图上的12、23、34、…取12段为止，最后一点连接 O，图1-9c所示则为展开图。

另外在取扇形面积时，扇形的中心角也可通过计算求得，若圆锥底面直径为 d，则

$$\alpha = \frac{360\pi d}{2\pi R} = 180\frac{d}{R}$$

式中　α——扇形的中心角（°）；

　　　　d——底圆直径（mm）；

　　　　R——底圆到锥顶的距离（mm）。

（2）斜口正圆锥管的展开　图1-10a所示为斜口正圆锥管的立体图，其展开图见图1-10b。具体作法是：斜口正圆锥管可以想象由一只具有顶锥的正圆锥

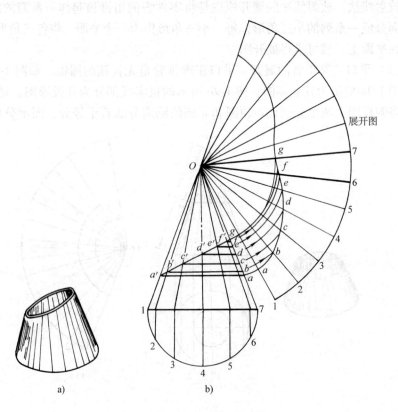

图1-10　斜口正圆锥管的展开

管，被截割锥顶后形成的。其扇形求法与上述平口正圆锥管一样。从图中可看出，把锥体分成若干等分的各素线在投影图上都不是实际长度，所以必须把斜口正圆锥表面各等分素线实长求得，则可画出展开图。这是通过用旋转法求实长来取得的。将投影图上的 a'、b'、c'、…都旋转到扇形的相应的 $O1$、$O2$、$O3$、…的直线上，这样在扇形的 $1a$、$2b$、$3c$、…则为斜口正圆锥体上的有关素线的实长，只要再连接 a、b、c、…各点，则是所求的展开图。

（3）斜圆锥管的展开 如果圆锥的轴线与底面不垂直，则该圆锥称斜圆锥。斜圆锥的顶点至底圆的距离（即斜圆锥表面各素线的长度）都不相等，作展开图时必须分别求出各条素线的实长，先画出整个圆斜面的展开图，再画出截去的顶部，如图 1-11 所示则为其展开图。作法是：

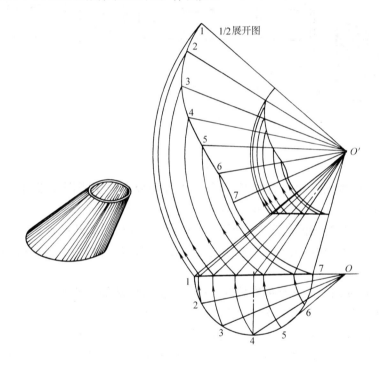

图 1-11 斜圆锥管的展开

1）将底圆分成若干等分，各等分点 1、2、3、…、7 与顶点 O 连接，这样将斜圆锥面分成许多小的三角形。

2）用旋转法求出各条素线的实长，例如 $O—2$ 实长，在俯视图中以 O 为圆心、$O—2$ 为半径作圆弧与水平线相交，交点与顶点 O' 的直线即为 $O—2$ 的实长。求出各素线的实长后，再利用等分圆弧的弧长，依次作出各三角形的展开图（图中只画了一半，另一半与其对称）。

3）用以上同样的方法，作截去顶部的展开图，图中的实线部分则为斜圆锥台的展开图。

2. 圆管件的展开和等径圆管弯头的展开

（1）斜口圆管件的展开　如图 1-12 所示为止口斜截的圆管，展开时在圆管表面取许多相互平行的素线，把表面分成许多小四边形，依次画出各四边形得展开图。展开步骤如下：

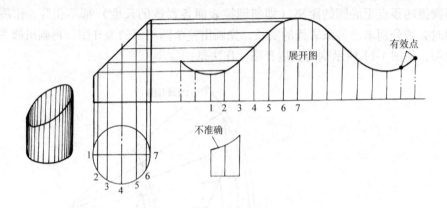

图 1-12　斜口圆管件的展开

1）将俯视图上的圆周作 12 等分。将各等分点向主视图作投射线，则相邻两投射线组成一小的梯形，每一小梯形作为一平面。

2）延长主视图的底线作为展开的基准线，将圆周展开在延长线上得 1、2、3、…、7 各点，过各点作垂线并量取各素线的长度，然后用光滑曲线连接各点得展开图。

为了保证曲线两端部的准确性，必须在曲线两端部之外加作几点，使曲线能延伸过去，如图 1-12 中的双点画线所示，这些点称有效点。

由于展开图上每一梯形平面代表了圆管曲面的一部分，所以圆周等分数越多，则每一小梯形曲面越接近于平面，作得的展开图也越准确，但作图过程也相应地较繁琐。所以等分数随圆管的直径大小而定。也可根据直径计算其周长，再将求得的周长作等分，这样作得的图形较精确。

在展开放样中，由于受位置和钢板面积的限制，作图的方法可适当简化，例如俯视图的上下两部分对称，可只画半只，同时将俯视图靠紧主视图，这样位置就紧凑了。

（2）两节等径圆管 90°弯头的展开　如图 1-13 所示为一个两节等径圆管 90°弯头的立体图和投影图，每节都是相同的斜口圆管，所以只要展开一节就行，展开方法与上述的斜口圆管的展开相同，任意角度的两节圆管也用同样的方法展开。

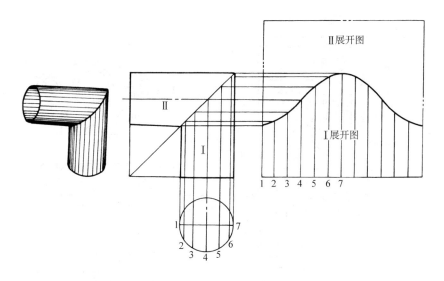

图 1-13 两节等径圆管 90°弯头的展开

如果第Ⅱ节展开时，以素线 7 为接缝，则展开形状如图 1-13 中的双点画线所示，它与第Ⅰ节展开图可拼成长方形。

3. 钣金开料知识

钣金开料是将原材料按需要切成毛料。开料的方法很多，按设备的类型和工作原理，可分为剪切、铣切、冲切、氧气切割等。在生产中可根据零件的形状、尺寸、材料的种类、精度要求以及生产数量的多少来选择开料的方法。

复习思考题

1. 划线时怎样选择基准？

2. 划线位置与划线次数是否一致？为什么？

3. 试述箱体类工件的划线特点？

4. 什么叫可展表面？什么叫不可展表面？举例说明。

5. 如果有一圆锥台，上口直径为 250mm，下口直径为 400mm，上、下口的垂直高度为 300mm，试作此工件的展开图。

6. 对于图 1-14 所示的阀体，将如何划线？试述其划线过程。

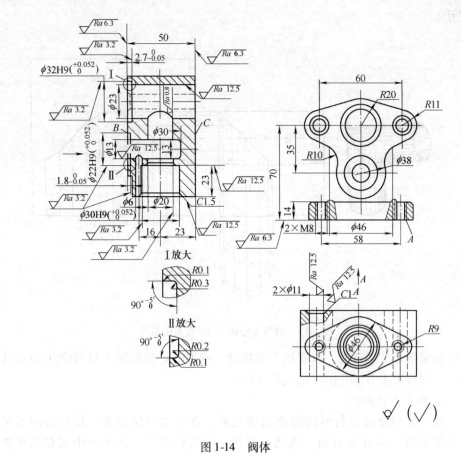

图 1-14 阀体

第 二 章

锯削、锉削、錾削、刮削和研磨加工

培训目标 能熟练掌握锯削、锉削、錾削、研磨的加工方法。了解机床导轨的相关知识以及机床导轨的精度和检测方法。掌握机床导轨、多瓦式动压滑动轴承的刮削方法。掌握研磨圆柱表面的方法和研具的使用方法。

◆◆◆ 第一节 锯削加工

一、工件的装夹

1）工件伸出钳口不宜过长，防止锯削时产生振动。锯削线应和钳口边缘平行，并夹在台虎钳的左面，以便操作。

2）工件要夹紧，避免锯削时工件移动或使锯条折断。

3）防止工件变形和夹坏已加工表面。

二、锯削的质量分析

1. 锯条损坏的原因

（1）锯条磨损 当推锯速度过快，所锯工件材料过硬，而未加注适当的切削液时，锯齿与锯缝的摩擦增加，从而造成锯齿部分过热，齿侧迅速磨损，导致锯齿磨损。

（2）锯条崩齿 当起锯时起锯角过大，锯齿钩住工件棱边锋角，或者所选用锯条锯齿粗细不适应加工对象，或推锯过程中角度突然变化，碰到硬杂物，均会引起崩齿。

（3）锯条折断　锯条安装时松紧不当，工件夹持不牢或不妥而产生抖动，锯缝已歪斜而急于纠正，在旧锯缝中使用新锯条而未采取措施等，都容易使锯条折断。

2. 锯削时产生废品的原因

（1）锯后工件尺寸不对　如果原划线不准或者在锯削时没有留尺寸线，会造成工件锯后尺寸不对。

（2）锯缝歪斜　当锯条装得过松或扭曲，锯齿一侧遇硬物易磨损，锯削时所施压力过大或锯前工件夹持不准，锯时又未顺线校正，就会造成锯缝歪斜。

（3）工件表面拉伤　起锯角过小或起锯压力不均都会使工件表面产生拉伤现象。

三、扁钢、条料、薄板、深缝的锯削实例

1. 扁钢、条料、薄板的锯削

锯削扁钢、条料时，可远起锯从宽的面上锯下去。如一定要从窄的面锯下去，特别是锯削薄板料时，可将薄板夹持在两木块之间，连同木块一起锯削。这样锯削可增加同时参加锯削的齿数，而且工件刚度也好，便于锯削，见图2-1a。也可按图2-1b所示方法锯削。

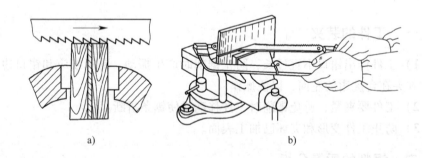

a)　　　　　　　　　　　　b)

图2-1　薄板的锯削

2. 深缝的锯削

当锯缝的深度到达锯缝的高度时（见图2-2），为了防止锯弓与工件相碰，应把锯条转过90°安装后再锯。由于钳口的高度有限，工件应逐渐改变装夹位置，使锯削部位处于钳口附近，而不是在离钳口过高或过低的部位锯削。否则工件因弹动将影响锯削质量，也易损坏锯条。

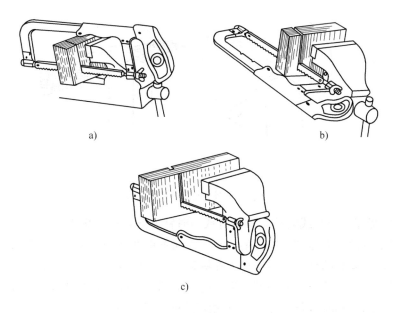

图 2-2　深缝锯削

◈◈◈ **第二节　锉削加工**

一、锉削方法

1. 曲面的锉削

（1）外圆弧面的锉削　锉削外圆弧面时一般采用锉刀顺着圆弧锉削的方法（图 2-3a）。在锉刀做前进运动的同时，还应绕着工件圆弧的中心做摆动。摆动时，右手把锉刀手柄往下压，左手把锉刀前端向上提，这样锉出的圆弧面不会出现有棱边的现象。但顺着圆弧锉削的方法不易发挥力量，锉削效率不高，故一般只适合在余量较少或精锉圆弧面的情况下采用。

当加工余量较多时，可采用横着圆弧锉削的方法（图 2-3b）。由于锉刀做直线推进，用力可大一些，故效率较高。在按圆弧要求先锉成多棱形后，再用顺着圆弧锉削的方法精锉成圆弧面。

（2）内圆弧面的锉削　锉削内圆弧面时，锉刀要同时完成三个动作（图 2-4）：

1）前进运动。

2）向左或向右移动（约 0.5～1 个锉刀直径）。

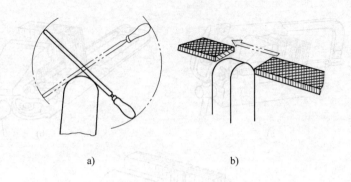

a)   b)

图 2-3　外圆弧面的锉削方法

3）绕锉刀中心线转动（顺时针或逆时针方向转动约 90°）。

如果只做前进运动，锉出的内圆弧面就不正确（图 2-4a）；如果只有前进运动和向左或向右的移动，由于锉刀在圆弧面上的位置不断改变，若锉刀不绕自身中心线转动，手的压力方向就不便于随锉削部位的改变而改变（图 2-4b），所以只有三个运动同时进行，才能锉好内圆弧面（图 2-4c）。

2. 球面的锉削

锉削球面时，锉刀在做与外圆弧面锉法相同动作的同时，还需要绕球面的中心和周向做摆动（图 2-5）。

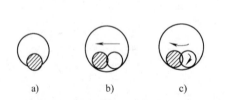

a)   b)   c)

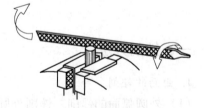

图 2-4　内圆弧面的锉削方法　　　　图 2-5　球面的锉削方法

3. 直角面的锉削

锉内外直角面也是锉削工作中要经常遇到的。如图 2-6 所示的直角形工件，只介绍工件上 A、B、C、D 面的锉削方法，其余各面假定已经加工好。A、B、C、D 面也已经经过粗加工。锉削方法如下：

1）先检查各部分尺寸和垂直度、平行度的误差情况，合理分配各面的加工余量。

2）锉削平面 A，平面度和表面粗糙度符合图样要求，切忌未达要求就急于去锉削其他平面。

3）锉平面 B，平面度和表面粗糙度也要符合图样要求，并保证与平面 A 的

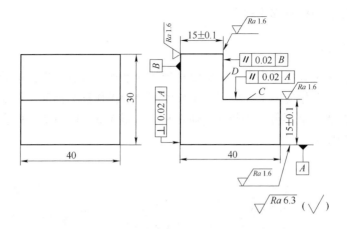

图 2-6 直角形工件

垂直度公差为 0.02mm。

垂直度是用直角尺以透光方法来检查的。检查时，将直角尺的短边紧靠平面 A，长边靠在平面 B 上进行透光检查（图 2-7）。如果平面 B 与平面 A 垂直，则直角尺的长边紧贴在平面 B 上后，透过的光线是微弱且全长上是均匀的。如果不垂直，则在 1 处或 2 处有较大的缝隙。如果 1 处有缝隙，说明 1 处锉去过多，两面夹角大于 90°，应修锉 2 处。如果 2 处有缝隙，说明 2 处锉去过多，两面夹角小于

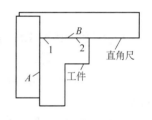

图 2-7 用角尺检查不垂直度

90°，应修锉 1 处。经过反复的检查和修锉，直至直角尺与平面 B 完全贴合。

在用直角尺检查时，短边与平面 A 必须始终保持紧贴，而不应受平面 B 的影响而松动，否则检查结果会产生错误。此外，直角尺在改变检查位置时，不允许在工件表面上拖动，而应该提起后再轻放于新的检查部位，否则直角尺的两个直角边容易磨损而降低其精度。

4）锉削平面 C，使其与平面 A 保证平行度公差为 0.02mm，并保证尺寸准确。锉削平面 C 时，要防止把平面 D 锉坏，以免平面 D 的加工余量不够。最好使用有光边的锉刀。

5）锉平面 D，使其与平面 B 保证平行度公差为 0.02mm 并保证尺寸准确，同样要防止把平面 C 锉坏。

6）修整各棱边毛刺。

从上述加工步骤可以看出，有几个面要同时锉削时，一般尽可能选择大的平面或长的平面先加工好并作为基准，因为大的或长的平面容易锉削，作为检查测量时的基准也比较可靠。外表面和内表面都要锉削时，尽量先锉削外表面，因为

外表面的加工和检查都比较容易。

二、锉配

锉配在钳工装配工作中是必定要碰到的锉削加工方法。用锉削的方法，使一个工件和另一个相应的工件得到一定松紧配合的操作称为锉配，例如配键。

配键涉及三个零件，即键1、轴2和套（轮）3，如图2-8所示。三者的配合要求一般如下：

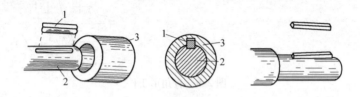

图 2-8　配键
1—键　2—轴　3—套（轮）

1）键和轴槽要求配得较紧，相当于第二种过渡配合（M7/h6）。

2）键和套或轮毂槽要求配得较松，相当于第四种过渡配合（J7/h6）。

3）键底面应与轴槽贴紧，而上面与套或轮毂槽底之间要有 0.3～0.4mm 的间隙。

具体的锉配步骤如下：①修去轴键槽和套（轮）键槽上的毛刺。②锉修键的两侧面，应保证两侧平行；用键两侧面的下角与轴键槽试配，以能紧紧嵌入为宜。③将修锉好两侧面的键和轮毂槽试配，应能塞入套（轮）的键槽内，否则应锉修轮毂槽两侧面至键能塞入为止。④锉削键的两端至所需长度，再锉成半圆形、然后倒角。键的长度应小于轴上键槽的尺寸（约 0.1mm 的间隙），以防止将键硬打入轴槽而使轴变形。⑤修掉键上毛刺，涂油，用木槌将键打入轴槽内。⑥连轴带键和轮毂试配，若过紧，则修去键侧面上的发亮部分（键不必取出），但注意不要损伤轴表面。

在锉削加工中，不管锉削何种工件，总是有个顺序的问题，确定锉削顺序的一般原则如下：

1）选择工件所有锉削面中最大的平面，先进行光锉，达到规定的平面度要求后作为其他平面锉削时的测量基准。

2）先锉平行面，达到规定的平面度、平行度后，再锉与其相关的垂直面，以便于控制尺寸和精度要求。

3）当平面与曲面连接时，应先锉平面后锉曲面，以便于圆滑连接。

三、锉削质量分析

1. 工件夹坏

当工件材料较软或夹持在已精加工过的表面上而未加保护衬垫，或是加工空心的圆柱形零件而未衬以 V 形垫块或内弧形木块时，如果夹紧力过大，则会造成工件变形损坏。

2. 尺寸和形状不准

锉前未检查划线的正确性，锉时未用量具经常检查，以致尺寸超差；握锉、运锉不稳；当锉削角度面时，未选用带安全边的锉刀而碰伤相邻面，均会造成形状不准。

3. 表面粗糙

精锉余量太少，以致不能消除粗锉锉痕；用细齿锉刀修整时，切屑嵌在齿缝中未及时清除而被拉毛表面。

四、直角定位块锉削实例

直角定位块（见图 2-9）制作时的工作步骤如下：

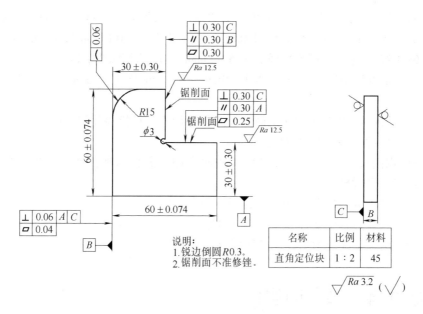

图 2-9　直角定位块

1）熟悉和了解图样。首先要看懂图样，根据图样上的标题栏，了解该制作件的名称、材料、图样的比例等。

2）检查毛坯（见图2-10）是否与图样一致，并根据图样上的基准要求，选好 *A*、*B*、*C* 三个基准面，做上记号。

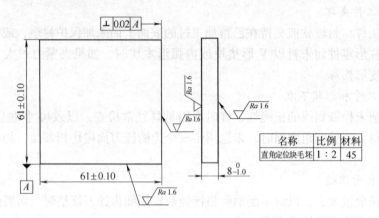

名称	比例	材料
直角定位块毛坯	1：2	45

图 2-10　直角定位块毛坯图

3）选用软口台虎钳装夹。

4）选用划线工具、加工工具：准备好金属直尺、直角尺、划针、锯弓、锯条、靠铁、扁锉、异形锉刀等。

5）选用检测量具：根据图样标明的精度，选用游标高度卡尺（0.02mm/0～300mm）、游标卡尺（0.02mm/0～150mm）、外径千分尺（0.01mm/50～75mm）、直角尺（63/1 级）、半径（圆弧）样板（15～25mm）、$\phi 3$ 直柄麻花钻等。

6）划 *R*15、$\phi 3$ 中心线、两个 30mm±0.3mm 及两个 60mm±0.074mm 尺寸线。

7）锉削 *A*、*B* 对边的加工面到尺寸，并用直角尺检验几何精度。

8）锯掉圆弧外的直角部分。

9）锯削尺寸为 30mm±0.30mm 的两个面，需根据加工要求一次锯削完成（因锯削后不准修锉）。

10）锉削 *R*15 圆弧面到尺寸，用半径样板检测。

11）操作过程中要注意安全和文明生产。工具、量具摆放整齐，工作场所要保持清洁，正确使用工具及操作姿势正确等。

◆◇◆◇ 第三节　錾削加工

一、錾削方法

在錾削加工时，不管是什么形状的工件，都有一个起錾和錾削到尽头的方法，这对錾削质量的影响很大。开始起錾时，应从工件侧面的夹角处轻轻地起錾，见图 2-11a，同时慢慢地把錾子移向中间，使錾子刃口与工件平行为止。如錾削时不允许从边缘尖角处起錾（例如錾削油槽），此时錾子刃口要贴住工件，錾子头部向下约 30°，见图 2-11b。轻轻敲打錾子，待錾出一个小斜面，然后开始錾削。当錾削到大约距尽头 10mm 左右的地方时，必须停止錾削，然后调头錾去余下的部分，如图 2-12 所示为錾削到尽头的方法。特别在錾削铸铁和青铜等脆性材料时，更应如此，否则尽头处材料就会崩裂。

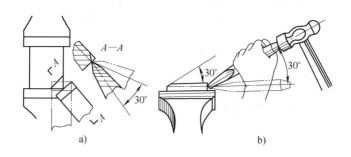

图 2-11　起錾方法

a）正确　b）错误

二、錾削质量分析

1）工件锉削表面过分粗糙，后道工序已无法去除其锉削痕迹。

2）工件上棱角处有时锉削用力过猛，导致棱角的崩裂或缺损。

3）起錾不准或錾削中不注意而使錾削超过了尺寸界线。

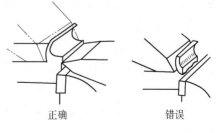

图 2-12　錾削到尽头的方法

4）工件夹持不当，以致受錾削力作用后导致夹持表面损坏。

以上几种錾削质量问题主要是由于操作时不够认真、操作不熟练或未充分掌握錾削技能的各项要领所引起的。

三、油槽的錾削实例

錾削油槽时，首先要根据图样上油槽的断面形状，准确刃磨油槽錾的切削部分，如图 2-13 所示。在錾削平面上的油槽时，錾削方法与錾削平面时基本一样；在錾削曲面上的油槽时，则錾子的倾斜度要随着曲面而变动，使錾削时的后角保持不变。如果錾子的倾斜度不随着錾子的前进而改变，由于切削刃在曲面上的接触位置在改变（即加工平面的位置在改变），于是錾削时的后角每次都将是不同的，所以会产生后角太小时錾子滑掉、后角太大时切入过深的结果。

錾油槽要掌握好尺寸和表面粗糙度值，必要时可进行一定的修整，因为油槽錾好后不再用其他方法进行精加工。

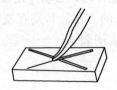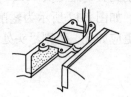

图 2-13　錾削油槽

◆◆◆ 第四节　刮削加工

一、机床导轨概述

机床导轨是用来承载和导向的，是机床各运动部件作相对运动的导向面，是保证刀具和工件相对运动精度的关键。

1. 导轨的种类

按运动性质的不同导轨可分为直线运动的导轨和旋转运动的导轨；按摩擦状态不同可分为滑动导轨、滚动导轨和静压导轨。滑动导轨的结构，按截面形状不同又分为 V 形（或三角形）、矩形、燕尾形和圆柱形四种。

为了保证机床导轨具有良好的导向性、稳定性和承载能力，通常都由两条导轨组成。

2. 导轨的精度要求

（1）导轨的几何精度　此精度包括导轨本身的几何精度（导轨在垂直平面和水平平面内的直线度，如图 2-14 所示）以及导轨与导轨之间或导轨与其他结合面之间的相互位置精度，即导轨之间的平行度和垂直度。一般机床导轨在 1000mm 长度内的直线度误差为 0.015～0.020mm；在 1000mm 长度内的平行度误差为 0.02～0.05mm。

（2）刮削导轨表面的接触精度　该精度可用涂色法检查。对于刮削的导轨，以导轨表面 25mm×25mm 范围内的接触点数作为精度指标（见表 2-1）；对于磨削的导轨，一般用接触面大小作为精度指标。

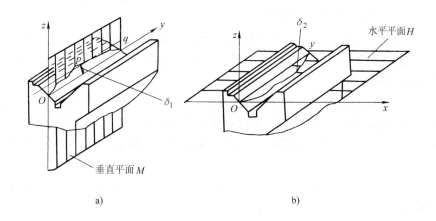

a) b)

图 2-14　导轨在垂直平面和水平平面内的直线度

a）垂直平面内的直线度　b）水平平面内的直线度

表 2-1　刮削导轨表面的接触精度

| 机床类别 | 每条导轨宽度/mm | | 镶条、压板 |
边长为 25mm 正方形面积内接触点数	≤250	>250	
高精度机床	20		12
精密机床	16	12	10
普通机床	10	6	6

（3）导轨的表面粗糙度　一般的刮削导轨表面粗糙度值在 $Ra1.6\mu m$ 以下，磨削导轨和精刨导轨表面粗糙度值应在 $Ra0.8\mu m$ 以下（见表 2-2）。

表 2-2　导轨表面粗糙度值　　　　　　　　（单位：μm）

机床类别		表面粗糙度值 Ra	
		支承导轨	动导轨
普通精度	中小型	0.8	1.6
	大型	1.6~0.8	1.6
精密机床		0.8~0.2	1.6~0.8

二、导轨刮削的一般原则

为了保证导轨刮削质量，提高刮削效率，刮削时须遵守如下原则：

1) 首先要选择基准导轨。通常是选择比较长的、限制自由度比较多的、比较难刮的支承导轨作为基准导轨。

2) 刮削一组导轨。先刮基准导轨，后刮与其相配的另一导轨。刮削基准导轨时，先进行精度检验，刮削另一导轨时只需进行配刮，达到接触要求即可，可不作单独的精度检验。

3) 选择好组合导轨上各个表面的刮削次序。应先刮大表面，后刮小表面。这样刮削量小，容易达到精度，而且可减少刮削时间；先刮较难刮的表面，后刮容易的，这样测量方便，容易保证精度；先刮刚度较好的表面，以保证刮削精度和稳定性。

4) 应以工件上其他已加工面或孔为基准来刮削导轨表面。这样可保证导轨位置精度。

5) 刮削导轨时，一般应将工件放在调整垫铁上，以便调整导轨的水平（或垂直）位置。这样可保证刮削时的精度稳定和测量方便。

三、平板的刮削及检查

1. 刮削单块平板的方法

刮削单块平板的方法有两种：标准平板研点刮削法和信封式刮削法。

（1）标准平板研点刮削法　用精度不低于被刮平板精度，规格不小于被刮平板规格的标准平板，放在涂有很薄的一层显示剂的被刮平板上进行研点，然后进行刮削。不断地提高被刮平板的精度，直至被刮平板工作面的任何部位在每25mm×25mm范围内的研点数达到规定的数值，即表示被刮平板达到了要求的精度。这种方法常用于旧平板的修理。

在没有适当规格的标准平板作为刮研基准的情况下或制作新平板时，则采用信封式刮削法刮削单块平板。

（2）信封式刮削平板的方法　在刮削前用水平仪测出平板四条边和对角线在垂直平面内的直线度误差，再用平行平尺、等高垫块、百分表配合使用，测出平板的最凹区域，然后用标准平尺刮研沿四条边和对角线方向的带状区域，形成六条带状的基准平面，并使其和平板最凹区域处于同一平面内。测量这六条带状基准平面的直线度误差值低于平板平面度要求的公差值后，用小规格标准平板刮研其他未刮削区域，直至整块平板研点数达到要求即可。

2. 刮研1000mm×750mm平板（2级精度）

用信封式刮削法刮削1000mm×750mm平板达到2级精度（平面度公差为0.04mm，研点数不少于20点（25mm×25mm）的操作过程如下：

1) 将精刨过的平板安装到适合刮研操作的高度，约600～800mm，用磨石将平板表面刀纹磨光，清洗干净。用水平仪粗平，使平板对角等高。

2）平行平尺、等高垫块和百分表配合使用，测出平板最低部位，作好记录，同时在平板表面上作出标记，如图 2-15 所示。

3）测量平板沿四条边和对角线方向的直线度误差，并作出直线度误差曲线。使用分度值为 0.02mm/1000mm 的水平仪，配合长度为 250mm 的水平仪垫铁，按节距法测量。测线走向如图 2-16a 所示的英文字母顺序。同时将每次读数记录在图上，并用符号标注水平仪气泡偏移方向，数字则表示偏移的格数。按照水平仪读数规则，气泡偏移方向与测线走向一致为"＋"，气泡偏移方向与测线走向相反为"－"。按英文

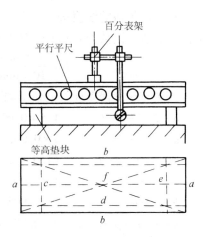

图 2-15　测量平板刮削前的最低点

字母的排列顺序所测得的数据和图上标注的箭头方向的关系是：箭头向右为"＋"，向左为"－"，向上为"－"，向下为"＋"，沿对角线标注的箭头，箭头向斜下方为"＋"，向斜上方为"－"。

根据图 2-16a 记录的测量结果，分别作出直线度误差曲线，如图 2-16b 所示。

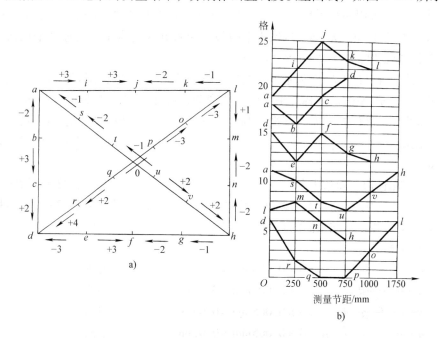

图 2-16　用水平仪测量平板给定方向的直线度误差

水平仪每格的线值按公式 $i = ce$ 计算，（e 是测量节距，单位为 mm；c 是水平仪分度值，读数为 0.02mm/1000mm）得：

$$i = \frac{0.02\text{mm}}{1000\text{mm}} \times 250\text{mm} = 0.005\text{mm}$$

六条直线度误差曲线的情况如下：

$a—i—j—k—l$	$4.5 \times 0.005 = 0.0225$mm	中凸
$a—b—c—d$	$3 \times 0.005 = 0.015$mm	中凹
$d—e—f—g—h$	$(1.5 + 2.5) \times 0.005 = 0.02$mm	波折
$a—s—t—u—v—h$	$4 \times 0.005 = 0.02$mm	中凹
$l—m—n—h$	$2 \times 0.005 = 0.01$mm	中凸
$d—r—q—p—o—l$	$6 \times 0.005 = 0.03$mm	中凹

4）按"先刮研短边，后刮研长边；先刮研直线度较好的边，后刮研直线度较差的边"的原则，确定刮研基准面的顺序。

刮研顺序排列如下：

$l—m—n—h$；$a—b—c—d$；$d—e—f—g—h$；$a—i—j—k—l$；$a—s—t—u—v—h$；$d—r—q—p—o—l$。

①因为要消除精刨的刀纹，必须刮研 $l—m—n—h$ 至低于平板最低位置，并保持水平（可用平行平尺、等高垫块、水平仪配合使用进行测量）；刮研 $a—b—c—d$ 平行于 $l—m—n—h$，也低于平板最低位置并保持水平。用标准平尺研点达到全长每处 20 点/（25mm × 25mm）。

②以已刮好的 d、h 为基准，刮研 $d—e—f—g—h$；以已刮好的 a、l 为基准，刮研 $a—i—j—k—l$。用标准平尺研点达到全长每处 20 点/（25mm × 25mm）。

③以已刮好的 a、h 为基准，刮研 $a—s—t—u—v—h$；以已刮好的 d、l 为基准，刮研 $d—r—q—p—o—l$。用标准平尺研点达到全长每处 20 点/（25mm × 25mm）。

5）在长边、短边上各放置一水平仪，将平板调好水平。如图2-17a所示英文字母排列的顺序，测量六条基准平面的直线度误差，记录在图2-17a中。根据测量结果作出各条基准平面的直线度误差曲线，如图2-17b所示。

其误差值为

$a—i—j—k—l$	3×0.005mm $= 0.015$mm	波折
$a—b—c—d$	2×0.005mm $= 0.01$mm	中凹
$d—e—f—g—h$	4×0.005mm $= 0.02$mm	中凹
$a—s—t—u—v—h$	4×0.005mm $= 0.02$mm	中凹
$l—m—n—h$	1.5×0.005mm $= 0.0075$mm	中凸
$d—r—q—p—o—l$	$4.5 \times 0.005 = 0.0225$mm	中凹

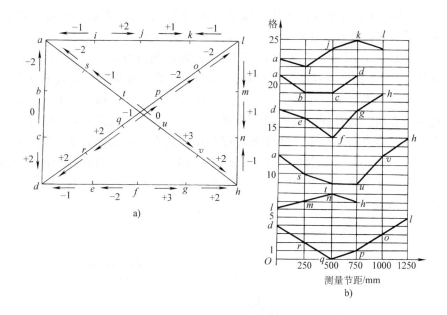

图 2-17 用水平仪测量六条基准平面的直线度误差

每条基准平面的直线度误差均未超过 0.04mm，表面基准面已刮研好。

6）用小平板拖研整个平板，并刮削其余四个区域。当六条基准表面出现研点时，即可转入细刮，直至刮研平板的其余区域出现的研点与基准面一致。再用水平仪复检，以发现存在的个别高凸表面，加以细刮。

7）最后再用 1 级精度的小平板研点，进行精刮，以增加研点数。检查研点数大于 20 点／（25mm×25mm）时，用磨石在平板表面上轻轻地磨光。

四、方箱的刮削及检查

如图 2-18 所示为一个 400mm 的方箱，要求各平面接触点在任意 25mm ×
25mm 范围内不少于 20 点；垂直度公差为
0.01mm；面与面之间平行度公差为
0.006mm；V 形槽在垂直方向和水平方向
的平行度公差为 0.01mm。

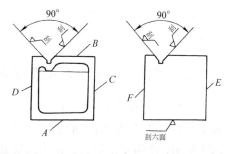

方箱的刮削方法和步骤：

1）先粗、细、精刮 A 面达到接触点
数和平面度要求，平面度误差应达到
0.003mm 以下，可用 1 级精度平板着色检
查，或用千分表测量。

图 2-18 方箱刮削方法

2）再以 A 面为基准，刮其平行平面 B，除达到接触点数和平面度要求外，还要用千分表检查其对 A 面的平行度误差不大于 0.006mm。

3）以 A、B 两面为基准，精刮侧面 C，除达到自身的平面度要求外，还应保证其对 A、B 面的垂直度误差不大于 0.01mm。垂直度误差的检查如图 2-19 所示，在测量平板上压一标准平尺，方箱 A 面接触平板，推动方箱 C 面靠在平尺垂直面上滑动，在 C 面上方，固定放置一个千分表，表头触及 C 面，方箱沿平尺滑动时，将表指针对零，可检查 C 面的歪扭情况，并刮削修正。然后将方箱上下翻转180°，使 B 面接触平板，仍使 C 面沿平尺滑行，可从表中读出两次测量的差值，这个值的一半即是 C 面对 A 和 B 面的垂直度误差（这个误差最好控制在 0.008mm 以内）。

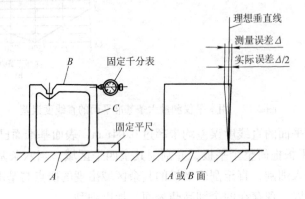

图 2-19　方箱垂直度检查

4）刮 D 面，保证上述要求，刮法同 C 面。

5）以 A、B 面为基准，刮垂直面 E，保证接触点数及垂直度、平面度要求。

6）刮 F 面，保证上述要求。

7）刮 V 形槽，刮削前，用合适的心轴和千分表测量出 V 形槽中心线对底面 A 和侧面 C 或 E 的平行度误差大小及方向，再进行刮削。应先消除 V 形面的位置误差，在此基础上，再用 V 形研具显点刮削，使接触点和平行度都达到要求。

五、燕尾形导轨的刮削及检查

这种形式的导轨多用于车床刀架滑板、铣床工作台、牛头刨床的滑枕等小件导轨。如图 2-20 所示，A 为支承导轨，B 为动导轨。一般采取成对交替配刮的方法进行。先将动导轨平面 3、6 按标准平板刮削到所要求的精度，这样容

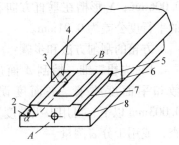

图 2-20　燕尾形导轨

易保证两个平面的精度。然后以 3 和 6 面为基准刮研支承导轨面 1、8，要求两平面相互平行。小件可在平板上用百分表测量，大件可用等高垫块及百分表进行测量或用水平仪测量，如图 2-21 所示，并达到精度要求。接着再按 α 的角度直尺刮研表面 2（或表面 7），刮好表面 2 后，在刮削表面 7（或表面 2）时，不但要达到精度要求，还要边刮边检查平行度（如图 2-22 所示），直至表面 7 与表面 2 的平行度符合要求为止。最后分别研刮动导轨的表面 4、5。由于动导轨与支承导轨的燕尾面之间有镶条，其中一个燕尾面有斜度（图 2-20 中表面 5），楔形镶条是在按平板粗刮后，放入表面 5 与 7 之间配刮完成的。

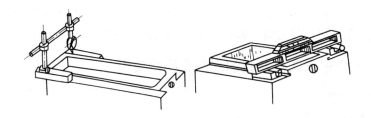

图 2-21　燕尾形导轨平面等高的测量

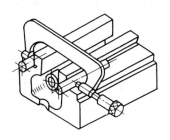

图 2-22　燕尾导轨用千分尺测量平行度误差

六、刮削质量分析

刮削中容易产生的质量问题见表 2-3。

表 2-3　刮削中易产生的质量问题

缺陷形式	特　征	产生原因
深凹痕	刮削面研点局部稀少或刀迹与显示研点高低相差太多	1. 粗刮时用力不均、局部落刀太重或多次刀迹重叠 2. 切削刃磨得过于偏向弧形
撕痕	刮削面上有粗糙的条状刮痕，较正常刀迹深	1. 切削刃表面粗糙度值高，刃磨不锋利 2. 切削刃有缺口或裂纹

（续）

缺陷形式	特　征	产　生　原　因
振痕	刮削面上出现不规则的波纹	多次同向刮削，刀迹没有交叉
划痕	刮削面上划出深浅不一的直线	研点时夹有砂粒、切屑等杂质或显示剂不清洁
刮削面精密度不准确	显点情况无规律地改变	1. 推磨研点时压力不均，研具伸出工件太多，按出现的假点刮削 2. 研具本身不准确

刮削中的废品较少，但刮削有配合公差要求的工件时，尺寸刮小了，也会产生废品。例如牛头刨床的摆杆与滑块的配合刮削，滑块尺寸刮小了，就产生了废品。因此在刮削时应经常对工件进行测量和试配，这样可减少废品的出现。

七、卧式车床床身导轨的刮削及检验实例

1. 刮削步骤

如图 2-23 所示为车床床身导轨，其刮削步骤为：

1) 选择工作量最大、最难刮的溜板三角形导轨面 5、6 作为刮削时的基准。刮削前首先检查这两个面的直线度误差，并初调至水平位置。然后先按标准平尺刮削平面 6，再按角度平尺刮削平面 5，用水平仪测量基准导轨面的直线度。直至直线度、接触点数以及表面粗糙度均符合要求为止。

2) 刮削平面 1。以刮好的 5、6 平面为基准，用平尺研点刮削，此时除了要保证平面 1 本身的直线度外，还要保证对基准导轨的平行度。检查时，将指示表座放在与基准导轨吻合的垫铁上，表头触及表面 1，移动垫铁，便可测出平行度误差（见图 2-23a）。

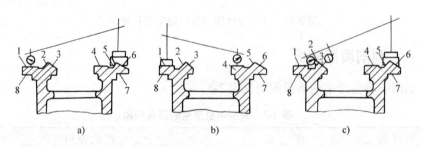

a)　　　　　　　　　　b)　　　　　　　　　　c)

图 2-23　车床床身导轨刮削时的检测

3) 刮削尾座平面 4，使其达到自身的精度和对平面 1 的平行度要求（见图 2-23b）。平面 4 比平面 2、3 先刮，是因为 5、6、1 导轨面均已刮好，按平面 1 检查平面 4 的平行度比较方便，容易保证精度；同时当刮 2、3 面时，可按此平面作为测量基准，这样有利于保证各面之间的平行度要求。

4）刮削导轨面 2 和 3。刮削方法与刮削平面 5、6 相同，必须保证自身的精度和对基准面 5、6 及平面 1 的平行度要求（检查方法见图 2-23c）。

2. 导轨几何精度的检测方法

（1）导轨直线度的检测方法　通常用水平仪或光学平直仪来检查导轨的直线度误差。

用水平仪只能检查导轨在垂直面上的直线度误差，其检查方法为：设导轨长度为 1600mm，将被测导轨放在可调的支承垫铁上，置水平仪于导轨的中间或两端位置，初步找正导轨的水平位置；将导轨分成 8 段，用尺寸为 200mm × 200mm、规格为 0.02mm/1000mm 的方框水平仪，进行均匀分段（每段长 200mm）检查，测得 8 段的读数依次为：+1、+2.5、+1.5、+2、+1、0、−1.5、−2.5（如图 2-24 所示）。按读数作出误差曲线图，如图 2-25 所示。

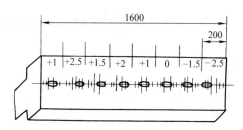

图 2-24　导轨分段测量

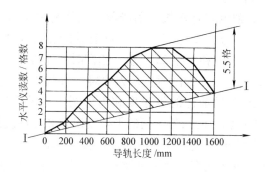

图 2-25　导轨直线度误差曲线

读数的平均值为 4/8 = 0.5；把原读数分别减去平均值后得：+0.5、+2、+1、+1.5、+0.5、−0.5、−2、−3；然后逐次累计得：+0.5、+2.5、+3.5、+5、+5.5、+5、+3、0。可以看出，最大读数误差为 5.5 格，换算成直线度误差为

$$\Delta = 5.5 \times \frac{0.02}{1000} \times 200\text{mm} = 0.022\text{mm}$$

（2）导轨平行度的检测方法　将测量桥板横跨在两条导轨上（在 V 形和平

导轨上分别垫放合适的圆柱和平行铁），在垂直于导轨的方向上放水平仪（如图 2-26 所示）。桥板沿导轨移动，分段检查，读出水平仪上每段误差值，水平仪读数的最大代数差值，即为导轨的平行度误差。

如用规格为 0.02mm/1000mm 的框式水平仪测量 V—平导轨的平行度，测量桥板长度为250mm，导轨长度为2000mm。水平仪读数依次为：+ 0.4、+ 0.2、+ 0.3、0、+ 0.2、- 0.3、- 0.5、- 0.4 格，则导轨全长内的平行度误差为

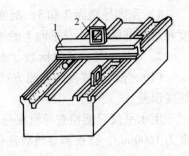

图 2-26 水平仪测量导轨的平行度
1—桥板 2—水平仪

$$\Delta = [0.4 - (-0.5)] \times \frac{0.02}{1000} \times 250\text{mm} = 0.0045\text{mm}$$

八、多瓦式动压滑动轴承的刮研实例

多瓦式动压滑动轴承有三块一组和五块一组的。支承点的形式也有固定的和球面的。现以三块瓦和固定支承的磨床磨头主轴轴瓦为刮研对象。此轴承要求的精度为：在 25mm × 25mm 范围内接触点数为 16 ~ 20 点，同轴度为 φ0.02mm，表面粗糙度值为 Ra1.6μm。

三块瓦轴瓦前后轴承共有六块，刮研前，先将瓦块编号，如前轴承编号为11、12、13，后轴承编号为21、22、23。将前后的相应位置的瓦块分为三组：11、21 一组，12、22 一组和13、23 一组。粗刮时，先将每一组轴瓦与主轴颈研点，粗刮表面至12点左右。刮削时，落刀要轻，刀花要小，同时指示表在精密平块上测量每组中的两只轴瓦的等厚度和内外圆表面的平行度误差（见图 2-27）。对每组（两块）轴瓦的内外表面的平行度误差和等厚度的要求、固定装配的 11、21 和12、22 两组瓦块为 0.008mm 以内；可调整的一组瓦块，基本无等厚和平行度要求（而五块式有三组不可调整的瓦块有等厚和平行度要求）。瓦块粗刮后，按瓦块号及主轴旋转方向分别将 11、21 和12、22 号瓦块装入固定的定位销上，如图 2-28 所示。使瓦块外表面紧贴孔壁，再在主轴上薄薄涂上一层显示剂，并严格防止纤维性物质混入。再将主轴和13、23 号瓦块装上，调整前后轴承的螺钉 A，力求前后轴承松紧一致。拧紧螺钉 A 时，用力必须尽量相同，当螺钉调整合适后，按主轴的回转方向转动主轴5 ~ 8 转进行研点，再卸下主轴和瓦块，进行精刮瓦块。如此反复进行，直至轴承表面斑点密而匀。同时刀花表面也比较光洁，研点密度在 16 ~ 20 点，表面粗糙度值为 Ra1.6μm 以上，即完成精刮。再将瓦块的 L 边，如图 2-29 所示，刮低一些（0.15 ~ 0.40mm），宽度为

3～5mm，这样有利于形成油楔。

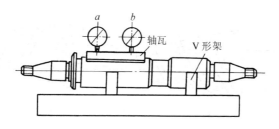

图 2-27 测量瓦块的等厚度和平行度

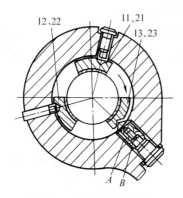

图 2-28 多块瓦轴承装配

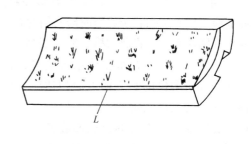

图 2-29 瓦块刮低部位

然后将主轴及轴瓦清洗干净，在瓦块上涂上氧化铬（绿油）研磨剂，重新装配主轴和轴瓦，转动主轴进行研磨。转动方向应与主轴旋转方向一致，使轴瓦斑点扩大，进一步降低表面粗糙度值。再仔细清洗一次，重新装配调整间隙在0.008～0.02mm，再拧紧前、后轴承螺钉 A、B 及其他零件。开动机床空运转1～2h，随时检查轴承的发热情况（不超过60℃），测量主轴的径向圆跳动不超过0.015mm，并再检查一次轴瓦的接触点是否均匀，是否有变化。若有变化，应重新修刮至要求，才能正式使用。主轴轴颈经过研磨后表面粗糙度值仍不理想时，则要求进行一次抛光加工。但一般都利用铸铁假轴代替主轴来研磨轴承。

◆◆◆ 第五节　研磨加工

一、圆锥面的研磨

工件圆锥表面（包括圆锥孔和外圆锥面）的研磨，研磨用的研磨棒（套）工作部分的长度应是工件研磨长度的1.5倍左右，锥度必须与工件锥度相同。其结构有固定式和可调式两种。

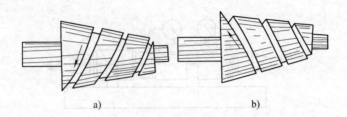

图 2-30　圆锥面研磨棒
a）左向螺旋槽　b）右向螺旋槽

　　固定式研磨棒开有左向的螺旋槽和右向的螺旋槽两种，见图 2-30。其目的是能适应工件左旋和右旋研磨时研磨剂的合理流动。可调式的研磨棒（套），其结构原理和圆柱面可调式研磨棒（套）类似。

　　研磨时，一般在车床或钻床上进行，转动方向应和研磨棒的螺旋槽方向相适应。在研磨棒或研磨套上均匀地涂上一层研磨剂，插入工件锥孔中或套进工件的外表面旋转 4~5 圈后，将研具稍微拔出一些，然后再推入研磨，见图 2-31。研磨到接近要求的精度时，取下研具，擦去研具和工件表面的研磨剂，重复套上研磨

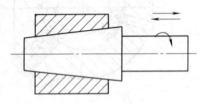

图 2-31　研磨圆锥面

（起抛光作用），一直到被加工表面呈银灰色或发光为止。有些工件是直接用彼此接触的表面进行研磨来达到要求的。例如分配阀和阀门的研磨，就是以彼此的接触表面进行研磨的。

二、阀门的研磨

　　为了使各种阀门的结合部位不渗漏气体或液体，因此要求具有良好的密封性。故在其接合部位，一般是制成既能达到紧密接合，又能便于研磨加工的线接触或很窄的环面，见图 2-32。这些很窄的接触部位称为阀门密封线。

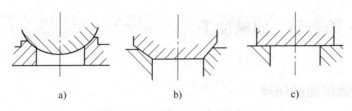

图 2-32　阀门密封线的形式
a）球形　b）锥面形　c）平面形

研磨阀门密封线的方法，多数是用阀盘与阀座直接互相研磨的。由于阀盘和阀座配合类型的不同，可采用不同的研磨方法来达到良好的密封效果。

图 2-33 所示为锥形和平面形阀门密封线实例，它们的锥形和平面形密封线可采用螺旋形研磨的方法进行研磨。

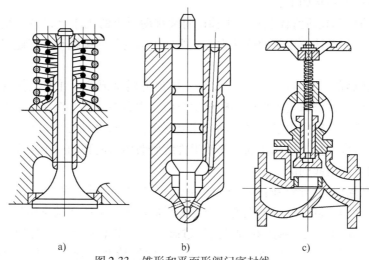

图 2-33　锥形和平面形阀门密封线

a）气阀（锥形密封线）　　b）柴油机喷油器（锥形密封线）
c）闸门阀（平面密封线）

三、研磨质量分析

研磨质量分析见表 2-4。

表 2-4　研磨质量分析

缺 陷 形 式	缺 陷 产 生 原 因
表面粗糙度值高	1. 磨料太粗 2. 研磨液选择不当 3. 研磨剂涂抹太薄并且不均匀
表面拉毛	忽视研磨时的清洁工作，研磨剂中混入杂质
平面成凸形或孔口扩大	1. 研磨剂涂抹太厚 2. 孔口或工件边缘被挤出的研磨剂未及时去除仍继续研磨 3. 研磨棒伸出孔口太长
孔成椭圆形或圆柱孔有锥度	1. 研磨时没有更换方向 2. 研磨时没有调头
薄形工件拱曲变形	1. 工件发热温度超过 50℃ 时仍继续研磨 2. 夹持过紧引起变形

四、圆柱孔研磨实例

研磨 $\phi80mm \times 400mm$ 孔，要求达到圆柱度 $\phi0.015mm$，表面粗糙度值为 $Ra0.4\mu m$。

研磨操作步骤如下：

1）将可调长研磨棒装夹在主轴径向圆跳动很小的机床上，另一端用尾座顶尖顶住。用测微计校正它的旋转中心。机床主轴的径向圆跳动不应超过工件的允许误差。

2）研磨前，移开尾座，装上工件，再顶上尾座顶尖，并使工件的重力保持平衡，且调整研磨棒与工件的间隙至适当值。用右手或双手捏住工件外圆的中间部位，平稳而有顺序地沿研具做轴向往复移动，同时绕轴心线往复做约 20° 的转动，并在每次重复上述动作前，先使工件绕研磨棒反向转动一个角度，以防止由于工件自重而引起的圆度误差。

3）研磨时，研磨棒转速为 100r/min，并在整个研磨过程中，始终保持被研孔和研具之间有良好的松紧程度，以既无径向摆动，又能运动自如为宜。

4）当孔的直径、圆度和圆柱度经过研磨达到基本要求后（可用内径千分尺检验），可改用纯手工研磨，进一步提高工件的精度。研磨剂采用纯度比较高的、粒度为 W1.5 ~ W2 的微粉，与煤油、汽油并加少量硬脂酸混合，调成稀糊状。

5）研磨结束后，将工件及研具取下，并将二者表面擦拭干净。

复习思考题

1. 试述各种工件的锯削方法。
2. 试述曲面的锉削方法。
3. 试述油槽的錾削方法。
4. 一般导轨的精度要求有哪些项目？
5. 简述刮削的一般原则。
6. 简述用信封式刮削法刮削 1000mm×750mm 平板的步骤。
7. 如何刮削燕尾形导轨？
8. 导轨直线度误差的检测有哪些方法？
9. 研磨常见的缺陷有哪些？分别说明其产生的原因是什么？

第三章

几何公差及表面粗糙度基本知识

培训目标 能掌握几何公差的基本知识，了解相关的标注和检测方法。掌握表面粗糙度的基本知识，了解相关的标注方法。

几何公差包括形状公差、方向公差、位置公差和跳动公差。GB/T 1182—2008《产品几何技术规范（GPS） 几何公差 形状、方向、位置和跳动公差标注》和 GB/T 1958—2004《产品几何量技术规范（GPS） 形状和位置公差 检测规定》是最新的推荐标准。

◇◇◇ 第一节 几何公差的基本概念及标注方法

产品几何量是构成机械零件几何要素的特征量。所有的零件都是通过不同的加工方法制作完成，由于受加工设备、工具以及工作环境和操作者的技术水平等条件的限制，必然会产生加工误差，所加工出的零件不可能与图样中给出的几何量完全一致。为满足零件的功能和互换性要求，必须对零件的几何特性给出一定的限制要求，使各类误差控制在一定范围内。几何公差就是对构成零件各要素的形状和相对位置给出的精度要求。

一、基本概念

GB/T 1182—2008《产品几何技术规范（GPS） 几何公差 形状、方向、位置和跳动公差标注》规定：在图样上应按照功能要求给定几何公差，同时考虑制造和检测上的要求；对要素规定的几何公差确定了公差带，该要素应限定在公差带之内；要素是工件上的特定部位，如点、线或面，这些要素可以是组成要素（如圆柱体的外表面），也可以是导出要素（如中心线或中心面）；除非有进一步限制的要求，被测要素在公差带内可以具有任何形状、方向或位置；除非另有规定，公差适用于整个被测要素；相对于基准给定的几何公差并不规定基准要素本身的几何误差。基准要素的几何公差可另行规定。

几何公差的研究对象是几何要素。几何要素按不同的特征可分为：

（1）组成要素与导出要素　构成机械零件理想形状的点、线或面称为组成要素。与轮廓要素有对称关系的点、线、面称为导出要素。

（2）提取（实际）要素与理想要素　提取（实际）要素是指零件上实际存在的要素，通常是用测量得到的要素来作为提取（实际）要素。具有几何学意义的要素称为理想要素。

（3）提取（被测）要素与基准要素　在图样上给出的，有几何公差要求的要素称为提取（被测）要素，是被测量的对象。用来确定提取要素理想方向或（和）位置等的要素称为基准要素。

（4）单一要素与关联要素　仅对要素自身提出功能要求而给出几何公差的要素称为单一要素。对其他要素，有功能（方向、位置）要求的要素，称为关联要素。

二、几何公差的特征项目及其符号

在 GB/T 1182—1996《形状和位置公差》中规定，几何公差特征项目共有14个，其中形状公差6项，位置公差8项。而在 GB/T 1182—2008《产品几何技术规范（GPS）几何公差　形状、方向、位置和跳动公差标注》中，对原先的14个特征项目作了新的规定（见表3-1）。

表3-1　几何公差特征符号（摘自 GB/T 1182—2008）

公差类型	几何特征	符　号	有或无基准要求
形状公差	直线度	—	无
	平面度	⬭	无
	圆度	○	无
	圆柱度	⌭	无
	线轮廓度	⌒	无
	面轮廓度	⌓	无
方向公差	平行度	∥	有
	垂直度	⊥	有
	倾斜度	∠	有
	线轮廓度	⌒	有
	面轮廓度	⌓	有

（续）

公差类型	几何特征	符　号	有或无基准要求
位置公差	位置度	⌖	有或无
	同心度（用于中心点）	◎	有
	同轴度（用于轴线）	◎	有
	对称度	⚌	有
	线轮廓度	⌒	有
	面轮廓度	⌓	有
跳动公差	圆跳动	↗	有
	全跳动	⌰	有

注：GB/T 1182—2008 中规定的基准符号为 ⬛、▱，涂黑的和空白的基准三角形含义相同。

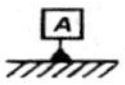

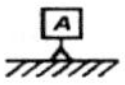

GB/T 1182—1996 中规定的基准符号为 ⬯，与新标准的三角形标注的含义相同。

三、公差框格标注方法

公差框格标注法能准确且唯一地表示出被控制要素的几何公差要求，在划分成两格或多格的矩形框格内，按照要求依次注出几何公差的要求内容。各格从左至右按顺序标注的内容如图 3-1 所示。

第一格内为几何特征符号。第二格内是以线性尺寸单位表示的量值，如果公差带为圆形或圆柱形，公差值前应加注符号"ϕ"；如果公差带为球形，公差值前应加注符号"$S\phi$"。第三格可用一个大写字母表示单个基准，如有多个基准或有公共基准时，可在第三格及其后的框格内用几个大写字母表示基准体系或公共基准。

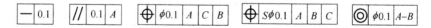

图 3-1　几何公差的标注方法

四、几何公差标注的原则

图样中几何公差要求应按照国家标准统一规定的符号及框格标注法进行标注，并遵循以下原则：

1）在大多数情况下，零件要素的几何公差可由机床和工艺保证，不需要在图样中给出，只有在高于机床和工艺所保证的精度时，才需要给出几何公差要求。

2）图样上给出的几何公差带，适用于整个被测要素。否则应在图样上表示所要求的被测要素范围。

3）几何公差给定的方向，就是公差带的宽度和直径方向，应垂直于被测要素。否则应在图样上注明。

4）图样上给定的尺寸、形状、位置公差要求，若不加注任何附加符号，均视为遵循独立原则。只有当尺寸和形状、位置之间有相关要求时，才需给出相关要求符号。

五、公差带的定义、标注及解释

1. 形状公差

单一被测要素所允许的变动全量，称为形状公差。根据零件中被测要素的几何不同特征，形状公差分为直线度、平面度、圆度、圆柱度、线轮廓度和面轮廓度六个项目。形状公差带的定义、标注及解释见表3-2。

表3-2　形状公差带的定义、标注及解释

符号	公差带定义	标注及解释
一	公差带为在给定平面内和给定方向上，间距等于公差值 t 的两平行直线所限定的区域	在任一平行于图示（见右图）投影面的平面内，上平面的提取（实际）线应限定在间距等于0.1mm的两平行直线之间
□	公差带是为间距等于公差值 t 的两平行平面所限定的区域	提取（实际）表面应限定在间距等于0.08mm的两平行平面之间（见右图）
○	公差带为在给定横截面内，半径差等于公差值 t 的两同心圆所限定的区域	1. 在圆柱面和圆锥面的任意横截面内，提取（实际）圆柱应限定在半径差等于0.03mm的两共面同心圆之间（见左下图） 2. 在圆锥面的任意横截面内，提取（实际）圆周应限定在半径差等于0.1mm的两同心圆之间（见右下图）
⌀	公差带为半径差等于公差值 t 的两同轴圆柱面所限定的区域	提取（实际）圆柱面应限定在半径差等于0.1mm的两同轴圆柱面之间（见右图）

（续）

符号	公差带定义	标注及解释
⌒	公差带是直径等于公差值 t，圆心位于具有理论正确几何形状上的一系列圆的两包络线所限定的区域	在任一平行于图示投影面的截面内，提取（实际）轮廓线应限定在直径等于 0.04mm，圆心位于被测要素理论正确几何形状上的一系列圆的两包络线之间（见右图） 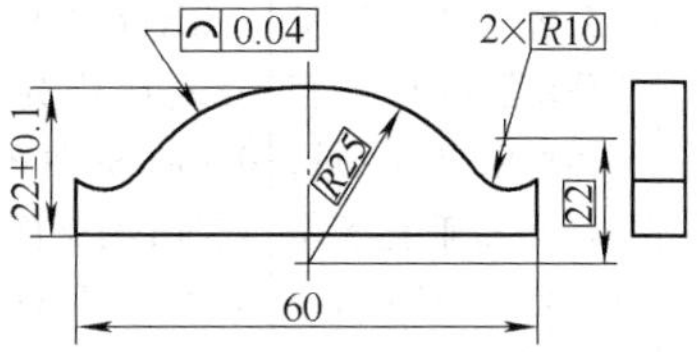
⌓	公差带为直径等于公差值 t，球心位于由基准平面 A 确定的被测要素理论正确几何形状上的一系列圆球的包络面所限定的区域	提取（实际）轮廓面应限定在直径等于 0.1mm，球心位于由基准平面 A 确定的被测要素理论正确几何形状上的一系列圆球的两等距包络面之间（见右图） 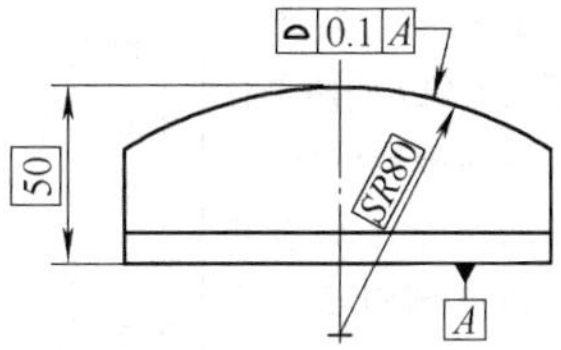

2. 方向公差

关联提取要素相对于基准给定的理想方向上所允许的变动全量称为方向公差。方向公差是用于控制工件上被测提取（实际）要素相对于基准要素在给定方向上的误差变动范围。按零件上关联要素间的方向关系特征，方向公差可分为以下几种特征项目：平行度、垂直度、倾斜度、线轮廓度和面轮廓度。方向公差带的定义、标注及解释见表3-3。

表3-3　方向公差带的定义、标注及解释

符号	公差带定义	标注及解释
∥	1. 公差带为间距等于公差值 t，平行于两基准的两平行平面所限定的区域 2. 若公差值前加注了符号 ϕ，公差带为平行于基准轴线，直径大于公差值 ϕt 的圆柱面所限定的区域	1. 提取（实际）中心线应限定在间距等于 0.1mm，平行于基准轴线 A 和基准平面 B 的两平行线平面之间（见左下图） 2. 提取（实际）中心线应限定在平行于基准轴线 A，直径等于 $\phi0.03$mm 的圆柱面内（见右下图） 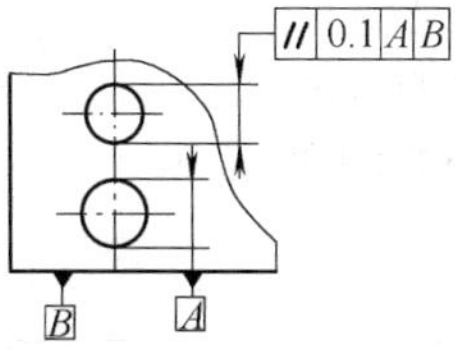 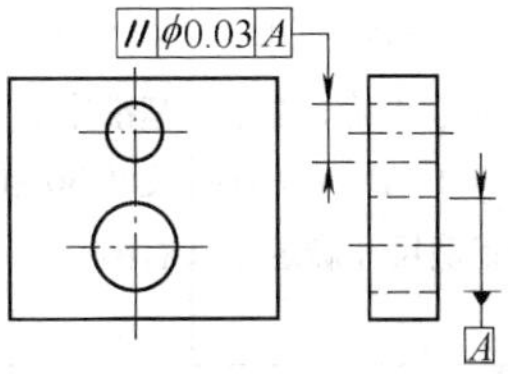

（续）

符号	公差带定义	标注及解释
⊥	公差带为间距等于公差值 t 的两平行平面所限定的区域，平行平面垂直于基准平面 A，且平行于基准平面 B	圆柱面的提取（实际）中心线应限定在间距等于 0.1mm 的两平行平面之间。该两平行平面垂直于基准平面 A，且平行于基准平面 B（见右图） 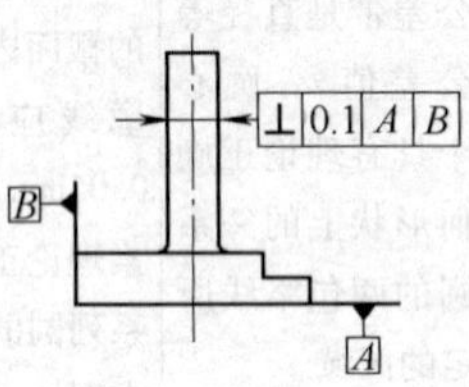
∠	公差带为间距大于公差值 t 的两平行平面所限定的区域。该两平行平面按给定角度倾斜于基准平面	提取（实际）表面应限定在间距等于 0.08mm 的两平行平面之间，该两平行平面按理论正确角度 40° 倾斜于基准平面（见右图） 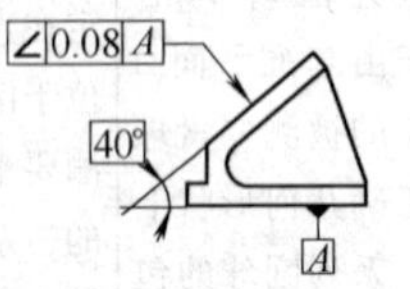

3. 位置公差

关联提取（实际）要素相对于基准体系给定的理想位置所允许的变动全量称为位置公差。位置公差用于控制工件上被测要素相对于基准要素确定的理想位置所限定的误差变动范围。位置公差可以分为位置度、同心度、同轴度、对称度、线轮廓度和面轮廓度。位置公差带的定义、标注及解释见表 3-4。

表 3-4 位置公差带的定义、标注及解释

符号	公差带定义	标注及解释
⊕	公差值前加注 $S\phi$，公差带为直径等于公差值 $S\phi t$ 的圆球面所限定的区域。该圆球面中心的理论正确位置由基准 A、B、C 和理论正确尺寸确定	提取（实际）球心应限定在直径等于 $S\phi 0.3$mm 的圆球面内。该圆球面的中心由基准平面 A、基准平面 B、基准中心 C 和理论正确尺寸 30 和 25 确定（见右图） 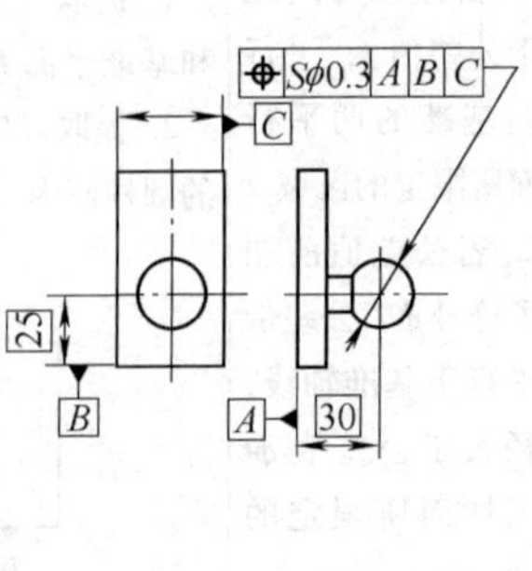

（续）

符号	公差带定义	标注及解释
◎	公差值前标注符号 φ，公差带为直径大于公差值 φt 的圆柱所限定的区域。圆柱面的轴线与基准轴线重合	大圆柱面的提取（实际）中心线应限定在直径大于 φ0.08mm，以公共基准轴线 A-B 为轴线的圆柱面内（见右图）
=	公差带为间距大于公差值 t，对称于基准中心平面的两平行平面所限定的区域	提取（实际）中心面应限定在间距大于 0.08mm 且对称于基准中心平面 A 的两平行平面之间（见右图）

4. 跳动公差

回转表面在限定的测量面内相对于基准轴线所允许的变动全量称为跳动公差。跳动公差是以测量方法为基础的一种几何公差要求。根据检测方位要求的不同，跳动公差分为圆跳动和全跳动两种形式。跳动公差带的定义、标注及解释见表 3-5。

表 3-5 跳动公差带的定义、标注及解释

符号	公差带定义	标注及解释
↗	1. 公差带为在任一垂直于基准轴线的横截面内，半径差等于公差值 t，圆心在基准轴线上的两同心圆所限定的区域 2. 公差带为与基准轴线同轴的某一圆锥截面上，间距等于公差值 t 的两圆所限定的圆锥面区域。除非另有规定，测量方向应沿被测表面的法向	1. 在任一垂直于公共基准轴线 A-B 的横截面内，提取（实际）圆应限定在半径差等于 0.1mm，圆心在基准轴线 A-B 上的两同心圆之间（见左下图） 2. 在与基准轴线 C 同轴的任一圆锥截面上，提取（实际）线应限定在素线方向间距等于 0.1mm 的两不等圆之间（见右下图）
↗↗	公差带为半径差为公差值 t，且与基准轴线同轴的两圆柱面所限定的区域	提取（实际）表面应限定在半径差等于 0.1mm，与公共基准轴线 A-B 同轴的两圆柱面之间（见右图）

◆◆◆ 第二节　几何误差的检测方法

几何误差的检测就是利用各种量仪通过适当的检测方法，测得提取（实际）要素上适当数量的点作为被测要素，并按照标准规定的误差评定原则与其相应的理想要素相比较，求得其最大变动量，即为该被测提取（实际）要素的几何误差。

一、几何误差检测的目的

几何误差的检测是生产过程中必不可少的重要环节。为满足生产需要，几何误差的检测首先要保证测量结果的准确性，同时要考虑检测的经济性。要求在保证产品质量的前提下应尽量采用简便易行的检测方法，以得到较好的经济效果。几何误差的检测目的是：

1）判别零件的几何误差是否在图样上给定的公差带范围以内，以评定该工件是否合格。

2）根据测得的几何误差实际情况，可分析误差产生的原因，便于采取有效措施改进加工工艺，确保产品质量。

二、几何误差的检测准则

几何误差的项目很多，根据被测工件的结构特点、精度要求以及检测设备等因素的不同，几何误差的检测有多种不同的方法。在生产中可根据零件的具体要求和设备条件，在温度为 20℃，测量力为零的检测几何误差的标准条件下，按检测原则制定出具体检测方案。GB/T 1958—2004《产品几何量技术规范（GPS）　形状和位置公差　检测规定》中对几何误差的检测规定了五种检测原则。

1. 与拟合要素比较原则

与拟合要素比较原则是指测量时将被测提取（实际）要素与其拟合（理想）要素作比较，通过比较获得数据，对这些数据处理后，得到几何误差值。

运用此种检测原则时，必须有拟合要素作为测量时取得数据的依据，而拟合要素一般用模拟方法获得。如以刀口尺的刃口、平尺的工作面、一束光线或拉紧的钢丝体现理想直线，用平板或平台的工作面体现理想平面等。

2. 测量坐标值原则

测量坐标值原则是通过测量被测提取要素的坐标值（如直角坐标值、极坐标值、圆柱面坐标值），并经过数据处理获得几何误差值的原则。这种原则主要用于圆度、圆柱度、轮廓度特别是位置度的误差测量，它适用于测量形状比较复杂的零件。

3. 测量特征参数原则

测量特征参数原则是通过测量被测提取（实际）要素上具有代表性的参数（即特征参数）来表示几何误差值的原则。

4. 测量跳动原则

测量跳动原则是指在被测提取（实际）要素绕基准轴线回转的过程中，沿给定方向测量其对某参考点或线的变动量，以此变动量作为误差值。变动量是指指示计的最大与最小示值之差。

5. 控制实效边界原则

控制实效边界原则是通过具有实效尺寸的综合量规检验被测提取（实际）要素是否超出实效边界，以判断零件合格与否的原则。

◇◇◇ 第三节　表面粗糙度基本知识

一、表面粗糙度概述

经过加工所获得的零件表面，总会存在几何形状误差。几何形状误差分为宏观几何形状误差（形状公差）、表面波纹度（波度）和微观几何形状误差（表面粗糙度）三类。目前通常是以波距的大小为标准来进行划分的。波距小于1mm的属于表面粗糙度，波距在 1 ~ 10mm 的属于表面波度，波距大于 10mm 的属于几何形状误差。

表面粗糙度是反映零件表面在加工后形成的由较小间距的峰谷组成的微观几何形状特征误差。表面粗糙度值越小，则表面越光滑。

二、表面粗糙度的评定标准

1. 基本术语

实际轮廓是指平面与实际表面相交所得的轮廓线。按平面相对于加工纹理方向的位置不同，实际轮廓可分为横向轮廓和纵向轮廓。横向轮廓是指垂直于表面加工纹理的平面与表面相交所得的轮廓线；纵向轮廓是指平行于表面加工纹理的平面与表面相交所得的轮廓线。在测量和评定表面粗糙度时，要确定取样长度，除非特别指明，通常均指横向轮廓，因此在此轮廓上可得到高度参数的最大值。

（1）取样长度（lr）　取样长度是在测量表面粗糙度时读取的一段与轮廓总

的走向一致的长度。规定取样长度是为了限制和减弱表面波纹度对表面粗糙度测量结果的影响，若表面越粗糙，则取样长度应越长。在取样长度范围内一般取5个以上的轮廓峰和轮廓谷。

（2）评定长度（*ln*）　评定长度是指评定表面粗糙度所必需的一段长度，它可以包括一个或几个取样长度。由于被测表面上表面粗糙度的不均匀性，所以只根据一个取样长度的测量结果来评定整个表面的粗糙度，显然是不够准确和合理的。为了较充分和客观地反映被测表面的粗糙度，必须连续取几个取样长度，测量后取其平均值作为测量结果。

（3）基准线　中线是用于评定表面粗糙度参数所给定的线。标准规定采用中线制，即以中线为基准线评定轮廓的计算值。中线有轮廓的最小二乘中线（简称中线）和轮廓的算术平均中线两种。

2. 表面粗糙度的评定参数

国家规定的评定表面粗糙度的评定参数有幅度参数、间距参数、混合参数以及曲线和相关参数等。

（1）轮廓的幅度参数

1）轮廓算术平均偏差（*Ra*）：轮廓算术平均偏差是指在取样长度内轮廓偏距绝对值的算术平均值，也就是在取样长度内被测表面轮廓上各点到轮廓中线距离的绝对值的算术平均值。

2）轮廓的最大高度（*Rz*）：轮廓的最大高度是指在一个取样长度内，最大轮廓峰高"*Zp*"和最大轮廓谷深"*Zv*"之和。

（2）间距参数（*Rsm*，即轮廓单元的平均宽度）　间距参数是轮廓峰与轮廓谷的组合。轮廓单元的平均宽度是指在一个取样长度内，轮廓单元宽度"*Xs*"的平均值。其值越小，则表面越细密，说明密封性越好。

（3）轮廓支承长度率 *Rmr*（*c*）　轮廓支承长度率是指在给定水平位置上的轮廓实体材料长度 *ML*（*c*）与评定长度的比率。当 *c* 一定时，*Rmr*（*c*）值越大，则支承能力和耐磨性越好。

三、表面粗糙度的代号及标注

在技术产品中对表面结构的要求可用几种不同的符号表示。每种符号都有特定的含义。

1. 基本符号

表面粗糙度的基本符号由两条不等长的与标注表面成60°夹角的直线构成。常用表面粗糙度的符号及意义见表3-6。

表 3-6　常用表面粗糙度的符号及意义

符　号	意 义 及 说 明
√	基本符号，表示表面可用任何方法获得。当不加注粗糙度参数值或有关说明（例如表面处理、局部热处理状况等）时，仅适用于简化代号标注
√	基本代号加一短划，表示用去除材料的方法获得，例如车、铣、钻、磨、剪切、抛光、腐蚀、电火花加工、气割等
√	基本符号加一小圆，表示表面用不去除材料的方法获得，例如铸、锻、冲压变形、热轧、冷轧、粉末冶金等；或者是用保持原供应状况的表面（包括保持上道工序的状况）
√ √ √	在上述三个符号的长边上均可加一横线，用于标注有关参数和说明
√ √ √	在上述三个符号上均可加一小圆，表示所有表面具有相同的表面粗糙度

2. 表面粗糙度的标注规定

（1）表面结构参数单向极限　当只标注参数代号、参数值和传输带时，它们应默认为参数的上限值；当参数代号、参数值和传输带作为参数的单向下限标注时，参数代号前应加上"L"。如：L Ra　0.32。

（2）表面结构参数的双向极限在完整符号中表示双向极限时应标注极限代号，上限值在上方用 U 表示，下限值在下方用 L 表示。在文本中用图 3-2a 所示方法表示，在图样中用图 3-2b 所示方法表示。在不引起歧义的时候可以不加 U、L。

图 3-2　表面参数极限表示方法

图 3-3　工艺方法

（3）加工方法和相关信息的注法　轮廓曲线的特征对实际表面结构参数值影响很大，标注的参数代号、参数值和传输带作为表面结构要求，有时不一定能够完全准确地表示表面功能。加工工艺在很大程度上决定了轮廓曲线的特征，因此一般应注明加工工艺。在加工工艺文本中用文字表示，见图 3-3a。在图样中用图 3-3b 所示方法表示。

（4）表面纹理的标注及其方向标注　见表 3-7。采用定义的符号标注表面纹理只适用于在图样中标注，不适用于文本标注。

表 3-7　表面纹理的标注及其方向标注

符号	解 释 和 示 例	
三	纹理平行于视图所在的投影面	示意图（纹理方向）
⊥	纹理垂直于视图所在的投影面	示意图（纹理方向）
×	纹理呈两斜向交叉且与视图所在的投影面相交	示意图（纹理方向）
M	纹理呈多方向	示意图
C	纹理呈近似同心圆且圆心与表面中心相关	示意图
R	纹理呈近似放射状且与表面圆心相关	示意图
P	纹理呈微粒、凸起、无方向	示意图

（5）加工余量的注法　在同一图样中有多个加工工序的表面可标注加工余量。加工余量可以是加注在完整符号上的唯一要求。加工余量也可以同表面结构要求一起标注（见图 3-4）。此标注解释为所有车削加工表面均有 3mm 的加工余量。

3. 表面结构符号、代号的标注位置与方向

1）按 GB/T 4458.4—2003 的规定，表面结构的注写和读取方向应与尺寸的注写和读取方向一致（见图 3-5）。

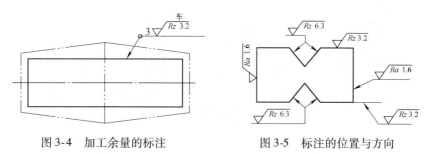

图 3-4 加工余量的标注 图 3-5 标注的位置与方向

2）表面结构要求可标注在轮廓线上，其符号应从材料外指向材料表面。必要时表面结构符号也可用带箭头（见图 3-6a）或黑点的指引线引出标注（见图 3-6b）。

3）在不会引起误解时，表面结构要求可以标注在给定的尺寸线上（见图 3-6c）。

4）表面结构要求可标注在几何公差框格的上方（见图 3-6d、e）。

5）表面结构要求可以直接标注在延长线上，或用带箭头的指引线引出标注（见图 3-5）。

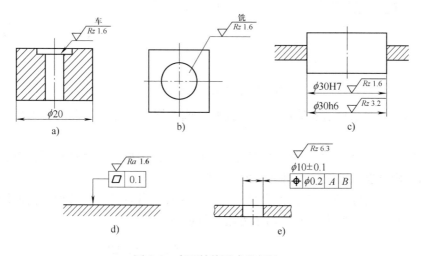

图 3-6 表面结构要求的标注

6）圆柱和棱柱表面的表面结构要求只标注一次（见图 3-7a）。如果每个棱柱表面有不同的表面结构要求，则应分别单独标注（见图 3-7b）。

4. 表面结构要求的简化标注方法

（1）有相同表面结构要求的简化标注方法 如果在工件的多数（包括全部）表面有相同的表面结构要求，则其表面结构要求可统一标注在图样的标题栏附近，不同的表面结构要求应直接标注在图形中。此时（除全部表面有相同要求

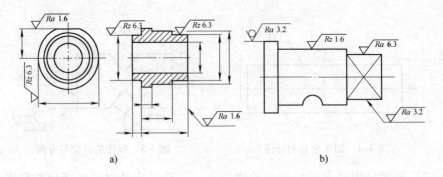

a)   b)

图 3-7   圆柱和棱柱的标注

外），表面结构要求的符号后面应有：

1）在圆括号内给出无任何其他标注的基本符号（见图3-8a）。

2）在圆括号内给出不同的表面结构要求（见图3-8b）。

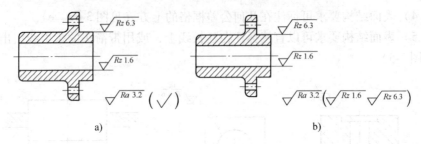

a)   b)

图 3-8   相同表面简化标注方法

（2）多个表面有相同的表面结构要求或图样空间有限   此时可采用简化标注方法。

1）可用带字母的完整符号以等式的形式，在图形或标题栏附近，对有相同表面结构要求的表面进行简化标注（见图3-9a）。

2）由两种或多种工艺方法获得的同一表面，当需要明确每种工艺方法的表面结构要求时，可按图3-9b所示方法进行标注。

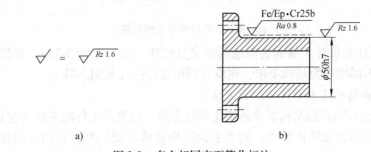

a)   b)

图 3-9   多个相同表面简化标注

◆◆◆ 第四节 表面粗糙度的检测方法

在 GB/T 10610—2009《产品几何技术规范（GPS） 表面结构 轮廓法 评定表面结构的规则和方法》中，规定了参数测定、评定基本要求，即表面结构参数不能用来描述表面缺陷，在检测表面结构时，不应把表面缺陷（如划痕、气孔等）考虑进去；为了判定工件表面是否符合技术要求，必须采用表面结构参数的一组测量值，其中每组数值是在一个评定长度上测定的；判别被检表面是否符合技术要求的可靠性，以及由同一表面获得的表面结构参数平均值的精度取决于获得表面参数的评定长度内取样长度的个数，而且也取决于评定长度的个数。在日常生产中，检测表面粗糙度的常用方法有用视觉直接检测的目视法、比较法，间接检测的印模法，用仪器进行接触式检测的针描法，非接触式检测的光切法和干涉法等。

一、目视法

当工件的表面粗糙度与规定的表面粗糙度数值相比，明显好或明显不好，或者因为存在明显影响表面功能的缺陷，没有必要用更精确的方法来检验工件的表面粗糙度，对零件的表面粗糙度值进行更精确的判断时，可凭经验采用目视法进行检测。

二、比较法

对于完工的零件或在加工过程中（如镀前）有表面粗糙度要求的零件，如果用目视法不能作出评定，而对工件的表面粗糙度需要有比较明确的判断时可采用比较法。比较法是将零件的被测表面与一组表面粗糙度的样板块进行直接比对，凭检测者的触觉或视觉进行评定。用触觉检测零件表面粗糙度的加工痕迹和疏密程度时，应将两者放在同一温度的外在环境下进行。用视觉（肉眼观察或借助放大镜、显微镜）进行比对时，要求两者的加工方法一致，并注意从各个方向观察，比对其加工痕迹和反光强度，避免将表面粗糙度和光亮度产生混淆。比较法使用简便，多用于车间生产现场。缺点是精度较低，只能作定性分析，适用于评定表面粗糙度值较大的工件。

三、印模法

印模法是利用一些无流动性或弹性的石蜡、低熔点合金或其他印模材料，压印在被测零件表面复制成模，通过视觉或放在显微镜下间接地测量被测表面的表面粗糙度值。印模法主要用于某些既不能使用仪器直接测量，又不能使用样板相比对的表面，适用于检测笨重零件的内表面及深孔、不通孔、凹槽或内螺纹等。

四、针描法

针描法是一种通过仪器采用接触方式测量表面粗糙度的方法，利用测量仪器能获得最可靠的表面粗糙度检验结果。对于要求严格的零件，应直接使用测量仪器进行检验。常用的仪器是电动轮廓仪。该仪器适用于测量范围为 $Ra0.025 \sim 6.3\mu m$ 的表面粗糙度值，检测时可直接显示工件表面的 Ra 值。如图 3-10 所示，检测时仪器的金刚石触针针尖与被测表面相接触，当触针以一定速度沿着被测表面移动时，微观不平的痕迹使触针做垂直于轮廓方向的上下运动，该微量移动通过传感器转换成电信号，经过滤波器将表面轮廓上属于形状误差和波度的成分滤去，只留下属于表面粗糙度的轮廓信号，通过放大器、计算器直接显示出 Ra 值，也可经放大器驱动记录装置绘出被测的轮廓图形。

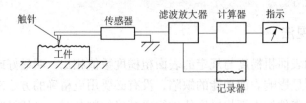

图 3-10　针描法测量原理图

五、光切法

光切法是应用光切原理，非接触测量表面粗糙度的一种方法。常用的仪器是光切显微镜（又称双管显微镜）。此仪器适用于测量用车、铣、磨、刨等方式加工的金属工件的平面或外圆表面。光切法主要用于测量 Rz 值，测量范围为 Rz $0.4 \sim 60\mu m$ 的表面粗糙度。

光切显微镜由投影照明镜管和观察镜管组成，两光管轴线成90°。在照明管中光源 1 发出的光线经聚光镜 2、狭缝 3 及物镜 4 后，以 45°的倾斜角照射在具有微小峰谷的被测工件表面上，形成一束平行的光带，表面轮廓的波峰在 S 点处产生反射，波谷在 S' 点处产生反射，如图 3-11 所示。通过观察镜管的物镜，分别成像在分划板 5 上的 a 与 a' 点，从目镜中可以观察到一条与被测表面相似的齿状亮带，通过目镜分划板与测微器，可测出 a、a' 之间的距离 N，测得被测表面微观不平度的峰谷高度 h。

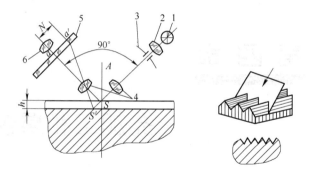

图 3-11 光切显微镜工作原理图
1—光源 2—聚光镜 3—狭缝 4—物镜 5—分划板 6—目镜

六、干涉法

干涉法是利用光波干涉原理，以光波波长为基准非接触测量表面粗糙度的一种方法。常用的仪器是干涉显微镜。干涉显微镜主要用于测量 Rz 值，测量范围为 $Rz\ 0.05 \sim 0.8\mu m$ 的表面粗糙度。检测时被测表面的表面粗糙度在显微镜下会呈现出凹凸不平的峰谷状态，通过目镜可观察或利用测微装置可测量这些干涉条纹的数目和弯曲程度，并可计算出 Rz 值，必要时还可将干涉条纹的峰谷拍摄下来进行评定。干涉法适用于精密加工工件的测量，适合在计量室内使用。

复习思考题

1. 几何要素按特征可分为哪些项目？
2. 几何公差标注需遵循哪些原则？
3. 什么是形状公差？形状公差可分为哪些项目？
4. 什么是方向公差？方向公差可分为哪些项目？
5. 几何误差的检测有哪些准则？
6. 表面粗糙度的评定参数有哪些？
7. 表面粗糙度的检测方法有哪些？

第四章

孔加工和螺纹的攻制

培训目标 熟悉群钻的结构特点和切削特点。熟悉特殊孔的加工方法。了解铰刀的切削特点和研磨方法。掌握机动攻制内螺纹的方法及丝锥的修磨和折断的处理方法。

◈◈◈ 第一节 麻花钻的切削特点及刃磨和修磨方法

一、麻花钻的钻削特点

麻花钻钻削属于半封闭式切削，钻头钻进工件切下切屑后，需通过钻头分屑槽将切屑排出孔外。麻花钻钻削的最大特点是钻头切削刃各点的切削速度由高到低（中心切削速度为零），切削刃工作状态变化剧烈（由锐刃快切到硬性楔挤）。麻花钻的刀具材料及结构参数在不断改进与完善，目前高速钢麻花钻是最重要、最常用的孔加工刀具。

二、麻花钻的修磨方法

为钻削各种不同的材料和达到不同的钻削要求，通常对钻头切削部分进行适当的修磨，并通过修磨改进标准麻花钻结构上的缺点，改善其切削性能。

（1）修磨横刃（见图 4-1） 修磨横刃是最基本也是最重要的一种修磨形式，对钻削性能的改善有明显的效果。修磨时将横刃磨短至原来长度的 $1/5 \sim 1/3$，并形成内刃，内刃斜角 $\tau = 20° \sim 30°$，内刃处前

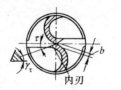

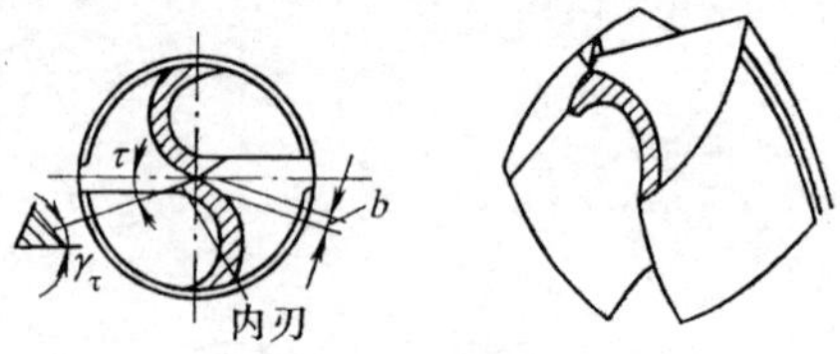

图 4-1 修磨横刃

角 $\gamma_\tau = -15° \sim 0°$。横刃修磨后使靠近钻心处的前角增大，可减小进给力，避免出现挤刮现象，定心作用也可得到改善。

（2）修磨主切削刃（见图4-2）　修磨出钻头第二顶角 $2\phi_0$ 和过渡刃（长度为 f_0），一般 $2\phi_0 = 70° \sim 75°$，$f_0 = 0.2D$。修磨后增加主切削刃的总长度和刀尖角 ε，从而增加刀齿强度，改善散热条件，提高主切削刃交角处的抗磨性和钻头的使用寿命，同时也有利于降低孔壁表面粗糙度值。

（3）修磨棱边（见图4-3）　在靠近主切削刃的一段棱边上磨出副后角 $\alpha_1' = 6° \sim 8°$，保留棱边的宽度为原来的 $1/3 \sim 1/2$。修磨棱边后可减少对孔壁的摩擦，提高钻头使用寿命。

（4）修磨前面（见图4-4）　适当修磨钻头主切削刃和副切削刃交角处的前面（如图4-5所示的阴影部分），以减小此处的前角。这样在钻削硬材料时可提高刀齿的强度；在钻削黄铜等软材料时还可避免由于切削刃过于锋利而引起的扎刀现象。

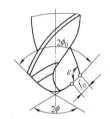

图4-2　修磨主切削刃

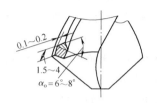

图4-3　修磨棱边

图4-4　修磨前面

（5）修磨分屑槽（见图4-5a）
在钻头的两个主后面上磨出几条相互错开的分屑槽。这样可改善钻头主切削刃长、切屑较宽的不足之处，使切屑变窄，排屑顺利，尤其适用于钻削钢料。对于直径大于15mm 的钻头都可磨出分屑槽，如果有的钻头在制造时前面已制有分屑槽（见图4-5b），就不必再磨分屑槽。

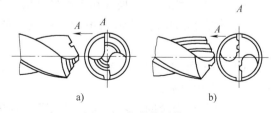

图4-5　修磨分屑槽

a）修磨出分屑槽　b）前面已制有分屑槽

◇◇◇◇ 第二节　标准群钻的结构特点和切削特点

一、麻花钻在钻削过程中存在的问题

1. 麻花钻的缺点

麻花钻是一种已标准化的常用钻头，它在切削过程中存在着以下一些缺点：

1）横刃较长，横刃上各点前角为负值，在切削过程中处于挤刮状态，使轴向抗力增大，并且定心不好，钻头容易产生抖动。

2）主切削刃上各点的前角大小不同，近心处$d/3$范围内为负值，对切削不利。

3）棱边较宽，又没有副后角。所以与孔壁的摩擦严重，又因该处速度最高，容易发热磨损。

4）刀尖角（主、副切削刃的交角）处的前角较大，故刀齿薄弱。该处在切削过程中的速度又最高，所以磨损严重。

5）主切削刃全宽进行切削，切屑较宽，造成排屑不畅和切削液流入困难。

2. 钻孔中的问题

在长期的生产实践过程中，广大操作人员发现用标准麻花钻加工孔的过程中，存在着很多问题，大致可分为两大类：因加工材料性能的不同而产生的问题；因工艺条件不同而产生的问题。

（1）因加工材料性能不同产生的问题

1）钻削强度大、硬度高的钢材时（如各种合金钢、淬火钢时），很费力，钻不动，勉强钻下去，钻头很快磨钝或烧坏。

2）钻削高锰钢、奥氏体不锈钢时，产生严重的加工硬化现象，越钻越硬，钻头磨损很快，产生毛刺很严重。

3）钻削很韧、很黏的钢材时（如低碳钢、不锈钢），切屑长而不断，乱甩伤人，很不安全，而且切削液也不易进入孔内，在自动进给时，此问题更为突出。

4）钻削铸铁时，切屑成粉末不易排出，很快就把钻头两外缘转角磨损掉。

5）钻削纯铜时，孔形状不圆。钻软纯铜时不易断屑，有时钻头会被咬在孔内。

6）钻削黄铜等材料，经常产生"扎刀"现象，轻则将孔拉伤，重则使钻头折断，易发生事故。

7）钻削铝合金时，易产生"刀瘤"，使孔壁不光。在钻削深孔时，切屑不易排出，常挤死在钻头螺旋槽里。

8）钻削层压材料、胶木等，时常发生孔入口处有毛刺，中间分层，出口处脱皮现象。

9）钻削有机玻璃时，孔不光亮，发暗。

10）钻削橡胶时，孔收缩量大，易成锥形，上大下小，孔壁毛糙。

（2）因工艺条件不同而产生的问题

1）钻削薄板孔，有时工件不便于压紧，在孔将钻穿时，往往工件会被钻头带着一起转动，造成事故。

2）当铸、锻等工件上已有毛坯孔再需扩孔时，由于加工余量不均匀，表面有硬皮，因此钻头常会歪斜，刃口也容易崩坏。

3）在斜面和曲面上钻孔，钻头往往定不住中心，发生偏斜。

4）对于不是标准尺寸，但精度要求较高的孔，要求钻孔时达到加工精度，用标准麻花钻就很难解决。

5）用划线方法钻孔，钻头不易找正，孔的相互位置精度很难保证。

6）用钻头进行扩孔，也容易产生"扎刀"，有时孔壁上的钻痕很深，用铰刀铰孔后也不能消除。

7）用钻头锪倒角，容易发生抖动，出现多角形或产生严重的毛刺。

二、标准群钻

标准群钻主要用来钻削碳素结构钢和各种合金结构钢，它应用最广。同时，标准群钻也是其他群钻变革的基础。

1. 标准群钻的结构特点

1）群钻上磨出月牙槽，形成凹形圆弧刃，降低了钻尖高度。把主切削刃分成三段：外刃——AB 段，圆弧刃——BC 段，内刃——CD 段，见图 4-6。

2）修磨横刃，使横刃缩短为原来的 1/5 ~ 1/7，同时使新形成的内刃上的前角大大增加。

3）磨出单边分屑槽。

2. 标准群钻的优点

1）磨出月牙槽后形成凹形圆弧刃，把主切削刃分成三段，起到了分屑断屑的作用，使排屑顺利。

2）圆弧刃上各点的前角增大，减小了切削阻力，可提高切削效率。

3）降低了钻尖高度，可将横刃磨得较短而不影响钻尖强度。同时大大降低了切削时的轴向阻力，有利于切削速度的提高。

4）钻孔时，在孔底切出圆环肋，加强了定心作用和钻头钻削时的稳定性，有利于提高孔的加工质量。

5）磨出分屑槽后，使切屑变窄，有利于排屑和切削液的进入，延长了钻头的使用寿命并且减少了工件变形，提高了加工质量。

3. 标准群钻切削部分的形状和几何参数

标准群钻切削部分的形状和几何参数见表 4-1。

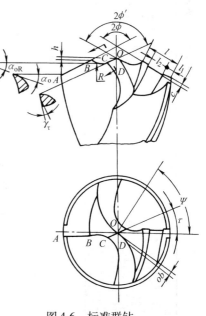

图 4-6　标准群钻

表 4-1　标准群钻切削部分的形状和几何参数

钻头直径 d /mm	尖高 h /mm	圆弧半径 R /mm	外刃长 l /mm	槽距 l_1 /mm	槽宽 l_2 /mm	横刃长 b /mm	槽深 c /mm	槽数 Z	外刃顶角 2ϕ (°)	内刃顶角 $2\phi'$ (°)	横刃斜角 ψ (°)	内刃前角 γ_τ (°)	内刃斜角 τ (°)	外刃后角 α_o (°)	圆弧后角 α_{oR} (°)
>15~20	0.55	1.5	5.5	1.4	2.7	0.45	1	1	125	135	65	−15	25	12	15
>20~25	0.7	2	7	1.8	3.4	0.60									
>25~30	0.85	2.5	8.5	2.2	4.2	0.75									
>30~35	1	3	10	2.5	5	0.9									
>35~40	1.15	3.5	11.5	2.9	5.8	1.05									

简图

（续）

钻头直径 d/mm	尖高 h/mm	圆弧半径 R/mm	外刃长 l/mm	槽距 l_1/mm	槽宽 l_2/mm	横刃长 b/mm	槽深 c/mm	槽数 Z	外刃顶角 2ϕ/(°)	内刃顶角 $2\phi'$/(°)	横刃斜角 ψ/(°)	内刃前角 γ_τ/(°)	内刃斜角 τ/(°)	外刃后角 α_o/(°)	圆弧后角 α_{oR}/(°)
>40~45	1.3	4	13	2.2	3.25	1.15	1.5	2	125	135	65	-15	30	10	12
>45~50	1.45	4.5	14.5	2.5	3.6	1.3									
>50~60	1.65	5	17	2.9	4.25	1.45									
5~7	0.2	0.75	1.3			0.2			125	135	65	-15	20	15	18
>7~10	0.28	1	1.9			0.3									
>10~15	0.36	1.5	2.7			0.4									

注：参数按直径范围的中间值来定。

◈◈◈ 第三节 各种特殊孔的钻削

一、钻削小孔

在钻削加工中，一般将加工直径在 $\phi3mm$ 以下的孔称为小孔。钻孔时，由于使用的钻头直径小，因此强度较差，定心性能不好，容易滑偏；钻头直径小了，螺旋槽比较狭窄，不易排屑；钻孔时选用的转速较高，所产生的切削热较大，又不易散发，加剧了钻头的磨损。这样给钻孔带来了不少困难。

针对上述情况，在钻削小孔时，必须注意以下几点：

1）开始钻进时，进给力要小，防止钻头弯曲和滑移。也可采用直径相同或略小的中心钻定位和导向，以保证钻孔的初始位置和钻削方向。

2）要用手动进给，不可使用机动进给。防止钻头折断飞出造成事故。

3）切削速度选择要适当，不宜过大。

因一般钻床精度不高，高速转动容易产生振动，影响加工精度。通常钻头直径为 $\phi2 \sim \phi3mm$ 时，切削速度可达 $14 \sim 19m/min$；钻头直径在 $\phi1mm$ 以下时，切削速度可达 $6 \sim 9m/min$。

4）在钻削过程中，应注意及时排屑，并及时输入切削液。

5）钻头装夹不紧时，不可采用砂纸、纸片等来加粗钻柄进行装夹。应采用相应的小型钻夹头进行装夹。

6）钻较深的小孔时，如超过钻头的有效长度（孔的深度），且又是一下钻不通的孔，可采用从相对两面同时钻孔的方法（工件形状不允许除外，见图4-7）。具体操作如下：

按要求先在工件的一面钻孔，深度约为1/2。再将一块平行垫铁压装在钻床工作台面上。在上面精钻一个与导向销大端为过盈配合的孔（导向销大端的长径比应大于1。此时钻床主轴与工作台面的相对位置不可再移动）。

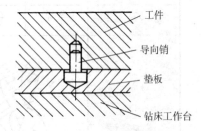

图4-7 在工件两面钻透较深的小孔

把导向销大端压入垫板孔内，然后将工件上已加工过的小孔插入导向销小端（导向销小端的长径比应小于1）。将工件固定在垫板上，将孔钻透，基本上可保证工件从两面钻孔的同轴度要求。此方法适合于批量生产的较深小孔的加工。

二、钻削深孔

深孔一般指长径比 L/d 大于 5 的孔。加工这类孔，一般都用接长钻头来加工。

钻头的接长方法如图 4-8a 所示。选用一直径略大于钻头的直径，长度满足钻孔深度要求的接杆，利用辅助工具定位，使钻头与接杆有较高的同轴度精度的前提下进行焊接。

焊接后装夹在车床上车削接杆的外圆（图 4-8b），使接杆的直径略小于钻头直径，同时进一步提高钻头与接杆的同轴度，这样可减少接杆与工件的摩擦，使切削平稳。

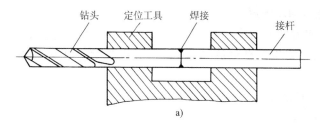

a)

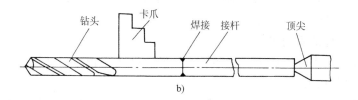

b)

图 4-8　接长钻柄的方法

钻削深孔时，由于采用接长钻加工，钻头较细长。因此强度和刚性都比较差，加工时容易引起振动和孔的歪斜。当钻头螺旋槽全部进入工件后，切削液的进入和切屑的排出更为不易，使热量聚集不易散发，造成钻头加速磨损，影响加工质量。

针对上述情况，钻削深孔应注意如下几点：

1）要保证钻头本体与接长部分的同轴度要求，以免影响孔的加工精度。

2）钻头每送进一段不长的距离（当钻头螺旋槽全部进入工件后，该距离应更短），即应从孔内退出，进行排屑和输送切削液。

三、钻削多孔

有些工件，在同一加工面上有较多轴线互相平行的孔，有的孔距也有一定的要求。这种孔可在钻床上用钻、扩、镗或钻、扩、铰的方法进行加工。但这种加工方法，适宜孔深不是很大的孔。

1. 低精度多孔加工

对于孔的精度和中心距精度要求不高的多孔加工，一般采用钻、扩加工即可。具体方法如下：

1）准确划线，划线误差在0.1mm以内。直径较大的孔，要划出孔的圆周线或四方格形式的孔位检查线，见图4-9。然后将样冲眼敲大。

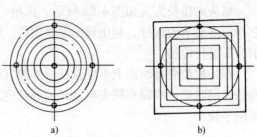

2）按划线基准，校正工件需加工孔的位置后加以固定。

3）用扩孔的方法，分2～3次加工。边加工边测量，直至达到要求为止。

图4-9 孔位检查线形式
a）检查圆 b）检查方格

4）依次加工其他孔。

2. 高精度多孔加工

对于孔的精度要求和中心距精度要求较高的多孔加工，选用精度较高的钻床进行加工。具体方法如下：

1）按图样准确划线。

2）在各孔中心先加工一个螺纹孔，螺纹孔大小视所需加工孔的大小而定。M5、M6、M8均可。

3）制作一批带孔校正圆柱。其数量不少于需加工孔数；外径大小磨削至一致；孔径比已加工好的螺纹大径大1mm左右。

4）用螺钉将各校正圆柱安装在工件需加工孔上。然后用量具将各校正圆柱的中心距校正至与图样相符的精度范围内，加以固定。

5）在钻床主轴上装上杠杆指示表，对工件上任意一个圆柱进行校正，保证圆柱轴心线与钻床主轴轴线同轴度要求。然后固定工件，并拆去该校正圆柱。

6）利用钻、扩、镗、铰等加工方法，边加工边测量，直到符合图样的加工要求为止。

7）用上述方法逐一加工其余未加工孔，直至全部结束。

四、钻削相交孔

某些工件，尤其是阀体，在互成角度的各个面上，都有一些大小相等或不等的孔，呈相交的状态分布。相交的孔有正交、斜交、偏交等情况。

1）选择基准，准确划线。

2）按划线基准定位，先钻直径较大孔再钻直径较小孔。

3）对于精度要求不高的孔，分 2～3 次扩孔加工的方法来达到要求；对于精度要求较高的孔，钻孔后应留有铰削或研磨的余量。

4）两孔即将钻穿时，应采用手动用较小的进给量进给，以免在偏切的情况下造成钻头折断或孔的歪斜。

5）斜交孔的加工，可采用在斜面上钻孔的方法加工。

五、钻削不通孔

在钻削加工中，钻不通孔会经常碰到，如气、液压传动中的集成油路块，大型设备上用的双头螺柱的螺孔等。钻削不通孔，它与钻通孔方法相同，但需利用钻床上的深度尺来控制钻孔的深度，或在钻头上套定位环或用粉笔作标记。定位环或粉笔标记的高度等于钻孔深度加 $D/3$（D 为钻头直径）。有互相相交的不通孔时，在平面上必须在 x、y 方向有定位挡块，以保证加工尺寸和相交交点的位置正确。

六、在斜面上钻孔

用麻花钻在斜面上钻孔时，在单面背向力的作用下，钻头容易产生歪斜，因而影响钻孔质量，甚至折断钻头。一般情况下先用立铣刀在斜面上铣出一个平面，然后钻孔（见图 4-10）。如果没有条件，也可以先用錾子在斜面上錾出一个小平面，再用中心钻钻出锥坑，然后用所需直径的钻头钻孔。

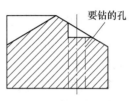

要钻的孔

图 4-10　先用立铣刀铣出一个平面

七、钻削精孔

钻削精孔是一种孔的精加工方法。孔的加工尺寸误差可达 0.02～0.04mm，表面粗糙度值可达 $Ra6.3～1.6\mu m$。在单件生产或修配工作中，常采用这种方法来加工精孔。在某些特殊情况下还可替代铰孔。

1. 加工方法

首先钻出底孔，留有 0.5～1mm 的加工余量，然后再进行精扩。这样在加工过程中，由于切削量少、产生热量少，工件不易变形，而且钻头磨损小，所产生的振动也小，所以可大大提高加工精度。

2. 改进钻头的几何角度

铸铁精孔钻头如图 4-11 所示，钢材精孔钻头如图 4-12 所示。

1）磨出第二顶角 $2\phi_1$，使 $2\phi_1 \leqslant 75°$。新磨出的切削刃长度 $f \approx 3～4mm$，外缘处夹角全部磨成 $r \approx 0.2mm$ 的过渡圆弧。

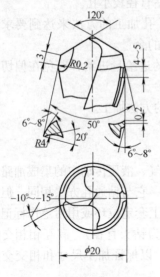

图 4-11 铸铁精孔钻头

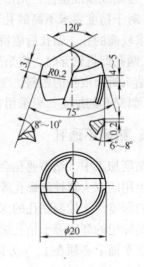

图 4-12 钢材精孔钻头

2）后角一般磨成 $\alpha_0 = 6° \sim 10°$，以免产生振动。

3）将棱边磨窄，保留 $0.1 \sim 0.2$mm 的宽度，或者磨出副后角 $\alpha_f = 6° \sim 8°$，以减少摩擦。

4）切削刃处的前、后角用磨石研磨，使表面粗糙度值达 $Ra0.2\mu$m。

3. 正确选择切削用量

钻削铸铁时切削速度 v 大约为 20m/min；钻削钢材时切削速度 v 大约为10m/min。

4. 钻削精孔时的注意事项

1）钻孔时应选用精度较高的钻床，主轴径向圆跳动误差要小。当主轴径向圆跳动误差较大时，应采用浮动夹头装夹钻头。

2）选用尺寸精度较高的钻头。

3）钻头的两切削刃需修磨对称，两刃轴的径向圆跳动误差应控制在 0 ~ 0.05mm 之内。

4）钻削过程中要加注充足的切削液，并正确选用切削液。钻精孔属于精加工，所以选用切削液时应考虑润滑为主。

八、钻削加工实例

- **训练1　集成油路块的钻孔**

集成油路块是液压系统中的辅助装置，材料为方形铸铁或钢，上面有纵横交错的孔作为油路来代替管道。在其四周侧面上安装板式联接的控制阀。

集成油路块钻孔要求：

1）要保证各个油路孔的位置精度，使得各阀的联接口与集成油路块上相应的孔口相通。

2）油路块之间的相应的主油路孔口相通。

3）纵横交错的各孔要相交正确，确保液压油的畅通无阻。

为此，采用以下方法钻孔，如图 4-13 所示。

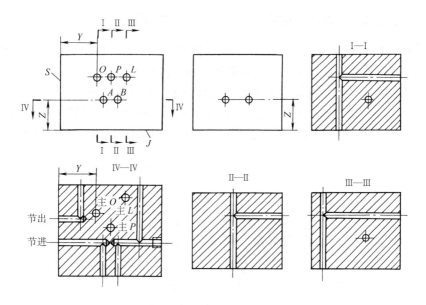

图 4-13　油路块的油路孔

1）钻孔前，首先检查油路块各相应表面的平行度及垂直度是否符合要求，其精度会直接影响钻孔的质量。

2）当油路块的精度符合要求后，可对照图样划线，这一步很关键。首先要仔细分析图样，明确各油孔之间关系，然后照图样确定划线步骤，顺序和方法。

3）按图 4-13 所示的在工件两面钻透较深小孔的方法钻主油路回油孔（主 O 孔）。为了保证尺寸 Y 的正确，利用钻床工作台面上的 T 形槽固定一块挡铁，挡铁至钻头中心的距离等于 Y。钻孔时，使油路块 S 面抵住挡铁。

4）翻转油路块，使 S 面接触挡铁，钻削回油孔 O，这样就能够保证回油孔 O 与主油路回油孔相通。

5）用 3）、4）所述方法钻削主油路进油孔（主 P 孔），进油孔（P 孔），主油路泄油孔（主 L 孔），以及泄油孔（L 孔）。

6）移动挡铁，到钻头中心线的距离等于 Z 的位置，然后再将工件的 J 面抵住挡铁，钻削节流阀进油孔。钻孔时要严格控制钻孔的深度，如果过深，就会与 B 孔相通，使工件报废；过浅，会影响与 A 孔的相交，影响液压油的流动。

7）翻转工件，使 J 面抵住挡铁，钻削 A 孔，使之与节流阀进油孔相通。

8）用6）、7）所述的方法钻其他各个油路孔。

图4-13 表明，由于孔的深度和直径之比较大（均为深孔），为减小液压油在油路孔内的流动压力损失，要求孔壁的表面粗糙度较细，所以具体操作时，应按钻深孔、钻精孔的方法进行。

- **训练2　在耐热不锈钢（1Cr18Ni9Ti）上钻孔**

板厚 $H = 15\text{mm}$，钻孔直径 $\phi25\text{mm}$。钻削不锈钢的突出问题是不易断屑，以及生产效率低、刀具寿命短等。如果钻头的几何参数选得较好，也可获得较满意的结果。通过实践，现将钻头刃磨成如图4-14 所示的几何参数及形状，则 $l = 0.32d$；$R = 0.2d$；$h = 0.04d$；$0.5l > l_2 > 0.3l$；$b_\Psi = 0.04d$。这样当选用切削用量为 $n = 105\text{r/min}$，$f = 0.32 \sim 0.56\text{mm/r}$ 时，均可顺利断屑，得到较为满意的结果。

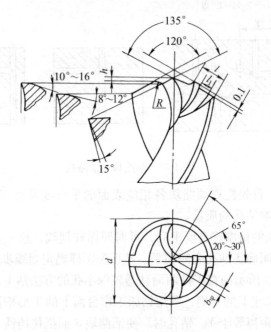

图4-14　加工不锈钢的钻头

一般说来，钻削不锈钢时，主轴转速要低，它是根据钻头直径的大小来确定的，直径越大则转速应越低。

◆◆◆ 第四节　铰刀

一、铰刀的切削特点

铰刀是具有一个或多个刀齿，用来切除已加工孔表面薄层金属的旋转刀具。经铰削加工后的孔可获得较高的尺寸和形状精度。铰刀按使用方法分为手用和机用两种；按铰孔的形状分为圆柱形、圆锥形和阶梯形三种；按装夹方法分为带柄式和套装式两种；按齿槽的形状分为直槽和螺旋槽两种。图 4-15 所示为几种常用的铰刀。圆柱孔铰刀由工作部分、颈部和柄部组成。工作部分又分为切削部分、校准部分和倒锥部分。手用铰刀可不带倒锥部分。

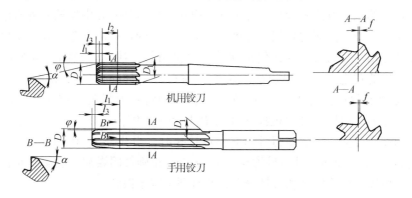

机用铰刀

手用铰刀

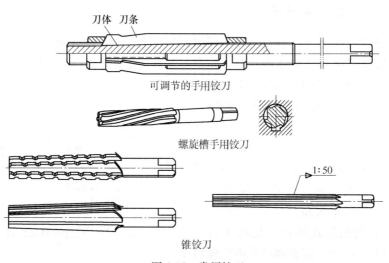

刀体　刀条

可调节的手用铰刀

螺旋槽手用铰刀

锥铰刀

图 4-15　常用铰刀

主偏角的大小主要影响铰孔的表面粗糙度、精度和进给力，通常机用铰刀的主偏角为15°，手用铰刀的主偏角为31′~1°。校准部分呈圆柱形，起修光孔壁和校准孔径的作用。倒锥部分的直径向柄部方向逐渐减小（为0.03~0.07mm），以减小铰孔时工作部分与孔壁的摩擦。铰刀的齿槽通常为直槽，当加工长度方向上孔壁不连续或有纵向槽时，螺旋槽铰刀工作稳定、排屑好。铰刀的工作部分可用高速钢或硬质合金制造。手用铰刀还可以制成直径可调式，通常有以下两种结构：可调节铰刀是靠调节两端的螺母，使楔形刀片沿刀体上的斜底槽移动，以改变铰刀的直径尺寸；可胀式铰刀是通过钢球的移动，使开有纵向槽的铰刀直径胀大。直径可调式的铰刀适用于机械修配工作。

铰削一般在钻孔、扩孔或镗孔以后进行，用于加工精密的圆柱孔和锥孔，加工孔径范围一般为3~100mm。由于铰刀的切削刃长，铰削时各刀齿同时参加切削，生产率高，在孔的精加工中应用较广。

铰削的工作方式一般是工件不动，由铰刀旋转并向孔中作轴向进给运动。铰削过程中，铰刀前端的切削部分进行切削，后面的校准部分起引导、防振、修光和校准作用。孔的尺寸和几何形状精度直接由铰刀决定。铰削可分为粗铰和精铰。粗铰的背吃刀量（单边加工余量）为0.3~0.8mm，加工精度可达IT10~IT9，表面粗糙度值为$Ra10~1.25\mu m$。精铰的背吃刀量为0.06~0.3mm，加工精度可达IT8~IT6，表面粗糙度值为$Ra1.25~0.08\mu m$。铰孔的切削速度较低，例如用硬质合金圆柱形多刃铰刀对钢件铰孔时，当孔径为40~100mm时，切削速度为6~12m/min，进给量为0.3~2mm/r。正确选用煤油、机械油或乳化液等切削液可提高铰孔质量和刀具寿命，并有利于减小振动。

二、铰刀的研磨方法

新的标准圆柱铰刀，直径上留有研磨余量，而且棱边的表面粗糙度值也不够低，所以铰削IT8以下精度的孔时，先要将铰刀直径研磨到所需的尺寸精度。

研磨铰刀所用的研具有以下几种：

（1）径向调整式研具（见图4-16）它是由壳套、研套和调整螺钉组成的。孔径尺寸用镗刀或本身铰刀加工出。研套的尺寸胀缩是依靠开斜缝后的弹性变形，由调整螺钉控制。这种研具制造方便，但孔径因研套胀缩不匀而精度不太高。

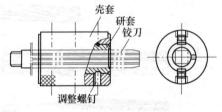

图4-16 径向调整式研具

（2）轴向调整式研具（见图4-17）它是由壳套、研套、调整螺母和限位螺钉组成的。旋动两端的调整螺母，使带槽的研套在限位螺钉的控制下做轴向位移，就

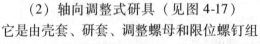

可使研套的孔径得到调整。这种研具由于研套的胀缩均匀、准确，能使尺寸公差控制在很小的范围内，所以适用于研磨精密铰刀。

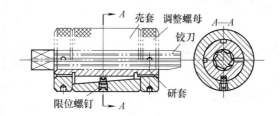

图 4-17 轴向调整式研具

（3）整体式研具（见图 4-18） 它是在铸铁棒上钻小于铰刀直径 0.2mm 的孔，然后用需要研磨的铰刀铰出。这种研具制造最为方便，但由于没有调整量，所以只适用于单件生产时研磨不太精确的铰刀。

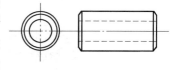

图 4-18 整体式研具

研磨时铰刀由机床带动旋转（两端用顶尖支持），旋转方向要与铰削方向相反。切削速度以 6～12m/min 为宜。研套的尺寸调整到能在铰刀上自由滑动和转动为宜。研磨时用手握住研具，作轴向均匀的往复移动。研磨过程中要随时注意检查质量，铰刀沟槽中的研垢要及时清除干净，重新换上研磨剂再研磨。

◇◇◇ 第五节　攻制内螺纹

一、机动攻制内螺纹

除了对某些螺纹孔必须要采用手工攻螺纹外，应积极地使用机器攻制螺纹，以保证攻螺纹的质量和提高劳动生产率。

在机器上攻制螺纹时，要用保险夹头来夹持丝锥，以免当丝锥在负荷过大或攻制不通孔到达孔底时产生丝锥折断或损坏工件等现象。

常用的保险夹头有以下几种：

（1）钢球式保险夹头（图 4-19） 本体 3 借弹簧 7 的压力，使沿圆周均布的 12 个 φ6mm 钢球 8 带动离合盘 11 转动。在离合盘 11 的内孔中有两个凸键（见视图 A—A），滑动套 15 圆周上有相应的两条长槽，离合盘 11 的转矩便可传递给滑动套 15，滑动套 15 可沿轴向自由滑动。旋转调压套 4 可调节钢球 8 所传递转矩的大小。

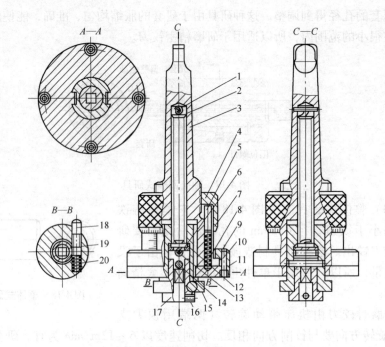

图 4-19　钢球式保险夹头

1、13—销子　2—拉簧　3—本体　4—调压套　5—滚柱　6、8—钢球
9—压盘　7、20—弹簧　10—螺钉　11—离合盘　12—垫圈　14—轴　15—滑动套
16—紧定螺钉　17—快换套　18—快换轴　19—小销子

在本体 3 内有一长孔，其中的拉簧 2 一端用销子 1 与本体固定，另一端用销子 13 和垫圈 12 与滑动套 15 固定。12 个 $\phi2.5mm$ 钢球 6 用可以减小摩擦力，使离合盘过载打滑时，滑动套 15 仍能相对于本体 3 转动。

滑动套 15 的转矩通过轴 14 传递给快换套 17，快换套 17 上有一条圆弧环槽，靠快换轴 18 卡入将快换套 17 吊住（见视图 B—B）。按下快换轴 18 便可取下、装上快换套 17。

在调压套 4 的锥面上与本体 3 圆周上刻有刻度线，可用于调节转矩。

这种夹头适用于攻制 M16 以下的内螺纹。由于采用钢球、弹簧作为安全过载机构，所以具有反应灵敏、安全可靠和制造简便等特点。

（2）锥体摩擦式保险夹头（图 4-20）　保险夹头本体 1 的锥柄装在钻床主轴孔中，在保险夹头本体 1 的孔中装有轴 6，在本体的中段开有四条槽，嵌入四块 L 形锡锌铝青铜摩擦块 3，其外径带有 1:10 的小锥度与螺套 2 的内锥孔相配合。螺母 4 的轴向位置靠螺钉 5 来固定，拧紧螺套 2 时，通过锥面作用把摩擦块 3 压紧在轴 6 上，本体 1 的动力便传递给轴 6。轴 6 在本体 1 的孔外部分和 7、8、9 组成一套快换装置（其原理与快换钻夹头一样）。各种不同规格的丝锥可预先装好在可换夹头 9 的方孔中（可换夹头的方孔可制成多种不同尺寸），并用螺钉压紧丝锥的方榫，操作滑环 8 就可在不停机时调换丝锥。

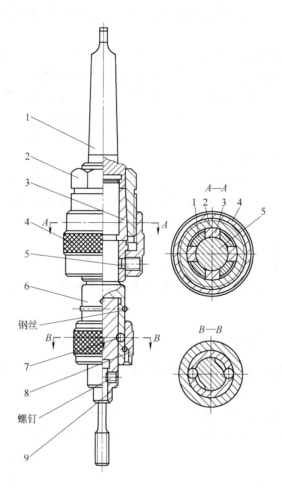

图 4-20　保险夹头

1—保险夹头本体　2—螺套　3—摩擦块　4—螺母
5—螺钉　6—轴　7—钢珠　8—滑环　9—可换夹头

　　螺套与摩擦块之间依靠小锥度相贴合，所以可传递较大的转矩，攻制 M12 以上螺纹时也适用。攻螺纹时根据不同螺纹直径调节螺套 2，使其在超过一定的转矩时打滑，起到保险的作用。

　　机动攻螺纹的注意事项和操作方法如下：

　　1）钻床和攻螺纹机主轴径向圆跳动，一般在 0.05mm 范围内，如攻削 6H 级精度以上的螺孔时，跳动应不大于 0.03mm。装夹工件的夹具定位支承面，与钻床主轴中心和攻螺纹机主轴的垂直度偏差，应不大于 0.05mm/100mm。工件螺纹底孔与丝锥的同心度公差不大于 0.05mm。

2）当丝锥即将进入螺纹底孔时，送刀要轻要慢，以防止丝锥与工件发生撞击。

3）螺纹孔深度超过 10mm，或攻不通的螺纹孔时，应采用攻螺纹保险夹头。保险夹头承受的攻削力，要按照丝锥直径的大小进行调节。

4）在丝锥的切削部分长度攻削行程内，应在机床进刀手柄上施加均匀的压力，以协助丝锥进入工件，同时可避免由于靠开始挤压不完全螺纹，向下拉主轴时，将螺纹刮坏。当校准部分开始进入工件时，上述压力即应解除，靠螺纹自然旋进，以免将牙型切"瘦"。

5）攻螺纹的切削速度主要根据加工材料，丝锥直径、螺距、螺孔的深度而定。当螺孔的深度在 10~30mm 内，工件为下列材料时，其切削速度大致如下：钢材 6~15m/s；铸铁 8~10m/s。在同样条件下，丝锥直径小，取大值；直径大，取小值；螺距大，取小值。

6）攻螺纹时应加注充足的切削液。

7）攻通螺纹孔时，丝锥校准部分不能全部攻出头，以避免在反转退出丝锥时乱牙。

二、丝锥的修磨

当丝锥的切削部分磨损时，可以修磨其后刀面（见图 4-21）。

修磨时要注意保持各刃瓣的半锥角 α 以及切削部分长度的准确性和一致性。转动丝锥时要留心，不要使另一刃瓣的刀齿碰擦而磨坏。

当丝锥校准部分磨损时，可修磨其前刀面（见图 4-22）。

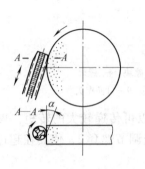

图 4-21 丝锥后刀面修磨

图 4-22 丝锥前刀面修磨

磨损较少时可用磨石研磨切削刃的前刀面。研磨时在磨石上涂一些全系统损耗用油，磨石要平稳。

磨损较显著时，要用棱角修圆的片状砂轮修磨，并控制好一定的前角 γ_o。

三、丝锥折断的处理方法

在取出断丝锥前，应先把孔中的切屑和丝锥碎屑清除干净，以防止扎在螺纹与丝锥之间而阻碍丝锥的退出。

1）用狭錾或冲头抵在断丝锥的容屑槽中顺着退转的切线方向轻轻敲击，必要时再顺着切削方向轻轻地敲击，使丝锥在多次正反方向的敲击下产生松动，则退出就变得容易了。这种方法仅适用于断丝锥尚露出于孔口或接近孔口时。

2）在带方榫的断丝锥上拧上两个螺母，用钢丝（根数与丝锥槽数相同）插入断丝锥和螺母的空槽中，然后用绞杠按退出方向扳动方榫，把断丝锥取出（见图 4-23）。

3）在断丝锥上焊上一个六角螺钉，然后用扳手扳六角螺钉而使断丝锥退出。

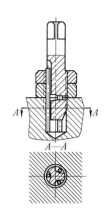

图 4-23　折断丝锥的取出方法

4）用乙炔火或喷灯使断丝锥退火，然后用钻头钻去。此时钻头直径应比底孔直径略小，钻孔时也要对准中心，防止将螺纹钻坏。孔钻好后打入一个扁形或方形冲头，再用扳手旋出断丝锥。

5）用电火花加工设备将断丝锥腐蚀掉。

四、攻制内螺纹实例

● **训练　攻制 M24 以下螺纹**（图 4-24）

1. 准备工作

（1）工、夹、量具的准备　准备好方箱、游标高度卡尺、样冲、麻花钻（$\phi 5mm$、$\phi 6.8mm$、$\phi 12mm$、$\phi 14mm$、$\phi 17.5mm$、$\phi 21mm$）、90°圆锥锪钻、直角尺、金属直尺、丝锥（M6、M8、M14、M16、M20、M24）、铰杠。

（2）检查毛坯　检查毛坯的长、宽、高和三个基准面的垂直度误差，以及上、下两平面的平行度误差。

2. 训练要求

（1）操作技能

1）螺纹轴线不准有明显歪斜。

2）不准乱牙。

3）不准滑牙。

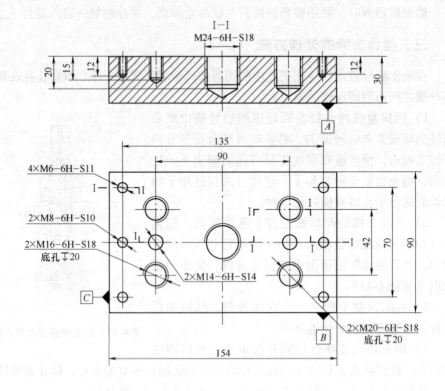

技术要求　1. 螺纹不准有明显歪斜。

2. 螺纹孔有效长度公差等级：IT14。

3. 材料：45 钢。

图 4-24　攻螺纹

4）螺纹表面粗糙度值为 $Ra25\mu m$。

5）螺纹有效长度不准超差。

（2）工具设备的使用和维护

1）丝锥分头锥、二锥的，要按顺序使用，不准直接用二锥攻螺纹。

2）铰杠的长短和所攻螺纹的规格应相适应，不准超规格使用。

3）丝锥用完后用防锈油擦拭干净，妥善保管。

（3）安全及其他　执行企业安全文明生产规定，做到工作场地整洁，工、夹、量具摆放整齐。

3. 操作要领

1）螺纹底孔要倒角，倒角直径稍大于螺纹大径。

2）工件装夹位置准确，上、下两面处于水平位置，便于判断丝锥轴线是否垂直于工件表面。

3）钻螺纹底孔时要注意控制好内孔的深度，以免深度尺寸超差。

4）开始攻螺纹时，要尽量将丝锥放正，然后对丝锥施加轴向压力，并转动铰杠。当切入 1～2 圈后，检查丝锥与工件表面是否垂直，并及时校正。

5）丝锥切削部分旋入孔中后就不要再施加轴向力。两手用力均匀，每攻 1/2～1 圈时适当倒转 1/4～1/2 圈，使切屑断碎后易于排除。

6）在丝锥上做好深度标记，并适时地回退，清除孔内切屑，以免切屑堵住内孔导致丝锥无法继续正常切削而损坏丝锥或螺纹表面。

7）选用适当的乳化液冷却润滑（头锥攻制螺纹时可用润滑油）。

8）用二锥攻制螺纹时，要徒手将丝锥旋入已攻过的螺孔中，再套上铰杠，退出时要避免快速转动铰杠，以防损坏螺纹。

复习思考题

1. 试述麻花钻的修磨要求。
2. 标准群钻的优点是什么？
3. 钻削小孔时要注意哪些情况？
4. 钻削深孔时应注意哪些问题？
5. 试述钻削多孔的方法。
6. 研磨铰刀的研具有哪几种？
7. 如何确定攻制内螺纹时底孔的尺寸？
8. 试述丝锥折断的处理方法。

第 五 章

固定联接装配和
传动机构的装配

培训目标 掌握花键联接的种类、应用特点和装配技术要求。了解定位销的种类、规格和拆装的技术要求。掌握锥齿轮传动机构装配的技术要求和检测方法。掌握蜗轮蜗杆传动机构装配的技术要求和检测方法。熟悉粘结剂的种类、特点和涂敷方法。了解粘结的接头形式和被粘结物的表面处理方法。

◆◆◆ 第一节　花键联接的装配

一、花键联接的种类、应用特点

1. 花键联接的种类

花键联接按工作方式不同，可分为静联接和动联接两种。

按齿廓形状不同可分为矩形、渐开线和三角形三种，矩形花键结构见图 5-1。

在现行标准中花键配合的定心方式为小径定心。

2. 花键联接的应用特点

花键联接的特点是轴的强度高，传递转矩大，对中性及导向性好，但制造成本高，在机床及汽车中应用较多。

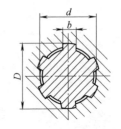

图 5-1　矩形花键结构

二、花键联接装配的技术要求

1. 装配静联接花键的技术要求

装配静联接花键时，花键孔和花键轴允许有少量过盈，装配时可用铜棒轻轻敲入，但不能过紧，否则可能拉毛配合面。对于过盈较大的配合，可将套件加热至 80～120℃后进行装配。

2. 装配动联接花键的技术要求

装配动联接花键时，花键孔在花键轴上应滑动自如，没有阻滞现象，但间隙应适当。用手摇动套件时不应有过松现象，且感觉不到有明显的间隙。

◈◈◈ 第二节　销联接的装配和调整

销联接结构简单，定位和联接可靠，装拆方便，在机械中除了起到联接作用外，还可起到定位作用和保险作用（过载保护），如图 5-2 所示。销钉有圆柱销、圆锥销和开口销三种，尺寸已标准化。

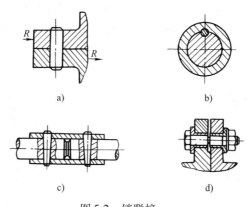

图 5-2　销联接
a）、b）起定位作用　c）起联接作用　d）起保险作用

一、销的装配

1. 圆柱销的装配

圆柱销装配时，销和孔的配合要求按使用场合不同有一定的差别，改变圆柱销的直径公差，可以获得不同的配合性质。国家标准规定圆柱销可按 m6 和 h8 两种公差制造。

在大多数场合下圆锥销和销孔的配合具有少量的过盈，以保证联接或定位的紧固性和准确性。销子涂油后可把铜棒垫在端面上，用锤子把它打入销孔内。对于过盈配合的圆柱销联接，不宜多次拆装，否则将降低定位精度和联接的可靠性。

对于需要经常装拆的圆柱销定位结构，为了便于装拆，两个定位销孔之一一般采用间隙配合。

圆柱销装配工作中，保证两销孔的中心重合是很重要的，因此一般都将两销孔同时进行钻铰，要求其表面粗糙度值达到 $Ra1.6\mu m$ 或更小。

2. 圆锥销的装配

圆锥销具有 1:50 的锥度，定位准确可多次装拆而不会降低定位精度，应用较广泛。圆锥销以小端直径和长度表示其规格。装配时，被联接或定位的两销孔也应同时钻铰，但必须控制好孔径的大小。一般用试装法测定，即铰孔时将销子在销孔中试插，当销子能自由插入销子长度的 80% 左右时为宜，但试插时要做到销子和销孔都十分清洁。装配圆锥销时用铜锤将其打入后，圆锥销的大端可稍微露出或平于被联接件表面。

二、销联接的调整

1）拆卸普通圆柱销和圆锥销时，可用锤子轻轻敲出（圆锥销从小端向外敲击）的方法。有螺尾的圆锥销可用螺母旋出，如图 5-3 所示。

2）拆卸带内螺纹的圆柱销和圆锥销时，可用与内螺纹相符的螺钉取出，如图 5-4 所示。也可用拔销器拔出，如图 5-5 所示。

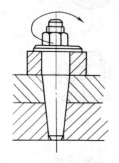 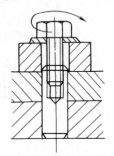

图 5-3　螺尾圆锥销拆卸　　　　图 5-4　用螺钉拆卸带内螺纹的销

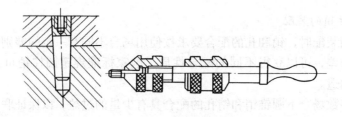

图 5-5　用拔销器拆卸带内螺纹的销

3）销联接损坏或磨损时，一般是更换销。如果销孔损坏或磨损严重时，可重新钻铰尺寸较大的销孔，更换相适应的新销。

◆◆◆ 第三节　齿轮传动的种类

　　齿轮传动有渐开线圆柱齿轮、锥齿轮及准双曲面齿轮、圆弧齿轮、圆柱蜗杆传动等。齿轮传动的种类见图5-6。其中直齿、斜齿和人字齿圆柱齿轮，用于两平行轴的传动；直齿、斜齿和曲线齿锥齿轮，用于两相交轴之间的传动；交错轴斜齿轮和准双曲面齿轮，用于相错轴之间的传动。此外还有，可将旋转运动变为直线运动的齿轮齿条传动；轴间距离小时，可采用更为紧凑的内啮合齿轮传动等。

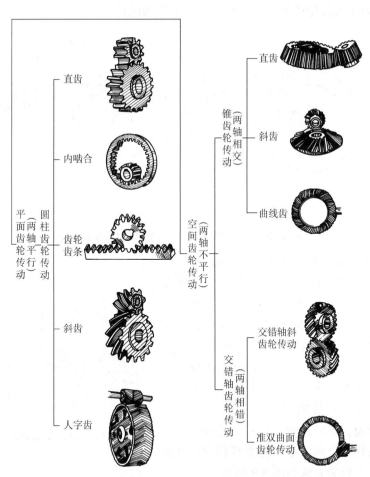

图5-6　齿轮传动的种类

◇◇◇ 第四节　锥齿轮传动机构的装配和检测方法

一、锥齿轮传动机构的装配

装配锥齿轮传动机构的顺序和装配圆柱齿轮传动机构相似。装配锥齿轮传动机构时，一般常遇到的问题是两齿轮轴的轴向定位和侧隙的调整。

1）小齿轮的轴向定位常以"安装距离"（小齿轮基准面至大齿轮轴的距离）为依据，去测量小齿轮的安装位置（见图5-7a）。当小齿轮轴位置有偏置要求时，它的轴向定位同样也可以以"安装距离"为依据，用专用量规测量（见图5-7b）。如果大齿轮尚未装好，那么可用工艺轴代替。

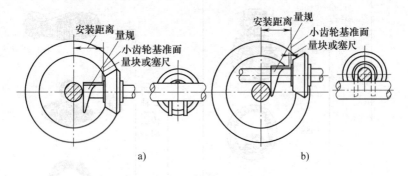

a)　　　　　　　　　　　b)

图5-7　小齿轮轴向定位

a）小齿轮安装距离的测量　b）小齿轮偏置时安装距离的测量

2）大齿轮一般以侧隙决定其轴向位置。

对于用背锥面作基准的锥齿轮，装配时使背锥面齐平，来保证两齿轮正确的装配位置。也可以使两个齿轮沿着各自的轴线方向移动，一直移到它们的假想锥体顶点重合在一起为止（见图5-8）。在轴向位置调整好以后，通常用调整垫圈厚度的方法，将齿轮的位置固定。

装配前，锥齿轮传动机构的箱体孔，也必须进行检验。同一平面内垂直相交两孔轴线垂直度的检验方法如图5-9所示。

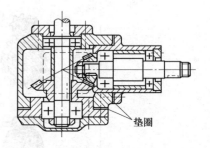

图5-8　锥齿轮的轴向调整

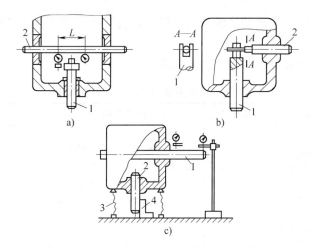

图 5-9　同一平面内垂直相交两孔轴线垂直度的检验方法

二、锥齿轮传动机构的检验

1）装配后的锥齿轮传动机构，也必须进行精度检查。其检查的方法与圆柱齿轮传动机构基本相同，不过其中直齿锥齿轮法面侧隙 C_n 的计算方法与圆柱斜齿轮或人字齿轮有所不同。直齿锥齿轮法面侧隙 C_n 与齿轮轴向调整量 x（见图 5-10）的近似关系为

$$C_n = 2x\sin\alpha\sin\delta$$

式中　α——压力角；

　　　δ——节锥角；

　　　x——齿轮轴向调整量。

2）锥齿轮传动机构啮合情况的检查与圆柱齿轮相似。在无载荷时，轮齿的接触表面应靠近轮齿的小端，以保证工作时轮齿在全宽上能均匀地接触，避免重负荷时大端区应力集中而造成快速磨损。图 5-11 所示为锥齿轮受载荷后接触斑点的变化情况。

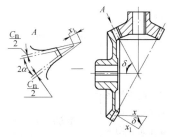

图 5-10　直齿锥齿轮法面侧隙与
齿轮轴向调整量的近似关系

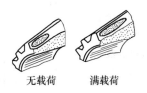

无载荷　　满载荷

图 5-11　锥齿轮受载荷后
接触斑点的变化情况

涂色检查时，齿面的接触斑点在齿高和齿宽方向应不少于 40% ~ 60%（随齿轮的精度而定）。

锥齿轮接触斑点及其调整方法见表 5-1。

表 5-1　锥齿轮接触斑点及其调整方法

接触斑点	齿轮种类	现象及原因	调整方法
正常接触（中部偏小端接触）	直齿及其他锥齿轮	（1）在轻微负荷下，接触区在齿宽中部，略宽于齿宽的一半，稍近于小端，在小齿轮齿面上较高，大齿轮上较低，但都不到齿顶	
低接触 高接触 高低接触	直齿锥齿轮	（2）小齿轮接触区太高，大齿轮太低（见左图）。小齿轮的轴向定位有误差	小齿轮沿轴向移出，如侧隙过大，可使大齿轮沿轴向移动
		（3）小齿轮接触太低，大齿轮太高。原因同（2），但误差方向相反	小齿轮沿轴向移进，如侧隙过小，则将大齿轮沿轴向移出
		（4）在同一齿的一侧接触高，另一侧低。如小齿轮定位正确且侧隙正常，则为加工不良所致	装配无法调整，需调换零件。若只作单向传动，可按（2）或（3）调整，可考虑另一齿侧的接触情况
低接触偏小端 高接触偏大端 高接触偏小端 低接触偏大端 高低接触	弧齿锥齿轮	（5）小齿轮接触区高，大齿轮接触区低。由于齿宽方向曲率关系，小齿轮凸侧略偏离大端，大齿轮则相反。主要由于小齿轮轴向定位有误差（见左图）	调整方法同（2）
		（6）小齿轮接触区低，大齿轮接触区高，现象与（5）相反，原因相同	调整方法同（3）
		（7）在同一齿的一侧接触区高，而在另一侧接触区低。如小齿轮定位正确且侧隙正常，则为加工不良所致	调整方法同（4）

（续）

接触斑点	齿轮种类	现象及原因	调整方法
小端接触 同向偏接触	直齿及锥齿轮	（8）两齿轮的齿两侧同在小端接触（见左图），由于轴线交角太大而造成	不能用一般方法调整，必要时修刮轴瓦
		（9）同在大端接触，由于轴线交角太小而造成	
大端接触 小端接触 异向偏接触	直齿锥齿轮及弧齿锥齿轮	（10）大、小齿轮在齿的一侧接触于大端，另一侧接触于小端（见左图）。由于两轴心线有偏移	应检查零件加工误差，必要时修刮轴瓦

三、齿轮传动机构装配后的跑合

一般动力传动齿轮副，不要求很高的运动精度及工作平稳性，但要求接触精度较高和噪声较低。若加工后不能经济地达到接触精度要求时，可在装配后进行跑合。

（1）加载跑合　在齿轮副的输出轴上加一力矩，使齿轮接触表面相互磨合（需要时加磨料），以增加接触面积，改善啮合质量。这种方法与下一种方法相比跑合时间较长。

（2）电火花跑合　在接触区域内通过脉冲放电，把先接触的部分金属去掉，以使接触面积扩大，达到要求的接触精度。

齿轮跑合合格后，应将整台齿轮箱进行彻底清洗，以防磨料、铁屑等杂质残留在轴承等处。

◆◆◆ 第五节　蜗杆传动机构的装配

蜗杆传动机构常用于传递空间交错轴间的运动及动力，通常交错角为90°。它具有传动比大、工作较平稳、噪声低、结构紧凑、可以自锁等优点。主要缺点是传动效率较低，工作时发热大，需要有良好的润滑油。

一、蜗杆传动的精度要求

1. 蜗杆传动的精度

按国家标准 GB/T 10089—1988 规定有 12 个精度等级，第 1 级精度最高，第 12 级精度最低。按照能对传动性起到保证作用的公差特性，可将公差（或极限偏差）也分成三个公差组。每一公差组都分别对蜗杆、蜗轮和传动副的安装精度而限制若干项公差（或极限偏差）来保证。根据使用要求不同，允许各公差组选用不同的精度等级组合，但在同一公差组中，各项公差与极限偏差应保持相同的精度等级。蜗杆与配对蜗轮的精度等级一般取成相同，但允许取成不同。

2. 蜗杆传动侧隙规定

按国家标准 GB/T 10089—1988 中规定蜗杆传动的侧隙共分八种：a、b、c、d、e、f、g 和 h。最小法向侧隙值以 a 为最大，其他依次减小，一直到 h 为零，见图 5-12。选择时应根据工作条件和使用要求合理选用传动的侧隙种类。各侧隙的最小法向侧隙 $j_{n\,min}$ 值见表 5-2。

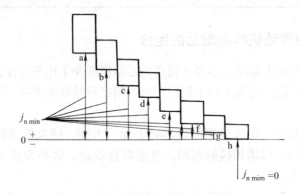

图 5-12　蜗杆传动的法向侧隙

表 5-2　蜗杆传动的最小法向侧隙 $j_{n\,min}$ 值　　　　　　　（单位：μm）

传动中心距	侧　隙　种　类							
a/mm	h	g	f	e	d	c	b	a
≤30	0	9	13	21	33	52	84	130
>30~50	0	11	16	25	39	62	100	160
>50~80	0	13	19	30	46	74	120	190
>80~120	0	15	22	35	54	87	140	220
>120~180	0	18	25	40	63	100	160	250
>180~250	0	20	29	46	72	115	185	290
>250~315	0	23	32	52	81	130	210	320

（续）

传动中心距	侧　隙　种　类							
a/mm	h	g	f	e	d	c	b	a
>315～400	0	25	36	57	89	140	230	360
>400～500	0	27	40	63	97	155	250	400
>500～630	0	30	44	70	110	175	280	440
>630～800	0	35	50	80	125	200	320	500
>800～1000	0	40	56	90	140	230	360	560

注：传动的最小圆周侧隙 $j_{t\,min} \approx j_{n\,min} / (\cos\gamma' \cdot \cos\alpha_n)$，$\gamma'$ 为蜗杆节圆柱量程角；α_n 为蜗杆法向压力角。

3. 装配图上的标注

在蜗杆传动的装配图上，应标注出配对蜗杆、蜗轮的精度等级、侧隙种类代号和国标代号。

4. 蜗杆副的接触斑点要求

蜗杆副的接触斑点要符合表5-3的规定。

5. 对蜗杆和蜗轮轴线的要求

蜗杆轴线应与蜗轮轴心线垂直。蜗杆的轴线应在蜗轮轮齿的对称中心平面内。蜗杆、蜗轮间的中心距要准确。

表 5-3　蜗杆副的接触斑点要求

图　　例	精度等级	接触面积（%）		接触形状	接触位置
		沿齿高≥	沿齿长≥		
沿齿长 b″/b′×100%　沿齿高 h″/h′×100%	1 和 2	75	70	痕迹在齿高方向无断缺，不允许成带状条纹	痕迹分布位置趋近于齿面中部，允许略偏于啮合端。在齿顶和啮入、啮出端的棱边处不允许接触
	3 和 4	70	65		
	5 和 6	65	60		
	7 和 8	55	50	不作要求	痕迹应偏于啮出端，但不允许在齿顶和啮入、啮出端的棱边接触
	9 和 10	45	40		
	11 和 12	30	30		

二、蜗杆传动机构的装配顺序

蜗杆传动机构的装配顺序，按其结构特点的不同，有的应先装蜗杆，后装蜗轮；有的则相反。一般情况下，装配工作是从蜗轮开始的，其步骤如下：

1）将蜗轮齿圈1压装在轮毂2上，并用螺钉加以紧固，见图5-13。

2）将蜗轮装在轴上，其安装及检验方法与圆柱齿轮相同。

3）把蜗杆装入箱体，一般蜗杆轴心线的位置，是由箱体安装孔所确定的。然后再将蜗轮轴装入箱体，蜗轮的轴向位置可通过改变调整垫圈厚度或其他方式进行调整，使蜗杆轴线位于蜗轮轮齿的对称中心平面内。

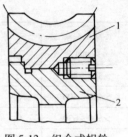

图5-13　组合式蜗轮
1—齿圈　2—轮毂

装配蜗杆传动过程中，可能产生的三种误差，如图5-14所示。

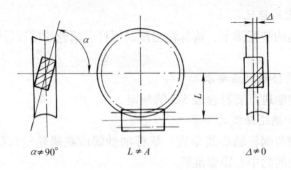

图5-14　蜗杆传动机构的不正确啮合情况

另外，为了确保蜗杆传动机构的装配要求，装配前，先要对蜗杆孔轴线与蜗轮孔轴线中心距误差和垂直度误差进行检验，即对蜗杆箱体进行检验。

检验箱体孔中心距时，可按图5-15所示方法进行测量。测量两心轴至平板的距离，即可算出中心距 a。

测量轴线间的垂直度误差，可按图5-16所示方法进行。测量时旋转心轴2，指示表上的读数差，即是轴线的垂直度误差。

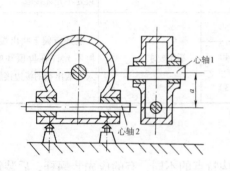

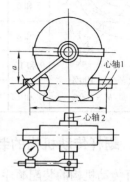

图5-15　检验蜗杆箱的中心距　　　图5-16　检验蜗杆箱轴心线的垂直度误差

三、蜗杆传动机构的检查

1. 蜗轮的轴向位置及接触斑点的检验

用涂色法检验，先将红丹粉涂在蜗杆的蜗旋面上，并转动蜗杆，可在蜗轮轮齿上获得接触斑点，见图 5-17。图 5-17a 所示为正确接触，其接触斑点应在蜗轮中部稍偏于蜗杆旋出方向。图 5-17b、c 表示蜗轮轴向位置不对，应配磨垫片来调整蜗轮的轴向位置。

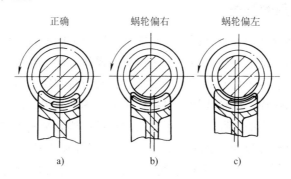

图 5-17　用涂色法检验蜗轮齿面接触斑点

2. 齿侧间隙检验

由于蜗杆传动机构的结构特点，齿侧间隙用压熔丝或塞尺的方法测量是困难的。一般要用指示表测量，如图 5-18 所示。在蜗杆轴上固定一带量角器的刻度尺 2，指示表测头抵在蜗轮齿面上，用手转动蜗杆，在指示表指针不动的条件下，用刻度盘相对固定指针 1 的最大转角判断侧隙大小。如用指示表直接与蜗轮齿面接触有困难时，可在蜗轮轴上装一测量杆 3，如图 5-18b 所示。

侧隙与转角有如下近似关系

$$C_n = z_1 \pi m \frac{\alpha}{360°}$$

式中　C_n——侧隙（mm）；

　　　z_1——蜗杆头数；

　　　m——模数（mm）；

　　　α——空程转角（°）。

对于不重要的蜗杆机构，也可以用手转动蜗杆，根据空程量的大小判断侧隙的大小。

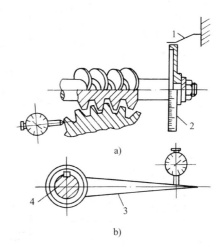

图 5-18　蜗杆传动机构侧隙检验

a）直接测量法　b）用测量杆测量法

1—指针　2—刻度尺　3—测量杆　4—蜗轮轴

装配后的蜗杆传动机构，还要检查它的转动灵活性。蜗轮在任何位置上，用手旋转蜗杆所需的转矩均应相同，没有咬住现象。

◈◈◈ 第六节 零件的粘结

一、粘结剂的种类

粘结剂又称胶粘剂、胶合剂，它是能把不同或相同的材料牢固地连接在一起的化学物质。用粘结剂粘接材料，工艺简单，操作方便，连接可靠，在各种机械设备的修复中，取得了良好的效果。如今，在新设备制造过程中也采用了粘接技术，达到了以粘代焊、以粘代铆、以粘代机械夹固的效果，从而解决了过去某些连接方式所不能解决的问题，简化了复杂的机械结构和装配工艺。

按其化学成分可分为有机粘结剂（包括热固性树脂粘结剂、热塑性树脂粘结剂和橡胶粘结剂等）和无机粘结剂两大类。有机合成粘结剂都由胶料、固化剂、增韧剂、填料和稀释剂等成分组成。国内定型生产的合成粘结剂的牌号和性能见表5-4和表5-5。

表5-4 环氧粘结剂的牌号和性能

牌号	主要成分	固化条件	剪切强度/10^5Pa					主要用途
911	环氧、塑溶胶、三氟化硼络合物等	室温下固化5~20min，也可在10~15℃下固化2h	铝-铝	铜-铜	酚醛玻璃钢	铝-铜	铝-玻璃钢	金属及非金属部件小面积粘结
			160~210	230~250	70~85	230~250	120~150	
913	环氧、聚醚、三氟化硼	0~15℃下固化4~24h	固化条件	-15℃	15℃	60℃		野外应急修补
			-15℃、24h	120~150	170~190	80~100		
			0~10℃、4h	—	130~150	—		
914	环氧、聚硫、酚铜胶固化剂	20℃下固化2.5~24h	铝	黄铜	纯铜	不锈钢		快速粘结，室温使用
			200~240	150~180	110~130	300~330		
80℃固化胶	环氧、聚酰胺、咪唑	80℃下固化8h	温度/℃	室温	100	-65~+100交变5次		粘结铝铜等金属材料
			铝-铝	267	155	189		
			铝-铜	230	157	236		

（续）

牌号	主要成分	固化条件	剪切强度/10^5Pa				主要用途
高强度胶	环氧等	160℃下固化2h、180℃下固化4h	铝-铝		钢-钢		金属与金属、金属与非金属粘结
			>366		>800		
ET	醚键氨基四官能、环氧、丁腈、咪唑	压力0.5×10^5~1×10^5Pa，170℃下固化2h	温度/℃	-60	室温	180	250	磁钢与不锈钢粘结
			铝-铝	>250	>200	>100	>40	

牌号	主要成分	固化条件	温度	不锈钢	铝合金	镍	钛合金	主要用途
J-13	二苯矾环氧、聚酰胺等	接触后20~25℃下固化24h或50℃下固化6h	20℃	230	267	266	197	尼龙与镍的粘结以及碱性蓄电池密封
			60℃	122	120	140	135	
			100℃	56	87	62	70	

牌号	主要成分	固化条件	温度/℃	-60	20	60	主要用途
SW-2	环氧、聚醚、酚醛胺等	接触后25℃下固化24h	铝合金	≥100	≥150	≥100	室温、快速粘结

牌号	主要成分	固化条件	温度/℃	-60	20~25	60	主要用途
JW-1	环氧、聚醚、聚酰胺、KH-550	接触后60℃下固化2h或80℃下固化1h	铝合金	150	180	150	各种金属、玻璃、胶木的粘结
			不锈钢	313	250	169	
			45钢	282	265	193	

牌号	主要成分	固化条件	固化条件	-120℃	20℃	120℃	主要用途
J-11	环氧、聚酰胺、间苯二胺	压力≤0.5×10^5Pa时25℃下固化24h或100℃下固化3h	25℃、24h	150~160	≥180	35~60	仪器组装及修补、螺钉固定、滚切式齿轮滚刀粘结
			100℃、3h	160~190	≥200	90~110	

表5-5 其他类型粘结剂的牌号和性能

类别	牌号	主要成分	固化条件	主要性能	主要用途
酚醛类	201（FSC-1）	酚醛、聚乙烯醇缩甲醛	压力1×10^5Pa，160℃下固化3h	强度高，耐老化，耐油、耐水，使用温度在-70~150℃时加热加压固化	粘结铝、铜、钢、玻璃、陶瓷、电木等，也可用于制玻璃钢
	202（FSC-2）	酚醛、聚乙烯醇缩甲醛	压力1×10^5~1.5×10^5Pa，160~180℃下固化1~2h	强度高，耐老化，耐油、耐水，使用温度在-70~100℃时加热加压固化	粘结铝、铜、钢、玻璃、陶瓷、电木等，也可用于制玻璃钢

（续）

类别	牌号	主要成分	固化条件	主要性能	主要用途
酚醛类	203（FSC-2）	酚醛、聚乙烯醇缩甲醛	压力 $1.5 \times 10^5 \sim 2.5 \times 10^5$ Pa，160℃下固化1.5~2h	强度高，可在80~100℃下使用	粘结铝、铜、钢、玻璃、陶瓷、电木等，也可用于制玻璃钢
	204（JF-1）	酚醛-缩甲乙醛-有机硅	压力 $1 \times 10^5 \sim 2 \times 10^5$ Pa，180℃下固化2h	耐水，耐潮，耐溶剂性好。能在200℃条件下长期工作，固化时需加压 $1 \times 10^5 \sim 2 \times 10^5$ Pa，温度为180℃，并保温2h	粘结钢、铝、镁、玻璃钢、泡沫塑料、蜂窝材料等
	205	酚醛、缩醛	压力 0.5×10^5 Pa，常温2天或120℃下固化0.5h	可室温固化，无毒，便宜	尼龙、酚醛层压板、电木、硬泡沫塑料、木材、猪鬃及金属间的粘结
	705	酚醛-丁腈-正硅酸酯	压力 2×10^5 Pa，160℃下固化4h或180℃下固化2h	耐水，耐油，耐老化，耐冲击，粘结性、韧性均好，可在150℃下使用	铝、铁、不锈钢、铜、玻璃钢、丁腈橡胶等的粘结
丙烯酸酯类	501	α-氰基丙烯酸甲酯	室温、10s~8min	流动性好，室温快速固化	-50~70℃金属与非金属需快速固化的零件
	502	α-氰基丙烯酸乙酯、增塑剂、增稠剂等	室温、10s~8min	流动性好，室温快速固化	-50~70℃金属与非金属需快速固化的零件
导电胶	DAD-3	酚醛-缩甲醛、电解银粉	压力 $0.5 \times 10^5 \sim 1 \times 10^5$ Pa，160℃下固化2~3h	耐热性好，电导率高	压电陶瓷听筒、石英晶体引出线和波导法兰的粘结
	DAD-4	环氧、缩甲乙醛、咪唑、还原银粉	压力 $0.5 \times 10^5 \sim 1 \times 10^5$ Pa，130℃下固化4h	耐热性好，电导率高	金属、陶瓷、玻璃等的粘结

（续）

类别	牌号	主要成分	固化条件	主要性能	主要用途
密封胶	350厌氧胶粘剂	甲基丙烯酸酯	室温，隔绝空气	单组分，在 -30 ~ 120℃条件下长期使用	螺钉锁紧防松，接头密封及一般粘结用
	601	聚酯型聚氨酯	室温	单组分，< 150℃，> 7×10^5Pa，不成膜，因而拆卸容易	经常拆卸零件的密封
	609	丁腈-酚醛	室温	单组分，< 250℃，>1MPa 粘合力强，容易成膜，弹性好，耐振动，拆卸容易	不经常拆卸零件的密封

二、粘结剂的特点

粘结是不可拆的新型连接工艺，它是用粘结剂将零件紧密地粘结在一起，其工艺特点是：简便，不需要复杂的设备，粘结过程不需要加高温；不必钻孔，因而不削弱基体强度；粘结力很强，钢与钢粘结的抗剪强度可达 20 ~ 30MPa；可粘结各种金属、非金属及其他材料。其主要缺点是：不耐高温，一般结构胶粘结的工件只允许在150℃以下工作，某些耐高温胶也只能达到300℃；抗冲击性能和耐老化性能差，影响长期使用。

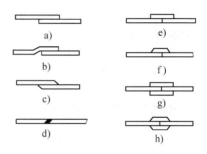

图 5-19　板材粘结的接头形式

a）单面搭接　b）下陷式搭接

c）斜棱形单面搭接　d）切口斜接

e）单面盖板搭接　f）单面斜棱盖板搭接

g）双面盖板搭接　h）双面斜棱形盖板搭接

三、粘结的接头形式

粘结金属件时，工件的接头形式对胶接强度有很大影响。因此，设计接头时应尽可能避免应力集中，减少产生剥离、劈开和弯曲的可能性；尽量增大接头的粘结面积，以提高承载能力。板材和管材粘结的接头形式见图 5-19 和图 5-20。

四、被粘结物的表面处理方法

在粘结前，均应用化学溶剂（如丙酮、四氯化碳、甲苯、酒精等）将工件

图 5-20 管材粘结的接头形式

清洗干净。此外，为了提高接头强度，还需要用其他更有效的化学或物理方法进行表面处理。例如，对于金属材料常常要进行酸洗，特别是铝合金，有时需要用电化学法在酸槽中或在含氧化剂的溶液中进行氧化，使其形成一层稳定的氧化膜，以利于胶接。有时还需要用机械法处理表面，例如用砂轮、砂布、钢刷、喷砂等修磨粘结的表面，使其具有一定的表面粗糙度。

五、粘结剂的涂敷方法

环氧粘结剂、聚氨酯粘结剂在粘结前要用丙酮清洗粘结表面，再用丙酮润湿，待其风干挥发后，将已配好的环氧粘结剂涂在被连接表面上，涂层宜较薄，约 0.1~0.15mm，然后将两个被粘结件压在一起。为了保证胶层固化完善，必须有足够的时间。在一定范围内提高温度、缩短时间或降低温度、延长时间，一般都能得到同样的效果。

六、粘结实例

● 训练1 气缸体的修补

有一汽车气缸体发现裂开有孔洞。由于若采用气焊、电焊修补会导致热变形，故需采用粘接技术来修补。其粘接操作步骤如下：

1）清洗孔洞周边，待干燥后再做下一步的准备工作。

2）将汽车气缸体平卧，孔洞处于水平，口子向上。

3）在孔洞表面加工出 1.1~1.2mm 深、距修补口边缘 15~25mm 的台肩，表面粗糙度值为 Ra25 以下，见图 5-21。

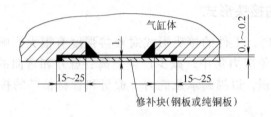

图 5-21 气缸体破裂的粘接修复

4）根据以上加工出的表面大小，剪一块厚为 1mm 的钢板或纯铜板作为修补块，将其周边拉毛成波浪形。

5）按修补要求调胶。

6）将修补块与气缸体孔洞的四周均匀地涂上调好的粘结剂，随后将修补块放在正确位置上，并在洞口外多次涂上粘结剂，使形成加固肋，以提高粘接强度。

7）干燥，修补完成后，经检查，粘接处确无空隙，并有严实感后，放置在妥当处，待自然干燥一周后即可使用。

另外，为了防止振动时脱开，有必要的话，可再加螺钉紧固，但螺钉和螺孔均应涂上粘结剂后再装配，以使其起到密封的作用。

● 训练 2　机床导轨磨损后的粘接修复

现有车床的尾座底面，由于长期在机床导轨上来回滑动，磨损严重，使其心轴轴线低于主轴轴线，降低了机床精度。现采用粘接技术进行修复。其粘接修复的操作步骤如下：

1）先将尾座已磨损的导轨面加工成很粗糙的带小沟槽的表面，或者钻一些均布的小不通孔。

2）将准备粘接上去的塑料层压板的粘结面有意拉毛。

3）调胶粘接，如图 5-22 所示。

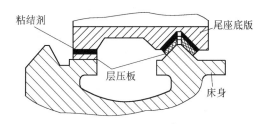

图 5-22　车床尾座底板的粘接

4）待干燥后，再刮削层压板的导轨面至尺寸。

采用此法修复，易保证质量，刮削的工作量也少，经修复的机床还可减少导轨的磨损。所以，如车床的溜板导轨面、卧式铣床中心架错位等都可用此法修复。

复习思考题

1. 试述花键联接装配的技术要求。
2. 简述圆柱销的装配方法。

3. 装配锥齿轮传动机构时，一般遇到的问题是什么？

4. 试述齿轮传动机构装配后的跑合方法。

5. 简述蜗杆传动机构的装配顺序。

6. 蜗杆传动的检查方法有哪几种？其中侧隙与转角的近似关系是什么？

7. 粘结剂的特点是什么？

8. 试述粘结剂的接头形式。

9. 试述粘结剂的涂敷方法。

第 六 章

轴承和轴组的装配

> **培训目标**　了解滚动轴承的间隙和调整方法。掌握轴组的固定方式和轴承的预紧。了解滑动轴承的间隙和调整方法。掌握常见离合器的种类、结构和调整方法。

　　轴承是用于支承转动轴以及轴上零件的部件，用于减少旋转体与支承体之间的相对转动时所产生的摩擦与磨损。

　　按轴承工作时性能和摩擦状态的不同，轴承可分为滚动轴承、滑动轴承与关节轴承三大类。

◆◆◆ 第一节　滚动轴承的装配

一、滚动轴承的分类

　　滚动轴承是由轴承厂制造的标准元件，种类繁多，型号复杂，规格各异。根据 GB/T 271—2008 滚动轴承分类标准，按滚动轴承结构类型分类如下：

　　1. 按轴承所能承受的载荷方向或公称接触角的不同划分

　　（1）向心轴承　主要用于承受径向载荷的滚动轴承，其公称接触角从 0°~45°。按公称接触角不同，又分为：

　　1）径向接触轴承：公称接触角为 0°的向心轴承。

　　2）角接触向心轴承：公称接触角大于 0°~45°的向心轴承。

　　（2）推力轴承　主要用于承受轴向载荷的滚动轴承，其公称接触角大于 45°~90°。按公称接触角不同，又分为：

　　1）轴向接触轴承：公称接触角为 90°的推力轴承。

2）角接触推力轴承：公称接触角大于45°但小于90°的推力轴承。

2. 按轴承中的滚动体种类划分

（1）球轴承

（2）滚子轴承　按滚子种类，又分为：

1）圆柱滚子轴承。

2）滚针轴承。

3）圆锥滚子轴承。

4）调心滚子轴承。

3. 按轴承能否调心划分

（1）调心轴承

（2）非调心轴承

4. 按轴承中的滚动体列数划分

（1）单列轴承

（2）双列轴承

（3）多列轴承

5. 按轴承部件能否分离划分

（1）可分离轴承

（2）不可分离轴承

二、滚动轴承的特点

滚动轴承由外圈、内圈、滚动体和保持架四部分组成，工作时滚动体在内、外圈的滚道上滚动，形成滚动摩擦，它具有摩擦小、效率高、轴向尺寸小、装拆方便等优点，这是滚动轴承能得到广泛使用的原因。是机器中的重要部件之一。

三、滚动轴承的代号

根据 GB/T 272—1993 标准，滚动轴承的代号由基本代号、前置代号和后置代号构成。

（1）基本代号　表示轴承的基本类型、结构和尺寸，是轴承代号的基础。它由轴承类型代号、尺寸系列代号、内径代号构成。下面按其排列顺序分别说明如下：

1）轴承类型代号用数字或字母表示，见表6-1。轴承类型代号新旧标准代号对照见表6-2。

2）尺寸系列代号用数字表示，由轴承的宽（高）度系列代号和直径系列代号组合而成。

直径系列指对应同一轴承内径的外径尺寸系列。分别有超轻、特轻、轻、中、重等外径尺寸依次递增的直径系列。各代号所表示的系列及与原标准的对照见表6-3和表6-4。

表6-1　滚动轴承各类型表示法

代号	轴承类型	代号	轴承类型
0	双列角接触球轴承	7	角接触球轴承
1	调心球轴承	8	推力圆柱滚子轴承
2	调心滚子轴承和推力调心滚子轴承	N	圆柱滚子轴承
3	圆锥滚子轴承		双列或多列用字母 NN 表示
4	双列深沟球轴承	U	外球面球轴承
5	推力球轴承	QJ	四点接触球轴承
6	深沟球轴承		

表6-2　轴承类型代号新旧标准对照

轴承类型	新标准	原标准
双列角接触球轴承	0	6
调心球轴承	1	1
调心滚子轴承	2	3
推力调心滚子轴承	2	9
圆锥滚子轴承	3	7
双列深沟球轴承	4	0
推力球轴承	5	8
深沟球轴承	6	0
角接触球轴承	7	6
推力圆柱滚子轴承	8	9
圆柱滚子轴承	N	2
外球面球轴承	U	0
四点接触球轴承	QJ	6

表6-3 向心轴承直径系列、宽度系列代号

直径系列		宽度系列		直径系列		宽度系列		直径系列		宽度系列	
新标准	原标准	新标准	原标准	新标准	原标准	新标准	原标准	新标准	原标准	新标准	原标准
0	特轻1	0	窄7	2	轻2 5①	1	正常1	7	超特轻7	1 3	正常1 特宽3
		1	正常0			2	0①				
		2	宽2			3	特宽3				
		3	特宽3			4	特宽4				
		4	特宽4					8	超轻8	0	窄7
		5	特宽5							1	正常1
		6	特宽6	3	中3	8	特窄8			2	宽2
1	特轻7	0	窄7			0	窄0			3	特宽3
		1	正常1			1	正常			4	特宽4
		2	宽2			2	宽0②			5	特宽5
		3	特宽3		6②	3	特宽3			6	特宽6
		4	特宽4					9	超轻9	0	窄7
		8	特窄8	4	重4	0	窄0			1	正常1
		0	窄0			2	宽2			2	宽2
										3	特宽3
										4	特宽4
										5	特宽5
										6	特宽6

① 表示轻宽5。

② 表示中宽6。

表6-4 推力轴承直径系列、高度系列代号

直径系列		高度系列		直径系列		高度系列	
新标准	原标准	新标准	原标准	新标准	原标准	新标准	原标准
0	超轻9	7 9 1	特低7 低9 正常1	3	中3	7 9 1 2	特低7 低9 正常0 正常0①
1	特轻1	7 9 1	特低7 低9 正常1	4	重4	7 9 1 2	特低7 低9 正常0 正常0①
2	轻2	7 9 1 2	特低7 低9 正常0 正常0①	5	特重5	9	低9

① 双向推力轴承高度系列。

宽（高）度系列指对应同一轴承直径系列的宽（高）度尺寸系列。分别有窄（特低）、（低）、正常、宽、特宽（高）度尺寸依次递增的高（宽）度系列。各代号所表示的系列及与原标准的对照见表6-3和表6-4。

3）内径代号用数字表示，见表6-5。

表 6-5　轴承内径表示法

轴承公称内径 /mm		内 径 代 号	示 例
0.6 ~ 10（非整数）		用公称内径毫米数直接表示，在其与尺寸系列代号之间用"/"分开	深沟球轴承 618/2.5 $d = 2.5mm$
1 ~ 9（整数）		用公称内径毫米数直接表示，对深沟及角接触球轴承 7、8、9 直径系列，内径与尺寸系列代号之间用"/"分开	深沟球轴承 625　618/5 $d = 5mm$
10 ~ 17	10 12 15 17	00 01 02 03	深沟球轴承 6200 $d = 10mm$
20 ~ 480（22、28、32 除外）		公称内径除以 5 的商数，若商数为个位数，需在商数左边加"0"，如"08"	调心滚子轴承 23208 $d = 40mm$
大于和等于 500 以及 22、28、32		用公称内径毫米数直接表示，但在尺寸系列之间用"/"分开	调心滚子轴承 230/500 $d = 500mm$ 深沟球轴承 62/22 $d = 22mm$

（2）前置代号和后置代号　它们是轴承在结构形状、尺寸、公差、技术要求等有改变时，在其基本代号左右添加的补充代号。

四、滚动轴承的配合

1）滚动轴承是专业厂大量生产的标准件，其内孔和外径出厂时均已确定。因此轴承的内径与轴的配合应为基孔制，外径与外壳孔的配合应为基轴制。配合的松紧程度由轴和外壳孔的尺寸公差来保证。轴和外壳孔公差带与轴承内径和外径公差带的相对位置，见图6-1和图 6-2。图中 Δdmp 为轴承内径公差；ΔDmp 为轴承外径的公差。

2）滚动轴承配合选择的基本原则。

① 相对于负荷方向为旋转的套圈与轴或外壳孔，应选择过渡或过盈配合。过盈量的大小以轴承在负荷下工作时，其套圈在轴上或外壳孔内的配合表面上以不产生"爬行"现象为原则。

② 对于重负荷场合，通常应比轻负荷和正常负荷场合紧些。负荷越重，其配合过盈量应越大。

③ 选择公差等级应与轴或外壳孔的公差等级与轴承精度有关。如与 P0 级精

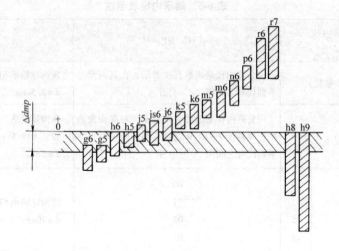

图 6-1　轴与轴承内孔的配合

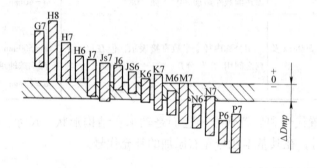

图 6-2　外壳孔与轴承外径的配合

度轴承配合的轴，其公差等级一般为 IT6，外壳孔一般为 IT7。

对旋转精度和运转的平稳性有较高要求的场合（如电动机等），应选轴为 IT5，外壳为 IT6。

④ 轴公差带的选择，在大多数场合，轴旋转且径向负荷方向不变，即轴承内圈相对于负荷方向为旋转的场合，一般应选择过渡或过盈配合。轻负荷（电器仪表、机床主轴、精密机械、泵等）采用 h5、j6、k6、m6；正常负荷（一般通用机械、电动机、泵、内燃机变速箱、木工机械）采用 j5、m5、m6、n6、p6；重负荷（铁路车辆和电车的轴箱、牵引电动机、轧机、破碎机等机械）采用 n6、p6、r6、r7。静止轴且径向负荷方向不变，即轴承内圈相对于负荷方向是静止的场合，可选择过渡或较小的间隙配合。

外壳孔公差带的选择，安装向心轴承时，外圈相对于负荷方向为静止时，在轻、正常、重负荷工作条件下，采用 G7、H7；当受冲击负荷时，采用 J7；对于负荷方向摆动或旋转的外圈，应避免间隙配合。

五、滚动轴承的密封装置

为了防止润滑剂的流失和外界灰尘、水分浸入滚动轴承，故必须采用合适的密封装置。

用于滚动轴承的密封装置，有接触式和非接触式两种。

1. 接触式密封

（1）毡圈密封　如图 6-3 所示，这种密封装置结构简单，但因摩擦和磨损较大，高速时不能应用，主要应用于工作环境比较清洁的场合下密封润滑脂。密封处的圆周速度不应超过 4 ~ 5m/s，工作温度不得超过 90℃。

（2）皮碗式密封圈　如图 6-4 所示，这种密封圈用耐油橡胶制成，借本身的弹性和用弹簧使之压紧在轴上，可以密封润滑脂或润滑油。密封处的圆周速度不应超过 7m/s，工作温度为 -40 ~ 100℃。安装皮碗时应注意密封唇的方向，用于防止漏油时，密封唇应向着轴承（见图 6-4a）；用于防止外界污物浸入时，密封唇应背着轴承（见图 6-4b）；也可以同时用两只皮碗以提高密封效果（见图 6-4c）。

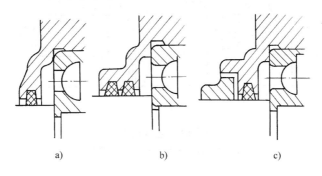

图 6-3　毡圈密封装置

a）单毡封圈式　b）双毡封圈式　c）毡封圈与曲路密封

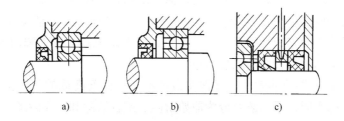

图 6-4　皮碗式密封圈

2. 非接触式密封

（1）间隙式密封　见图6-5，这种密封靠轴与轴承盖的孔之间充满润滑脂的微小间隙（0.1～0.3mm）实现密封。在轴承盖的孔中开槽后（见图6-5b），密封效果更好。这种装置常用于环境比较清洁和不很潮湿的场合。

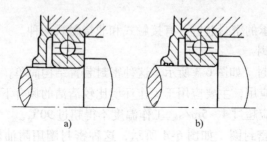

图6-5　间隙式密封

（2）迷宫式密封　见图6-6。这种密封由转动件与固定件间曲折的窄缝形成，窄缝中的径向间隙为0.2～0.5mm。轴向间隙为1～2.5mm，并注满润滑脂，工作时轴的圆周速度越高，其密封效果越好。

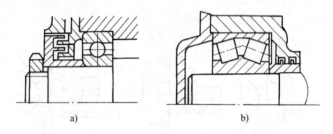

图6-6　迷宫式密封
a）径向曲路密封　b）轴向曲路密封

六、滚动轴承的预紧和游隙调整

1）滚动轴承游隙分为径向游隙和轴向游隙，见图6-7。固定一个套圈，则另一套圈沿径向的最大活动量称为径向游隙，沿轴向的最大活动量称为轴向游隙。两类游隙之间有密切关系，一般说来，径向游隙越大，则轴向游隙也越大，反之径向游隙越小，轴向游隙也越小。

①轴承径向游隙的大小，通常作为轴承旋转精度高低的一项指标。由于轴承所处的状态不同，径向游隙分为原始游隙、配合游隙和工作游隙。

a. 原始游隙：轴承在未安装前自由状态下的游隙。

b. 配合游隙：轴承装配到轴上和外壳内的游隙。其游隙大小由过盈量决定。配合游隙小于原始游隙。

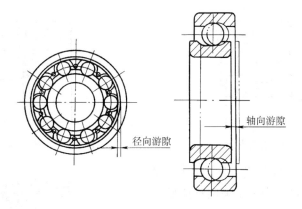

图 6-7 轴承的游隙

c. 工作游隙：轴承在工作时因内外圈的温差使配合游隙减小，又因工作负荷的作用，使滚动体与套圈产生弹性变形而使游隙增大，但在一般情况下，工作游隙大于配合游隙。

② 轴承的轴向游隙是由于有些轴承结构上的特点或为了提高轴承旋转精度，减小或消除其径向游隙。所以有些轴承的游隙必须在装配或使用过程中，通过调整轴承内、外圈的相对位置而确定，如角接触球轴承和圆锥滚子轴承等。这些轴承在调整游隙时，通常是将轴向游隙值作为调整和控制游隙大小的依据。

2）轴承游隙的检测：轴承的预紧检测不仅能增加轴承装配后的刚度，而且也能提高轴承安装后的精度。通常用于机床主轴的轴承基本都要通过施加预加载荷检测，以确定内外隔圈的精度及配合尺寸。从理论上讲，轴承在安全运转状态下，稍微有点负的运转游隙时可以提高轴承的寿命。不同结构和精度的轴承，其游隙标准是有所不同的。查表可得各种精度轴承游隙的范围。轴承游隙的检测可用以下方法：检测时根据轴承的型号和要求选择相应的测量架和配重，按规定的位置放置，然后用指示计分别测量出轴承内、外圈轴向和径向的最大与最小跳动量，在记录数字的同时做好记号。目的是消除游隙，并为轴承的定向装配提供精确的数据。

3）在装配角接触球轴承或深沟球轴承时，如给轴承内圈或外圈以一定的轴向预负荷，这时内、外圈将发生相对位移（见图 6-8）。结果消除了内、外圈与滚动体的游隙，并产生了初始的接触弹性变形，这种方法称为预紧。预紧后的轴承能控制正确的游隙，从而提高了轴的旋转精度。

轴承预紧的方法：

① 用轴承内、外垫圈厚度差实现预紧，如图 6-9 所示的角接触球轴承，用不同厚度的垫圈能得到不同的预紧力。

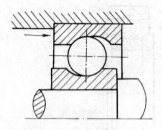

图 6-8　预紧原理

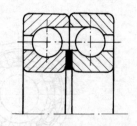

图 6-9　用垫圈的预紧方法

② 用弹簧实现预紧，见图 6-10。调整螺柱，改变弹簧力的大小来调整预紧力。

③ 磨窄两轴承的内圈或外圈见图 6-11，图 6-11 中有三种形式，只要适当对轴承内圈、外圈施以正确的轴向力即可实现预紧。

④ 调节轴承锥形孔内圈的轴向位置实现预紧，见图 6-12。拧紧螺母可以使锥形孔内圈往轴颈大端移动，结果内圈直径增加，形成预负荷实现预紧。

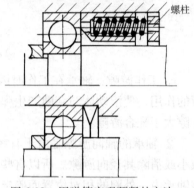

图 6-10　用弹簧实现预紧的方法

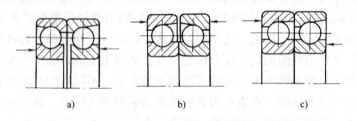

a)　　　　　　b)　　　　　　c)

图 6-11　磨窄两轴承的内圈或外圈实现预紧的方法
a）磨窄内圈　b）磨窄外圈　c）外圈宽、窄相对安装

4）轴承游隙过大，将使同时承受负荷的滚动体减少，轴承寿命降低。同时，还将降低轴承的旋转精度，引起振动和噪声，负荷有冲击时，这种影响尤为明显。轴承游隙过小，则易发热磨损，这也会降低轴承寿命。因此，按工作状态适当地选择游隙，是保证轴承正常工作，延长轴承使用寿命的重要措施之一。

轴承在装配过程中，控制和调整游隙的方法，可先使轴承实现预紧，游隙为零。然后，再将轴承的内圈或外圈作适当的、相对的轴向位移，其位移量即为轴向游

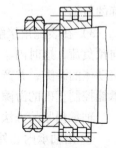

图 6-12　用调整轴承锥孔轴向位置的预紧方法

隙值。

七、滚动轴承的装配方法

1. 装配前的准备工作

滚动轴承是一种精密部件，其套圈和滚动体有较高的精度和较小的表面粗糙度。认真做好装配前的准备工作，是保证装配质量的重要环节。

1）按所装轴承，准备好所需的工具和量具。

2）按图样要求检查与轴承相配的零件，如轴、外壳、端盖等表面是否有凹陷、毛刺、锈蚀和固体的微粒。

3）用汽油或煤油清洗与轴承相配的零件，并用干净的布擦净，然后涂上一层薄油。

4）检查轴承型号与图样要求是否一致。

5）清洗轴承时，如轴承用防锈油封存的可用汽油或煤油清洗；如用厚油和防锈油脂防锈的轴承，可用轻质矿物油加热溶解清洗。把轴承浸入加过热的油内，待防锈油脂熔化后即从油中取出。冷却后再用汽油或煤油清洗，擦净待用。

对于两面带防尘盖、密封圈或涂有防锈润滑两用油脂的轴承则不需要进行清洗。

2. 滚动轴承的装配方法

滚动轴承的装配方法应根据轴承的结构、尺寸大小和轴承部件的配合性质而定。

1）圆柱孔轴承的装配。

① 当轴承内圈与轴为紧配合，外圈与壳体为较松的配合时，可先将轴承装在轴上。压装时在轴承端面垫上铜或软钢的装配套筒，见图6-13a，然后把轴承与轴一起装入壳体中。

② 当轴承内圈与轴、外圈与壳体孔都是紧配合时，装配套筒的端面应作成能同时压紧轴承内外圈端面的圆环（见图6-13c）。使压力同时传到内外圈上，

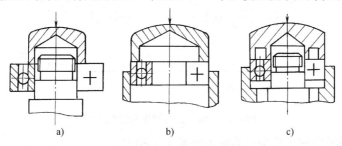

a)　　　　　　　b)　　　　　　　c)

图6-13　用压力法安装圆柱孔轴承

把轴承压入轴上和壳体中。

③当轴承外圈与壳体孔为紧配合，内圈与轴为较松的配合时，应先将轴承压入壳体中，见图6-13b。

④对于圆锥滚子轴承，因其内外圈可分离，可以分别把内圈装在轴上，外圈装在壳体中，然后再调整游隙，见图6-14。

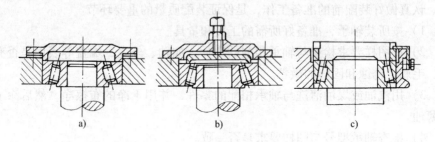

图6-14　圆锥滚子轴承游隙的调整

压入轴承时采用的方法和工具，可根据配合过盈量的大小确定。

当配合过盈量较小时，不可直接锤击轴承端面和非受力面，可在安装表面涂润滑油，用压块、套筒或其他安装工具使轴承均匀受力，切勿通过滚动体传递安装力。当配合过盈量较大时，可用压力机压入。用压入法压入时应放上套筒。

当过盈量过大时，可用温差法装配。将轴承放在简单的油浴中加热至80～100℃，然后进行装配。轴承加热时放在油槽内的网格上，网格与箱底应有一定的距离，以避免轴承接触到比油温高得多的箱底而形成局部过热，并可不使轴承与箱底沉淀的脏物接触，见图6-15a。对于小型轴承，可以挂在吊钩上在<90℃的油中加热，应尽快安装，见图6-15b。内部充满润滑油脂带防尘盖或密封圈的轴承，不能采用温差法装配。

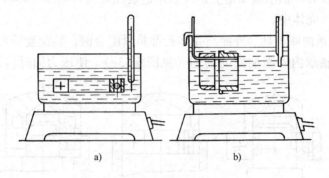

图6-15　轴承在油箱中加热的方法

如采用轴冷缩法装配，温度不得低于−80℃。

2）圆锥孔的轴承可以直接装在有锥度的轴颈上，或装在紧定套和退卸套的锥面上（见图 6-16）。

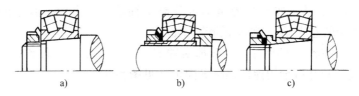

图 6-16　圆锥孔轴承的安装

3）对于推力球轴承在装配时，应注意区分紧环和松环。松环的内孔比紧环的内孔大，故紧环应靠在与轴相对静止的面上。如图 6-17 所示，右端的紧环靠在轴肩端面上，左端的紧环靠在圆螺母的端面上，否则会使滚动体丧失作用，同时会加速配合零件间的磨损。

3. 轴承的固定方式

轴工作时，不允许有径向移动，也不允许有较大的轴向移动，但又要保证不致因受热膨胀而卡死，所以要求轴承有合理的固定方式。轴承的径向固定是靠外圈与外壳孔的配合来解决的。轴承的轴向固定有两种基本方式。

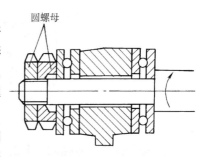

图 6-17　推力球轴承的装配

（1）两端单向固定方式　这种固定方式如图 6-18 所示。在轴的两端的支承点，用轴承盖单向固定，分别限制两个方面的轴向移动。为避免轴受热伸长而使轴承卡住，在右端轴承外圈与端盖间留有不大的间隙（0.5～1mm），以便游动。

（2）一端双向固定方式　这种固定方式见图 6-19。右端轴承双向轴向固定，左端轴承可随轴游动。这样，工作时不会发生轴向窜动，受热膨胀时又能自由地向另一端伸长，不致卡死。

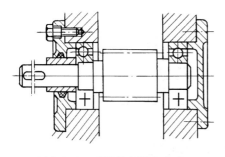

图 6-18　两端单向固定方式

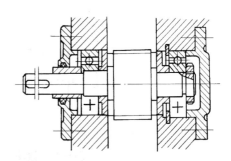

图 6-19　一端双向固定方式

为了轴承受到轴向载荷时产生轴向移动，轴承在轴上和轴承安装孔内都应有轴向紧固装置。作为固定支承的径向轴承，其内、外圈在轴向都要固定（见图 6-19）。而游动支承，如安装的是不可分离型轴承，只需固定其中的一个套圈（见图 6-19 中的左支承），游动的套圈不固定。

轴承内圈在轴上安装时，一般都由轴肩在一面固定轴承位置；另一面用螺母、止动垫圈和开口轴用弹性挡圈等固定（见图 6-20）。

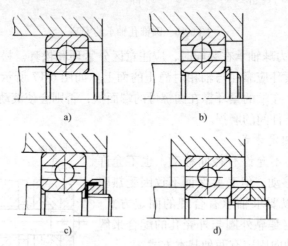

图 6-20　滚动轴承内圈的轴向固定

轴承外圈在箱体孔内安装时，箱体孔一般有凸肩固定轴承位置，另一方向用端盖，螺纹环和孔用弹性挡圈等紧固，见图 6-21。

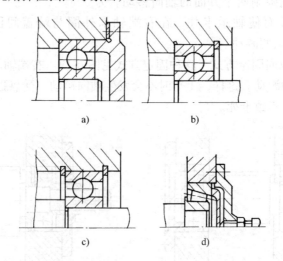

图 6-21　滚动轴承外圈的轴向固定

4. 滚动轴承装配注意要点

1）滚动轴承上标有代号的端面应装在可见的部位，以便于将来更换。

2）轴颈或壳体孔台肩处的圆弧半径，应小于轴承的圆弧半径。

3）轴承装配在轴上和壳体孔中后，不能有歪斜和卡住现象。

4）为了保证滚动轴承工作时有一定的热胀余地，在同轴的两个轴承中，必须有一个的外圈（或内圈）可以在热胀时产生轴向移动，以免轴或轴承产生附加应力，其至在工作时使轴承咬住。

5）在装配滚动轴承的过程中，应严格保持清洁，防止杂物进入轴承内。

6）装配后，轴承运转应灵活，无异常噪声，工作时温度不超过50℃。

八、滚动轴承的定向装配

对精度要求较高的主轴部件，为了提高主轴的回转精度，轴承内圈与主轴装配及轴承外圈与箱体孔装配时，常采用定向装配的方法。定向装配就是人为地控制各装配件径向圆跳动误差的方向，合理组合，以提高装配精度的一种方法。装配前需对主轴轴端锥孔中心线偏差及轴承的内外圈径向圆跳动进行测量，确定误差方向并做好标记。

1. 滚动轴承装配件的质量检查

1）轴承外圈径向圆跳动检查，见图6-22。测量时，转动外圈并沿指示表方向压迫外圈，指示表的最大读数则对应外圈最大径向圆跳动量的点。

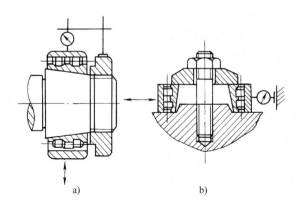

a）   b）

图6-22 测量外圈径向圆跳动
a）在主轴上测量 b）在工具上测量

2）轴承内圈径向圆跳动检查，见图6-23。测量时外圈固定不转，内圈端面上加以均匀的测量负荷 p，p 的数值根据轴承类型及直径而变化。然后使内圈旋转一周以上，便可测得轴承内圈内孔表面的径向圆跳动量及其方向。

3）主轴锥孔中心线偏差的测量，见图6-24。测量时将主轴轴颈置于 V 形架上，在主轴锥孔中插入测量用心轴，转动主轴一周以上，便可测得锥孔中心线的偏差数值及方向。

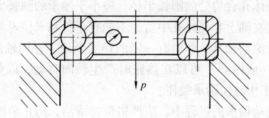

图 6-23　测量内圈径向圆跳动

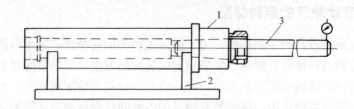

图 6-24　测量主轴锥孔中心线偏差
1—主轴　2—V 形架　3—心轴

2. 滚动轴承定向装配要点

如图 6-25 所示，δ_1、δ_2 分别为主轴前、后轴承内圈的径向圆跳动量；δ_3 为主轴锥孔中心线对主轴回转中心线的径向圆跳动量；δ 为主轴的径向圆跳动量。

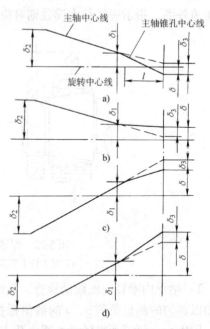

图 6-25　滚动轴承定向装配示意图
a) δ_1、δ_2 与 δ_3 方向相反　b) δ_1、δ_2 与 δ_3 方向相同
c) δ_1 与 δ_2 方向相反，δ_3 在主轴中心线内侧
d) δ_1 与 δ_2 方向相反，δ_3 在主轴中心线外侧

由图 6-25 可以看出，虽然前后轴承的径向圆跳动量与主轴锥孔中心线径向圆跳动量随零件选定后其值不变。但不同的方向装配时，主轴在其检验处的径向圆跳动量都不一样。其中如图 6-25a 所示方案装配时，主轴的径向圆跳动量 δ 最小。此时，前后轴承内圈的最大径向圆跳动量 δ_1 和 δ_2 在旋转中心线的同一侧，且与主轴锥孔中心线最大径向圆跳动量的方向相反。后轴承的精度应比前轴承低一级，即 $\delta_2 > \delta_1$，如果前后轴承精度相同，主轴的径向圆跳动量反而增大。

同理，轴承外圈也应按上述方法定

向装配。对于箱体部件，由于测量轴承孔偏差较费时间，可只将前后轴承外圈的最大径向圆跳动点在箱体孔内装成一条直线即可。

九、润滑剂

1. 润滑剂的作用

为了减少轴承或其他相对运动的接触表面磨损，必须在摩擦表面之间加入润滑剂。其作用是：

（1）润滑作用　润滑剂在摩擦表面之间形成一层油膜，使两个接触面上的摩擦力大大减小，接触表面磨损降低。

（2）冷却作用　润滑剂的连续流动，可将机械摩擦所产生的热量带走，使零件工作时温度保持在允许的范围内。

（3）洗涤作用　通过润滑剂的流动，还可将磨损下来的碎屑或其他杂质带走。

（4）防锈作用　润滑剂可防止周围环境中水汽、二氧化硫等有害介质的侵蚀。

（5）密封作用　润滑剂对防止漏气、漏水具有一定的作用。

（6）缓冲和减振作用　润滑剂对摩擦表面之间具有缓冲和吸收振动的作用。

2. 润滑剂的种类

润滑剂有润滑油、润滑脂和固体润滑剂三类。

1）润滑油中应用最广的是矿物油，是原油提炼出来的，成本低、产量大，性能也较稳定。此外，动植物油和人工合成润滑油由于成本高、产量低，故只在特殊情况下才使用。

2）润滑脂是一种凝胶状润滑剂，它由润滑油和稠化剂所合成。稠化剂有钠皂、钙皂、锂皂和铝皂等多种。润滑脂有润滑、密封、防腐和不易流失等特点。

3）固体润滑剂有石墨、二硫化钼和聚四氟乙烯等，它可以在高温高压下使用。

◈◈◈ 第二节　滑动轴承的装配

一、滑动轴承的分类

1. 按滑动轴承的摩擦状态分

1）动压润滑轴承，见图6-26。利用润滑油的粘性和轴颈的高速旋转，把油液带进轴承的楔形空间建立起压力油膜，使轴颈与轴承被油膜隔开，这种轴承叫动压润滑轴承。

2）静压润滑轴承，见图6-27。将压力油强制送入轴和轴承的配合间隙中，利用液体静压力支承载荷的一种滑动轴承，叫静压润滑轴承。

2. 按滑动轴承的结构分

1）整体式滑动轴承，如图6-28所示。其主要结构是在轴承座内压入一个青铜轴套，套内开有油槽、油孔，以便润滑轴承配合面。

2）剖分式滑动轴承，如图6-29所示。其主要结构是由轴承座、轴承盖、两个对开轴瓦、垫片及双头螺栓等组成。

3）锥形表面滑动轴承，如图6-26所示。其结构有内锥外柱式和内柱外锥式两种。

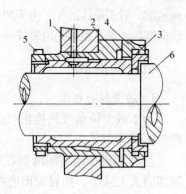

图 6-26　内柱外锥式动压轴承
1—箱体　2—轴承外套　3—轴承
4—前螺母　5—后螺母　6—轴

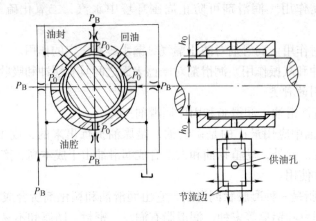

图 6-27　静压润滑轴承

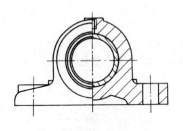

图 6-28　整体式滑动轴承

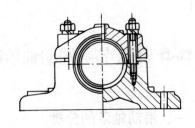

图 6-29　剖分式滑动轴承

4）多瓦式自动调位轴承，如图6-30所示。其结构有三瓦式和五瓦式两种，而轴瓦又分为长轴瓦和短轴瓦两种。

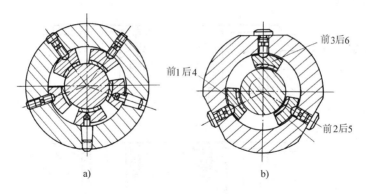

图 6-30　多瓦式自动调位轴承

a）五瓦式　b）三瓦式

二、滑动轴承的特点

滑动轴承具有结构简单，制造方便，径向尺寸小，润滑油膜有吸振能力，能承受较大的冲击载荷等特点。因而工作时平稳，无噪声，在保证液体摩擦的情况下，轴可长期高速运转。因此，目前在许多机床上仍然应用较广泛。

三、滑动轴承的装配方法

对滑动轴承装配的要求，主要是轴颈与轴承孔之间获得所需要的间隙和良好的接触。使轴在轴承中运转平稳。

滑动轴承的装配方法决定于它们的结构形式。

1. 整体式滑动轴承的装配

1）将符合要求的轴套和轴承孔除去毛刺，并经擦洗干净之后，在轴套外径或轴承座孔内涂抹全损耗系统用油。

2）压入轴套，压入时可根据轴套的尺寸和配合时过盈量的大小来选择压入方法。当尺寸和过盈量较小时，在垫板保护下可用锤子间接敲入。当尺寸或过盈量较大时，则宜用压力机压入或用拉紧夹具把轴套压入机体中。压入时，应注意轴套上的油孔，应与机体上的油孔对准。

3）轴套定位。在压入轴套之后，对要承受较大负荷的滑动轴承的轴套，还要用紧定螺钉或定位销固定，定位方式如图 6-31 所示。

4）轴套的修整。对于整体的薄壁轴套，在压装后，内孔易发生变形。如内孔缩小或变成椭圆形，可用铰削和刮削等方法，对轴套孔进行修整。

2. 剖分式滑动轴承的装配

剖分式滑动轴承的结构如图 6-29 所示，其装配工艺要点如下：

1）轴瓦与轴承座、盖的装配，上下轴瓦与轴承座、盖在装配时，应使轴瓦

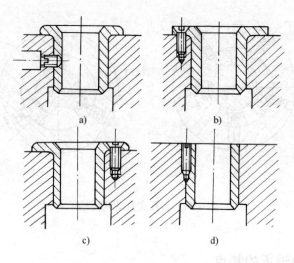

图 6-31　轴套的定位方式

背与座孔接触良好。如不符合要求，对厚壁轴瓦则以座孔为基准刮削轴瓦背部。同时应注意轴瓦的台肩紧靠座孔的两端面，达到 H7/f7 配合，如太紧也需要进行修刮。对于薄壁轴瓦则无须修刮，只要进行选配即可。为了达到配合要求，轴瓦的剖分面应比轴承体的剖分面高出一些，其值 $\Delta h = \pi\delta/4$（δ 为轴瓦与机体孔的配合过盈量），一般 Δh 取 $0.05 \sim 0.10$mm，见图 6-32。轴瓦装入时，在剖分面上应垫上木板，用锤子轻轻敲入，避免将剖分面敲毛，影响装配质量。

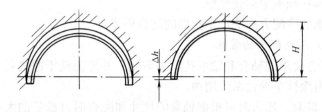

图 6-32　薄壁轴瓦的配合

2）轴瓦的定位。轴瓦安装在机体中，无论在圆周方向和轴向都不允许有位移。通常可用定位销和轴瓦上的凸台来止动，见图 6-33。

3）轴瓦孔的配刮。用与轴瓦配合的轴来显点，在上下轴瓦内涂显示剂，然后把轴和轴承装好，双头螺柱的紧固程度，以能转动轴为宜。当螺柱均匀紧固后，轴能够轻松地转动且无过大间隙，显点也达到要求，即为刮配合格。清洗轴瓦后，即可重新装入。

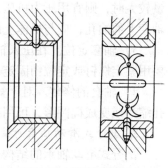

图 6-33　轴瓦的定位

3. 内柱外锥式滑动轴承的装配

它的结构如图 6-26 所示，其装配工艺要点如下：

1）将轴承外套 2 压入箱体 1 的孔中，其配合为 H7/r6。

2）用专用心轴研点，修刮轴承外套的内锥孔，至接触点为 12 ~ 16 点／（25mm×25mm）并保证前、后轴承孔的同轴度要求。

3）在轴承上钻进、出油孔，注意与箱体、轴承外套的油孔相对，与自身的油槽相接。

4）以轴承外套 2 的内孔为基准，研点配刮轴承 3 的外锥面，接触点要求同上。

5）把轴承 3 装入轴承外套 2 的孔内，两端分别拧入前螺母 4、后螺母 5，并调整轴承 3 的轴向位置。

6）以轴 6 为基准配刮轴承 3 内孔，要求接触点为 12 点／（25mm×25mm）。轴瓦上的点子应两端硬中间软，油槽两边的点子要软，以便建立油楔，油槽两端的点子分布要均匀，以防漏油。

7）清洗轴承和轴颈，重新装入并调整间隙。一般精度的车床主轴轴承间隙为 0.015 ~ 0.03mm。

调整间隙的方法是，先将前螺母 4、后螺母 5 拧紧，使配合间隙消除，然后再拧松小端后螺母 5 至一定角度 α，再拧紧大端前螺母 4，使轴承 3 轴向移动，即可得到要求的间隙值。螺母拧松角可按下式计算

$$\alpha = \Delta L/(D - d) \times 360°/P_h$$

式中　$L/(D - d)$ ——轴承锥度的倒数；

α——螺母拧松角（°）；

P_h——螺母的导程（mm）；

Δ——要求的间隙值（mm）。

4. 多瓦式自动调位轴承的装配

它的结构见图 6-30，其装配工艺要点如下（短三瓦自动调位轴承）：

1）将前后两轴承的六块轴瓦及其球面螺钉按研配对号装入箱体孔。注意两端油封上的回油孔要装在上部位置，这样可以使前后轴瓦工作时完全浸在油中，否则会因油面降低而影响润滑。

2）在箱体孔两端各装一工艺套，其内径比主轴轴径大 0.04mm，外径比箱体孔小 0.005mm，其用途是使主轴轴线与箱体孔轴线重合，见图 6-34。

3）调节前后轴瓦的六个球面螺钉，要求达到如下要求：

① 用 0.02mm 塞尺在前后两工艺套的内孔中四周插入检查，要求在主轴四周塞尺都能插入，使主轴与箱体孔的轴线一致。

② 使主轴与前后轴瓦都保持 0.005 ~ 0.01mm 间隙。间隙的测量方法是用指

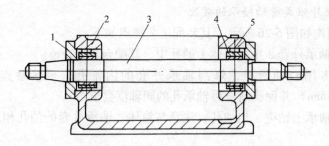

图 6-34 用工艺套定心

1—工艺套 2—壳体 3—主轴 4—扇形瓦 5—可调式支承

示表触及主轴前后端近工艺套处，用手抬动主轴前后端，指示表上读数即为间隙值。

4）用手转动主轴时应轻快无阻，主轴径向圆跳动误差在 0.01mm 以下即可。

四、静压轴承装配要点

静压轴承在装配时要注意以下要点：

1）在将静压轴承装入轴承壳体时，要防止擦伤轴承外圆表面，以免引起油腔互通。当过盈量较大时，可将轴承冷缩后再装入。

2）将静压轴承压入壳体后，应进行研磨，以保证前后轴承的同轴度和轴颈之间的间隙。

3）静压轴承装配后，必须严格清理和清洗静压轴承和供油系统。

4）静压轴承装配后，必须进行空运转试验，精心调整以获得良好的刚度和旋转精度，保证四个油腔压力相等。供油压力与油腔压力之比为 2，可使主轴浮起，主轴与轴承之间处于液体摩擦状态，能够轻便地转动主轴，无阻滞感觉。

5）工作试验时要求各油腔压力表读数相同、压力稳定，主轴旋转平稳，无振动。

◇◇◇◇ 第三节 离合器的装配

一、离合器装配的技术要求

离合器装配的主要技术要求是：在接合或分开时离合器的动作要灵敏，能传递足够的转矩，工作平稳而可靠。对摩擦离合器，应解决发热和磨损补偿问题。

二、装配方法

（1）圆锥式摩擦离合器 如图 6-35 所示，装配时必须用涂色法检查两圆锥面的接触情况，色斑应该均匀地分布在整个圆锥表面上，见图 6-36a。如果色斑靠近锥底（见图 6-36b）或靠近锥顶（见图6-36c），都表示锥体角度不准确，此时必须用研磨、刮削或磨削的方法来修整。装配后，摩擦力大小通过可调节轴 5 左端的螺母 2 获得。当中间的弹簧压力增大时，两个锥面 3、4 之间产生的摩擦力也相应增加。当转动手柄 1 到离合器"分开"位置时，两锥面必须能利索地分离。

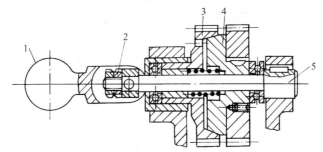

图 6-35 圆锥式摩擦离合器

1—手柄 2—螺母 3、4—锥面 5—可调节轴

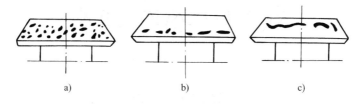

图 6-36 锥面上色斑分布情况

（2）片式摩擦离合器 见图 6-37，要求装配后松开的时候间隙要适当。如间隙太大，操纵时会压紧不够，内、外摩擦片会打滑，传递转矩不够，摩擦片也容易发热、磨损。如间隙太小，操纵压紧费力，且失去保险作用，停机时，摩擦片不易脱开，严重时可导致摩擦片烧坏。

调整方法是，先将定位销 2 压入螺母 1 的缺口下，然后转动螺母 1 调整间隙。调整后，要使定位销弹出，以防止螺母在工作中松脱。

（3）齿式离合器 齿式离合器由两个带端齿的半离合器组成。端齿有三角形、锯齿形、梯形和矩形等多种形式，见图 6-38。

装配时，把固定的一半装在主动轴上，滑动的一半装在从动轴上，力求保证两个半离合器的同轴度。滑动的半离合器在轴上应滑动自如，无阻滞现象，各个啮合齿的间隙应相等。

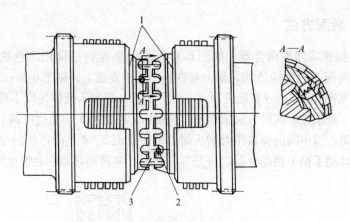

图 6-37　片式摩擦离合器的调整

1—螺母　2—定位销　3—花键套

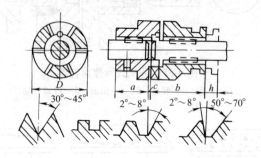

图 6-38　齿式离合器

复习思考题

1. 试述滚动轴承的分类。
2. 试述滚动轴承的特点。
3. 滚动轴承的密封装置有哪些？
4. 轴承预紧的方法有哪些？
5. 轴承的固定方式有哪些？
6. 润滑剂的作用是什么？
7. 简述滑动轴承的分类。
8. 滑动轴承的特点是什么？
9. 离合器装配的技术要求是什么？

第 七 章

液压传动机构的装配

培训目标 掌握液压传动方面的基本知识和各种元件的结构特点及工作原理。掌握普通液压元件和辅件的安装方法及简单故障的排除方法。

液压传动是以密封容器中的受压工作介质来传递运动和动力的一种传动方式。它是将机械能转换成压力能，然后通过各种元件组成的控制回路来实现能量的调控，最终再将压力能转换成机械能，使执行机构实现预定的功能，并按照预定的程序完成相应的动力与运动输出。

◇◇◇ 第一节 液压系统的组成

液压系统是由具有各种功能的液压元件有机组合而成的，包括驱动元件、执行元件、控制元件和辅助元件。其结构原理如下：

$$机械能 \rightarrow 驱动元件 \begin{Bmatrix} 控制元件 \\ 辅助元件 \end{Bmatrix} 执行元件 \rightarrow 机械能 \rightarrow 工作机构$$

一、驱动元件

液压泵是一种将机械能转换成流体压力能的装置，是为液压系统提供动力的动力源，又称为驱动元件，它是液压系统中不可少的元件。液压泵处于吸油时的油腔称为吸油腔与油箱连接，处于压油时的油腔称为压油腔与系统相连。常见的液压泵有齿轮泵、叶片泵和柱塞泵等。

1. 齿轮泵

齿轮泵是由一对齿轮以啮合方式进行工作的定量泵，按结构形式可分为外啮合齿轮泵和内啮合齿轮泵。

（1）外啮合齿轮泵 在密封壳体内有一对啮合齿轮（见图7-1a），齿轮的齿数、宽度相等，两侧由端盖罩住。壳体、端盖和齿轮的各个齿槽组成许多密封工作腔，又被以啮合点沿齿宽方向的接触线，将其隔开形成左右两个密封腔，即吸油腔和压油腔在齿轮泵旋转工作时，齿轮脱开啮合的一侧形成局部真空，在大气压力的作用下，油箱里的油液经管道进入吸油腔，并进入齿槽，随

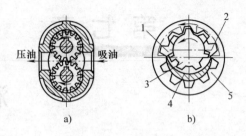

图 7-1 齿轮泵

1—吸油腔 2—压油腔 3—主动齿轮

4—月形件隔板 5—从动齿轮

转动齿轮将油带到左侧压油腔内，而齿轮另一侧进入啮合，此时槽容积变小，压油腔压力增大，齿槽内的油液被强行挤出，油从压油口输入系统。

（2）内啮合齿轮泵 当主动轮按图7-1b所示方向旋转时，从动齿轮随之同方向旋转，在齿轮脱开处形成真空吸油，而齿轮进入啮合处油液被挤出。月形件隔板的作用是隔开吸油腔和压油腔，处于工作状态时将油液输到工作管路中。

2. 叶片泵

叶片泵由泵体、转子、定子、叶片以及左、右配油盘和传动轴等组成（见图7-2）。叶片泵的转子轴旋转时，嵌于转子槽内的叶片沿着定子内廓曲线伸出或收缩，使两相邻叶片之间所包容的容积不断变化。当

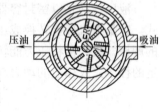

图 7-2 叶片泵

叶片伸出时所包容的容积增加，形成局部真空而吸入油液。当叶片收缩时所包容的容积减小，油液压出而达到驱动的作用。叶片泵分单作用式叶片泵和双作用式叶片泵两种，单作用式叶片泵为变量泵，双作用式叶片泵为定量泵。

3. 柱塞泵

柱塞泵是靠柱塞或活塞在缸体内作往复运动实现吸油、压油的。柱塞泵的结构如图7-3所示。柱塞的头部安装有滑靴，它始终贴住斜盘平面运动。当缸体带动柱塞旋转时，柱塞在柱塞腔内作往复运动。柱塞伸出时腔体容积增大，腔内吸入油液为吸油过程。随着缸体旋转柱塞收缩腔容积减少，油液通过排油窗排出为排油过程。工作时

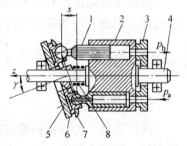

图 7-3 柱塞泵

1—柱塞 2—缸体

3—配油盘 4—传动轴

5—斜盘 6—滑靴

7—同程盘 8—中心弹簧

传动轴带动柱塞每旋转一周，各柱塞腔有半周吸油、半周排油，缸在不断地旋转过程中实现连续地吸油和排油。

二、执行元件

液压缸是液压系统中的执行元件，用来把液压能转换成机械能，可驱动工作机构作直线往复运动或往复摆动。液压缸结构简单，工作可靠，与杠杆、连杆、齿轮齿条、棘轮棘爪和凸轮等机构配合可实现多种机械运动。按液压缸结构的不同可分为单作用液压缸、双作用液压缸、组合液压缸和摆动液压缸等，按安装方式的不同可分为缸体固定式和活塞杆固定式两种。

1. 单活塞杆式液压缸

单活塞杆式液压缸是只有一端带活塞杆的液压缸，如图 7-4 所示。单活塞杆式液压缸由于只有一端有活塞杆，活塞两端的有效作用面积 A 不等，当供油压力 p_1、流量 q_1 以及回油压力 p_2 相同时，液压缸左、右两个方向的液压推力 F 和运动速度 v 不相等。活塞仅单向运动，

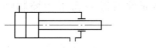

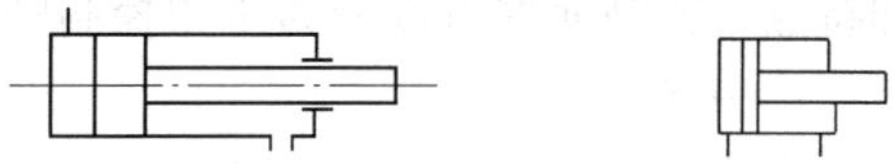

图 7-4　单活塞杆式液压缸

又借助外力使活塞反向运动。单活塞杆式液压缸工作台的移动范围是活塞或缸筒有效行程 L 的两倍。

2. 双活塞杆式液压缸

双活塞杆式液压缸是活塞两端都带有活塞杆的液压缸，如图 7-5 所示。其活塞杆常是空心的，固定在机床床身的两个支架上，缸筒与机床的工作台连接。进、出油口可以做在活塞杆的两端，也

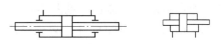

图 7-5　双活塞杆式液压缸

可做在缸体的两端。液压缸的动力由缸筒传出。当油液从左腔进入时，缸筒带动工作台向左移动，右腔回油，反之则工作台向右移动。双活塞杆式液压缸两腔的活塞杆直径 d 和活塞的有效面积是相同的，当工作压力和输入的流量相同时，两个方向的液压推力 F 和移动速度 v 也相同。双活塞杆式液压缸工作台的移动范围是活塞或缸筒有效行程 L 的三倍。

3. 柱塞式液压缸

柱塞式液压缸是利用柱塞的往复运动来进行工作的。柱塞式液压缸（也称摆动液压马达，见图 7-6）是单作用液压缸，

图 7-6　柱塞式液压缸

即在液压油的作用下作单向运动。柱塞式液压缸的回程需要借助外力或自重的作用。柱塞式液压缸运动时柱塞和缸筒内壁不接触，靠缸盖上的导向套来导向。

4. 摆动式液压缸

摆动式液压缸是一种将液压能转换成运动极限能，从而输出转矩和角速度（或转速），并实现往复摆动的液压执行元件，如图 7-7 所示。摆动式液压缸可分为单叶片摆动式液压缸和双叶片摆动式液压缸。摆动式液压缸通常用于机床和工夹具的夹紧装置、送料装置、转位装置、周期性进给机构等。

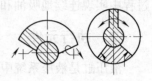

图 7-7　摆动式液压缸

三、控制元件

在液压系统中用于控制系统液体的压力、流量和流向的元件，总称为控制元件。将控制元件经过不同方式的组合可满足各种液压设备的性能要求。根据用途和特点，控制元件可以分为压力控制阀、流量控制阀和方向控制阀三类。

1. 压力控制阀

在液压系统中用来控制液体工作压力的阀和利用压力信号控制其他元件的阀都是压力控制阀。其基本工作原理是利用阀芯上的液体压力与弹簧力的相互作用来控制阀口的开度，从而达到调节压力或产生动作的目的。

（1）溢流阀　由于液压泵输出的流量大于液压缸所需的流量，会使溢流阀前的油压升高，因此必须在系统中与泵并联一个溢流阀（职能符号见图 7-8）。当油液压力达到溢流阀的调定值时，溢流阀打开，起到溢流保持压力稳定的作用。当溢流阀用作定压阀时，可保持系统压力的恒定；当用作安全阀时可保证系统的安全。溢流阀的作用是保持进油口压力基本不变。

图 7-8　溢流阀

（2）减压阀　减压阀（职能符号见图 7-9）是降低液压系统中某一部分的压力，将出口压力调节到低于进口压力，并能自动保持其出口压力恒定的控制阀。在液压系统中，一个液压泵常常需要向多个执行元件供油，当各执行元件所需的工作压力不同时就需要分别控制，此时可在分支油路中串联一个减压阀来调节控制油压。按减压阀工作原理和结构功

图 7-9　减压阀

能的不同，可分为定差减压阀、定比减压阀和定压减压阀等。减压阀的作用是保持出口压力基本不变。

（3）顺序阀　在液压控制系统中，当有两个以上工作系统时，应使用顺序阀（职能符号见图 7-10）。它是利用油路本身的压力来控制执行元件顺序动作，以实现油路的自动控制。若将顺序阀的出口直接连通油箱可作卸荷阀使用。单向顺序阀又称平衡阀，可以用于防止执行机构因其自重引起的自行下滑，可以起到

平衡支撑作用。若改变顺序阀上、下盖的方位则可组成七种
功能不同的阀。

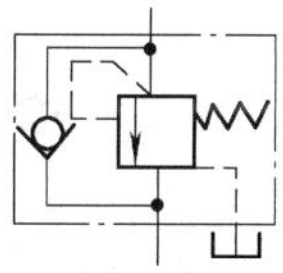

2. 流量控制阀

流量控制阀是通过调节阀口通道的面积来改变阀口的流

图 7-10　顺序阀

量，从而控制执行机构运动速度的元件。

（1）节流阀　节流阀（职能符号见图 7-11）是通过改变
节流口的大小来控制油液的流量，从而改变执行元件速度的元件。节流阀因为没
有解决负载与温度变化对流量的稳定性产生影响等问题，所以只适用于在速度稳
定性要求不高的液压系统中使用。

（2）调速阀　调速阀（职能符号见图 7-12）是采用一个定差减压阀与节
流阀串联组合而成，可使通过节流阀的调定流量不随负载的变化而改变。调速
阀能准确地调节和稳定流量，以改变执行元件的速度，可以有效提高流量的稳
定性。

（3）行程控制阀　行程控制阀（职能符号见图 7-13）是依靠碰块或凸轮来
自动调节执行元件的速度，使液体按方向流动、单向迅速通过控制执行元件。

图 7-11　节流阀

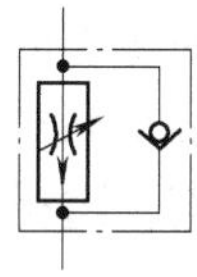

图 7-12　调速阀

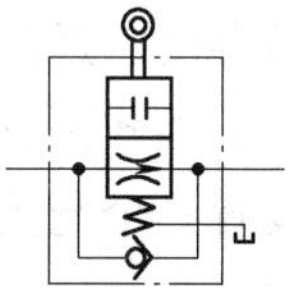

图 7-13　行程控制阀

3. 方向控制阀

方向控制阀是通过阀芯和阀体间相对位置的改变，来实现油路通道通断状态
的改变，从而控制油液流动方向的阀。常用的有单向阀和换向阀等。

（1）单向阀　普通单向阀（职能符号见图 7-14）由阀体、阀芯和弹簧等组
成，它的作用是控制油液只能向一个方向流动，不允许反向流动。液控单向阀
（职能符号见图 7-15）是在单向阀的结构上增加了控制油腔和控制活塞。当控制
油腔口无液压油通过时，其功能与普通单向阀相同；当控制油腔口通入液压油
时，活塞推动阀芯产生位移，使阀芯保持开启状态，此时正、反方向均可通过
油液。

单向阀密封性好，常用于执行元件需要长时间保压、锁紧的系统，也适用于
防止立式液压缸在停止运动时因自重而产生下滑的回路中。

（2）换向阀　换向阀（职能符号见图 7-16）的作用是利用阀芯和阀体的相
对运动，变换油液流动的方向，接通或关闭油路。

图 7-14　单向阀　　　　图 7-15　液控单向阀　　　　图 7-16　换向阀

按换向阀操作方式的不同可分为手动、机动、电磁动、液动及电液动等多种形式；按阀芯工作位置数的不同，可分为二位、三位、多位换向阀；按所连接主油路进出油口的不同，又可分为二通、三通、四通、五通等形式。

四、辅助元件

液压系统中的辅助元件是指除液压泵、液压缸和各种控制阀之外的其他各类组成元件，例如油箱、过滤器、管件、蓄能器、压力表等。辅助元件是液压系统中不可缺少的组成部分，除了油箱需要根据系统的要求自行设计外，其余都有标准件供设计者选用。

1. 油箱

油箱是用来储存油液的，主要功能是保证供给系统充足的工作油液，起着稳定油液温度、逸出油中气体、沉淀油液中的污物等作用。液压系统中的油箱分整体式和分离式两种。整体式油箱通常是利用主机机身的内腔作为油箱。分离式油箱是设置一个与主机分开的单独油箱，这样可以减少温度和振动对主机工作精度的影响。

2. 过滤器

过滤器的作用在于过滤掉混入液压油中的灰尘、脏物、油液析出物以及金属颗粒等，降低油液的污染程度，保证系统的正常工作，延长系统的使用寿命。

按滤芯材料的不同过滤器可分为网式、线隙式、纸芯式、烧结式和磁性式等多种形式。选择过滤器的型号、规格主要是根据使用情况提出液压系统的技术要求，并结合经济性。液压系统的技术要求主要有过滤精度、通过流量、允许压力降和工作压力等。

根据过滤器性能和液压系统工作环境的不同，过滤器在液压系统中的安装位置也不同，可分为安装在液压泵吸油回路上、安装在分压油路上、安装在回油油路上、安装在旁路上以及安装在单独的系统中。

3. 蓄能器

蓄能器是把压力油的压力能储存在耐压容器中，在需要的时候再将其释放出来的一种装置。蓄能器在液压系统中主要有短期大量供油、维持系统压力和吸收冲击压力或脉动压力的作用。常用的有气瓶式蓄能器、活塞式蓄能器和气囊式蓄能器等。

（1）气瓶式蓄能器（见图7-17） 气瓶式蓄能器具有容积大、惯性小、反应灵敏、占地面积小、无机械磨损等优点，但气体容易混入油中影响液压系统的稳定性，必须经常充气。使用空气时油液容易氧化而产生变质。当使用惰性气体时效果虽好但费用也较高。气瓶式蓄能器适用于大流量的中、低压回路蓄能，也可吸收脉动，最高工作压力为5MPa。蓄能器一般充氮气，绝对禁止充

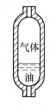

图7-17 气瓶式蓄能器

氧气。安装时油口应向下垂直安装，使气体封在壳体上部，避免油液进入管道。

（2）活塞式蓄能器（见图7-18） 活塞式蓄能器具有气液隔离、油液不易氧化、结构简单、寿命长、安装容易、维修方便等优点，但容量较小，缸体加工和活塞密封要求较高，反应不够灵敏，活塞运动到最低位置时空气容易经活塞与缸体之间的间隙泄漏到油液中去，工作时有较大的噪声。用于可传送异性液体，最高工作压力为215MPa的系统。活塞式蓄能器一般充氮气，绝对禁止充氧气。安装时油口应垂直向下，保证气体封在壳体的上部。为避免油液进入管路可使用柱塞替代活塞的柱塞式蓄能器，其容量较大，最高压力可达45MPa。

（3）气囊式蓄能器（见图7-19） 气囊式蓄能器具有空气与油隔离、油液不容易氧化、尺寸小、重量轻、反应灵敏、充气方便等优点。适用于蓄能（折合型）、吸收（波纹型），可传送异性液体，最高工作压力为200MPa的液压系统。气囊式蓄能器所用的气体为氮气。

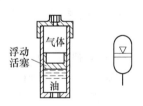

图7-18 活塞式蓄能器

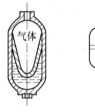

图7-19 气囊式蓄能器

4. 油管与管接头

液压系统中常用的油管有钢管、纯铜管、尼龙管等。钢管、纯铜管、尼龙管均属于硬管，主要用于连接相对位置不变的固定元件。钢管能承受高压，且价格便宜，耐油性、抗腐蚀性以及刚性都很好，但由于装配过程中不能随意弯曲，所以主要用于装配空间较大的压力系统中。纯铜管由于塑性较好，容易弯曲，在装配时允许适当的变形，有利于装配。其缺点是承压能力稍低、价格较高且抗振能力差，在使用过程中容易造成油液氧化，应尽量少用。尼龙管的刚性和塑性比钢管和纯铜管要差，但通过加热可弯曲或扩口，冷却后可保持弯曲的状态，由于耐

压能力较低，所以多用作回油管。

橡胶管和塑料管属于软管，容易弯曲，主要用于相对运动元件之间的管道连接。橡胶管分为高压管和低压管两种，高压橡胶管可用于高压系统，低压橡胶管承载压力较差，常用作回油管。塑料管虽然价格便宜、安装方便，但承载能力低且容易老化，适用于作回油管或卸油管。

在选择软管作为连接管道时，软管的通流截面积与流量、流速的关系如下：

$$A = \frac{1}{6} \times \frac{Q}{v}$$

式中　A——软管的通流截面积（cm^2）；

　　　Q——管内流量（L/min）；

　　　v——管内速度（m/s），通常软管的流速 $v \leq 6m/s$。

需要注意的是，根据工作压力和以上公式求得软管的内径，选择软管的尺寸规格，选择高压软管的工作压力时，在不经常使用的情况下可提高20%，对于频繁使用且经常要弯曲、扭曲的要降低40%。软管的弯曲半径不宜过小，软管与管接头的连接处应留有一段不小于软管外径两倍的直线段。需考虑软管在通入液压油后，长度方向会发生收缩变形，一般情况下软管的收缩量为管长的3%～4%，因此在选择软管的长度以及安装过程中应避免软管处于拉紧的状态。

管接头是油管与油管、油管与液压元件之间的可拆卸式连接件，应符合拆装方便、连接可靠、外形尺寸小、通油能力强、工艺性能好的要求。管接头的种类很多，按接头的通路可分为直通、直角、三角、十字等形式。按油管和管接头的连接方式可分为焊接式、卡套式、薄壁扩口式、快换式等。按管接头与机体的连接方式可分为螺纹式、法兰式等。

（1）焊接式管接头（见图7-20）　焊接式管接头是利用接管与管子焊接，接头体和接管之间用O形密封圈端面密封。其结构简单、密封性好，对管子尺寸精度要求不高，但要求焊接质量高，缺点是装拆不便。工作压力可达31.5MPa，工作温度为−25～80℃，适用于以油为介质的管路系统。

（2）卡套式管接头（见图7-21）　卡套式管接头是利用管子变形卡住管子并进行密封，特点是重量轻、体积小、使用方便。要求管子尺寸精度高，需用冷拔钢管，卡套精度也高，工作压力可达31.5MPa。适用于以油、气为介质的管路系统。

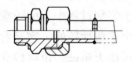　　　　　　　　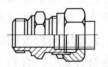

图7-20　焊接式管接头　　　　　　图7-21　卡套式管接头

（3）扩口式管接头（见图7-22） 扩口式管接头利用管子端部扩口进行密封，不需要其他密封件。结构简单，适用于薄壁管件的连接。允许使用的压力碳钢管子为5～15MPa，纯铜管为3.5～16MPa。适用于以油、气为介质且压力较低的管路系统。

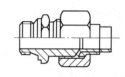

图7-22 扩口式管接头

（4）快换式管接头（见图7-23） 快换式管接头在管子拆开后可自行密封，管道内液体不会流失，适用于经常拆卸的场合。局部阻力损失较大，工作压力低于31.5MPa，工作温度为－20～80℃，适用于以油、气为介质的管路系统。

5. 密封件

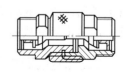

图7-23 快换式管接头

由于液压系统都承载着一定的压力和载荷，如产生内、外泄漏会影响系统的性能和效率，甚至会使系统的压力达不到要求，严重时可使整个系统无法正常工作。泄漏还会造成工作环境受到污染，油料浪费。因此合理选用密封件就显得非常重要。

（1）O形密封圈 O形密封圈装入密封沟槽后，其横截面一般产生15%～30%的压缩变形，在介质压力的作用下达到密封的目的。O型密封性能好、寿命长，结构紧凑，装拆方便。根据需要选择不同的密封圈材料，可在100～260℃的温度范围内使用，密封压力可达100MPa。主要用于气缸、液压缸的缸体密封。

（2）Y、U形密封圈 在工作时依靠密封唇的过盈量和工作介质压力所产生的径向压力（即自紧作用），受液压作用时两唇张开，使密封件产生弹性变形，分别紧贴在轴面和孔壁上堵住间隙，起到密封作用，比挤压型密封有更显著的自紧作用。装配时将唇边面对有压力的油腔。Y型密封圈因为摩擦力比较小，在相对运动速度比较高的密封表面处也适用，其密封的能力能随液压力的增高而有所提高，并能够自动补偿磨损的影响。与O形密封圈相比，Y、U形以及V、L形密封圈具有结构复杂、体积大、摩擦力大、装填方便、更换迅速的特点。Y、U形密封圈主要用于往复运动的密封，也可用于压力达100MPa的场合。

◇◇◇ 第二节 液压元件的安装方法和要求

一、安装前的注意事项

安装前应熟悉有关技术文件和资料，对重要元件进行质量检查，若确认元件被污染，需进行拆卸并测试，应符合 GB/T 7935—2005《液压元件通用技术条件》的规定，合格后才能安装。安装前应对各种自动仪表（如压力计、电接触计、压力继电器、液位计、温度计等）进行校验，这对以后的调整工作极为重要，以避免不准确而造成事故。

同时还要准备好适用的通用工具和专用工具，在安装前对装入主机的液压元件和辅件需要进行严格的清洗，去除有害于工作液的防腐剂和污物。液压元件和管道各油口所有的堵头、塑料塞子等要随着工程安装的进展逐步拆除，先不要去除，以防止污物从油口等处进入元件内部。

二、液压泵装置的安装要求

液压泵与原动机之间联轴器的形式及安装要求必须符合制造厂的规定。对外露的旋转轴、联轴器必须安装防护罩。为保证运转时始终同轴，液压泵与原动机的安装底座必须有足够的刚性。避免过分用力敲击液压泵轴和液压马达轴，以免损伤转子。液压泵的管路应尽量短而直，避免拐弯增多、断面突变。在规定的油液黏度范围内，必须使泵的进油压力和其他条件符合制造厂的规定。同时注意液压泵的进油管路密封必须可靠，不得吸入空气。对高压、大流量的液压泵装置应按推荐采用。

三、油箱装置的安装要求

安装前应仔细清洗油箱，用压缩空气干燥后，再用煤油检查焊缝质量。安装时油箱底部应高于安装面 150mm 以上，以便搬移、放油和散热。注意必须有足够的支承面积，以便在装配和安装时用垫片和楔块等进行调整。

四、液压阀的安装要求

液压阀的安装方式应符合制造厂的规定。板式阀或插装阀必须有正确的定向措施。为了保证安全，阀的安装必须考虑重力、冲击、振动对阀内零件的影响。安装阀时所用联接螺钉的性能等级必须符合制造厂的要求，不得随意代换。应注意进油口与回油口的方位，如果将某些阀的进油口与出油口装反会造成事故。有些阀为了安装方便，往往开有作用相同的两个孔，安装后对不用的一个孔要堵死。为避免空气渗入阀内，连接处应保证密封良好，用法兰安装的阀件螺钉不可拧得过紧，因为有时拧得过紧反而会造成密封不良。如果原来的密封件或材料不能满足密封要求时，应更换密封件的形式或材料。方向控制阀要保持水平位置安装。一般可调整的阀件，顺时针方向旋转时增加流量、压力，逆时针旋转时则减少流量、压力。

五、过滤器的安装要求

为了指示过滤器何时需要清洗和更换滤芯，必须装有污染指示表或测试装置。

六、蓄能器的安装要求

安装蓄能器（包括气体加载式蓄能器）时充气气体的种类必须符合制造厂的规定。应注意蓄能器的安装必须远离热源，蓄能器在卸压前不得拆卸，禁止在蓄能器上进行焊接、铆接或机加工。

七、密封件的安装要求

所用密封件的材料必须与和它相接触的介质相容。密封件的使用压力、温度应符合有关标准的规定。在安装时要注意随机附带的密封件的有效期，在制造厂规定的储存条件下储存一年内的可以使用，否则需要更换后才能安装。

八、液压缸的安装要求

液压缸的安装必须符合设计图样或制造厂的规定。安装液压缸时，如果结构允许，进出油口的位置应在最上面，应装成使其能自动放气，或安装放气阀。应注意液压缸的安装应牢固可靠，为了防止热膨胀的影响，在行程大和比较热的场合，缸的一端必须保持浮动。配管连接不得松弛，液压缸的安装面和活塞杆的滑动面，应满足足够的平行度和垂直度要求。密封圈不要装得太紧，特别是 U 形密封圈不可装得过紧。

九、液压马达的安装要求

液压马达与被驱动装置之间的联轴器形式及安装要求应符合制造厂的规定。外露的旋转轴和联轴器必须有防护罩。

十、执行元件的安装要求

液压执行元件的安装底座必须具有足够的刚性，保证执行机构正常工作。

十一、其他辅助元件的安装要求

系统内开闭器的手轮位置和泵、阀以及指示仪表的安装位置，应便于元件的使用和维护。

◆◆◆ 第三节　液压系统的故障分析与排除方法

　　液压系统在使用过程中可能出现的故障多种多样，有时是由单一元件发生故障而引起的，有时即使是同一种故障，产生的原因也不一样。在液压系统中一旦发生故障，必须对引起故障的原因进行分析。有些故障产生后可以用调整的方法加以解决，有些故障则是因为使用时间过长性能降低而产生的，此时需要更换或修复才能排除故障。有些是由于结构不良，必须改进才能满足使用要求。在故障出现时，通常都是以一定的形式显露出来，故障的诊断可以从故障现象入手。故障产生的原因主要有以下几个方面：

一、噪声的产生原因和排除方法

　　液压系统中的噪声常发生在液压泵和液压控制阀上，有时也会出现在泵或阀与管件共振时。液压泵或液压马达产生噪声，可能是由于泵或马达的精度较差或已损坏，应拆下来进行检查和修复。对于液压控制阀失灵所产生的噪声，可找出产生噪声的部位，针对噪声产生的原因进行修复或更换损坏的零件，并加强液压系统的维护保养，防止油液污染。对于停止、起动以及反向时引起的冲击噪声，可调节换向节流阀，检查液压缸的缓冲装置使换向过程平稳即可。对于由机械结构引起的噪声可针对具体的问题加以解决和排除。对于因液压系统中混入空气而引起的噪声，可检查管接头或密封件是否松动或失效，以及检查液位是否过低。

二、压力不正常的故障分析和排除方法

　　压力不正常的故障分析和排除方法见表7-1。

表7-1　压力不正常的故障分析和排除方法

故障现象	故障分析	排除方法
没有压力	（1）液压泵吸不进油液 （2）油液全部从溢流阀逸回油箱 （3）液压泵装配不当、泵不工作 （4）泵的定向控制装置位置错误 （5）液压泵损坏 （6）泵的驱动装置扭断	（1）油箱加热、换过滤器等 （2）调整溢流阀 （3）修理或更换 （4）检查控制装置电路 （5）更换或修理 （6）更换、调整联轴器

（续）

故 障 现 象	故 障 分 析	排 除 方 法
压力偏低	（1）减压阀或溢流阀设定值过低 （2）减压阀或溢流阀损坏 （3）油箱液面低 （4）泵转速过低 （5）泵、液压马达、液压缸损坏，内泄大 （6）回路或油路的设计有误	（1）重新调整 （2）修理或更换 （3）加油至标定高度 （4）检查电动机及控制 （5）修理或更换 （6）重新设计、修改
压力不稳定	（1）油液中有空气 （2）溢流阀内部磨损 （3）蓄能器有缺陷或失掉压力 （4）泵、液压马达、液压缸磨损 （5）油液被污染	（1）排气、堵漏、加油 （2）修理或更换 （3）更换或修理 （4）修理或更换冲洗 （5）冲洗、换油
压力过高	（1）溢流阀、减压阀或卸荷阀失调 （2）变量泵的变量机构不工作 （3）溢流阀、减压阀或卸荷阀损坏或堵塞	（1）重新设定调整 （2）修理或更换 （3）更换、修理或清洗

三、流量不正常的故障分析和排除方法

流量不正常的故障分析和排除方法见表7-2。

表7-2 流量不正常的故障分析和排除方法

故 障 现 象	故 障 分 析	排 除 方 法
没有流量	（1）换向阀的电磁铁松动、线圈短路 （2）油液被污染、阀芯卡住 （3）M、H 型机能阀未换向	（1）修理或更换 （2）更换或修理 （3）冲洗、换油
流量过小	（1）流量控制阀装置调得太低 （2）溢流阀或卸荷阀压力调得太低 （3）旁路控制阀关闭不严 （4）泵的容积效率下降 （5）系统内泄严重 （6）变量泵调节无效 （7）管路沿程损失过大 （8）泵、阀、缸及其他元件磨损	（1）调高 （2）调高 （3）更换阀 （4）换新泵、排气 （5）紧固联接、换密封件 （6）修理或更换 （7）增大管径、提高压力 （8）更换或修理
流量过大	（1）流量控制装置调整过高 （2）变量泵正常调节无效 （3）检查泵或电动机的转速是否正确	（1）调低 （2）修理或更换 （3）修理或更换

四、运动不正常的故障分析和排除方法

液压系统机构运动不正常，不仅仅是由流量、压力等因素引起的，通常是液压系统和机械系统的综合性故障，必须综合分析后排除故障。运动不正常的故障分析和排除方法见表7-3。

表7-3 运动不正常的故障分析和排除方法

故障现象	故障分析	排除方法
没有运动	(1) 没有油流或压力 (2) 方向阀的电磁铁有故障 (3) 机械、电气或液动式的限位装置或顺序装置不工作、调整不当或没指令信号 (4) 液压缸或液压马达损坏 (5) 液控单向阀的外控油路有问题 (6) 减压阀、顺序阀的压力过低或过高 (7) 机械故障	(1) 修复 (2) 修理或更换 (3) 调整、修复或更换 (4) 修复或更换 (5) 修理、排除 (6) 重新调整 (7) 查找、修复
运动缓慢	(1) 流量不足或系统泄漏太大 (2) 油液黏度不够 (3) 阀的控制压力不够 (4) 放大器失调或调整不对 (5) 阀芯卡涩 (6) 液压缸或液压马达磨损或损坏 (7) 载荷过大	(1) 修复 (2) 换油液或降低温度 (3) 更换 (4) 调整、修复或更换 (5) 清洗、调整或更换 (6) 更换或修理 (7) 检查、调整
运动过快	(1) 流量过大 (2) 放大器失调或调得不对	调整、修复或更换
运动无规律	(1) 压力不正常、无规律变化 (2) 油液混有空气 (3) 信号不稳定、反馈失灵 (4) 放大器失调或调得不对 (5) 润滑不良 (6) 阀芯卡涩 (7) 液压缸或液压马达磨损或损坏	(1) 修复 (2) 排气、加油 (3) 修理或更换 (4) 调整、修复或更换 (5) 加润滑油 (6) 清洗或换油 (7) 修理或换油
机构爬行	(1) 液压缸和管道中有空气 (2) 系统压力过低或不稳 (3) 滑动部件阻力过大 (4) 液压缸与滑动部件安装不良	(1) 排除系统中的空气 (2) 调整、修理压力阀 (3) 修理、加润滑油 (4) 调整、加固

复习思考题

1. 试述齿轮泵的工作原理。
2. 活塞式液压缸、柱塞式液压缸和摆动式液压缸各有哪些特点？
3. 顺序阀和溢流阀在原理和结构上有何不同？顺序阀能否起到溢流阀的作用？
4. 简述调速阀的特点和作用。
5. 简述液压泵安装的要求。
6. 液压系统中常用的密封件有哪些？其特点是什么？

第八章

部件和整机的装配

培训目标 了解旋转体的平衡知识以及静平衡试验的方法和步骤。熟悉通用机床的工作原理和构造。掌握装配尺寸知识以及装配精度和装配方法。

◆◆◆ 第一节 旋转体平衡的基本知识

在机器中具有一定转速的零件或部件，如带轮、飞轮、齿轮、叶轮、曲轴、砂轮、电机转子等。由于内部组织密度不均匀，零件外形的误差（尤其是非加工部分），装配误差以及结构形状局部不对称（如键槽）等原因，旋转体在其径向各截面上或多或少地存在一些不平衡量。此不平衡量由于与旋转中心之间有一定的距离（称质量偏心距），因此当旋转体转动时，不平衡量便会产生离心力。

一、旋转体的离心力

旋转体因质量偏心而引起的离心力大小为

$$F = \frac{W}{g}e\left(\frac{\pi n}{30}\right)^2$$

式中 F——离心力（N）；

W——旋转体的偏重（N）；

g——重力加速度，$g = 9.81$（m/s^2）；

e——质量偏心距（m）；

n——转速（r/min）。

由上式可知，重型或高转速的旋转体，即使具有不大的偏心距也会引起很大的离心力。由于离心力的大小随转速的平方而变化，当转速增加时，离心力将迅速增加。这样会加速轴承磨损，使机器在工作中发生摆动和振动，甚至造成零件疲劳损坏或断裂。因而，为了保证机器的运转质量，要对旋转体（尤其是高速运转的情况下）在装配前进行平衡调整，来消除不平衡离心力，从而达到所要求的平衡精度。

二、旋转体的不平衡情况

1. 静不平衡

旋转体的主惯性轴与旋转轴线不重合，但互相平行，即旋转体的重心不在旋转轴线上，如图 8-1a 所示。当旋转体转动时，会产生不平衡离心力。静不平衡的零件只有当它的偏重在沿铅垂线下方时才能静止不动。在旋转时，则由于离心力的作用而使轴产生朝偏重方向的弯曲，并使机器发生振动（图 8-1b）。如图 8-1c 所示为一曲轴，其重心显然不在旋转轴线上，因而是静不平衡。

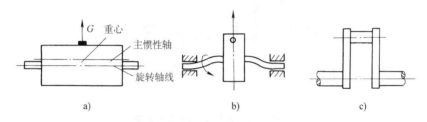

图 8-1 旋转零件的静不平衡

2. 动不平衡

旋转体的主惯性轴与旋转轴线相交，且相交于旋转体的重心上，如图 8-2a 所示。这时旋转体虽处于静平衡状态，但旋转体旋转时，将产生一个不平衡力矩。动不平衡零件在旋转时，由于不平衡力矩的作用而使轴产生弯曲，同样会使机器产生振动（见图 8-2b）。如图 8-2c 所示为一曲轴，其重心在旋转轴线上。但旋转时会产生不平衡力矩，因而是动不平衡。

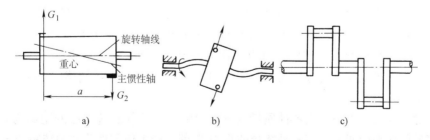

图 8-2 旋转零件的动不平衡

在大多数的情况下，旋转体既存在静不平衡，又存在动不平衡，这种情况称静动不平衡。此时，旋转体主惯性轴与旋转轴线既不重合，又不平行，如图8-3a所示。当旋转体旋转时，产生一个不平衡的离心力和一个力矩。静动不平衡的零件在旋转时，由于不平衡的离心力和力矩的作用，使轴产生弯曲，机器产生振动（见图8-3b）。如图8-3c所示为一曲轴，其重心不在旋转轴线上，主惯性轴与旋转轴线相交，因而是静动不平衡。显然这也是属于动不平衡一类的。

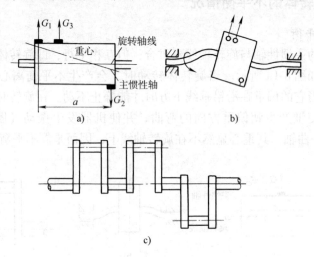

图 8-3　旋转零件的静动不平衡

消除旋转零件或部件的不平衡工作叫平衡或叫调整平衡。平衡分静平衡和动平衡两种。

◇◇◇ 第二节　静平衡

旋转体静平衡只需在一个平面（即校正面）上安放一个平衡重物，就可以使旋转体达到平衡。平衡重物重力的数值和位置，在旋转体静力状态下确定，就是将旋转体的轴颈（或将被平衡件套在平衡心棒上）搁置在水平刀刃架（静平衡架）上，加以观察，这样就可以看出其不平衡状态。较重的部分会自动向下转动，用去重或配重的方法消除旋转体的偏重，使旋转体达到平衡，这种方法叫静平衡。

静平衡的原理是：当零件质量（m）的中心离开其旋转中心的距离为 e 时，将零件放在平衡架上，其不平衡量的重力 W 就会产生使零件滚动的转矩 $M = We$，该转矩的大小与不平衡质量所处的位置有关，可由下式确定

$$M = We\sin\alpha$$

式中　α——通过不平衡质量的半径对垂线所成的夹角（见图8-4）。

　　因此，当不平衡质量在最低位置时，零件将保持静止状态（此时 $M = 0$）。如将零件转过 90°，使不平衡质量与旋转中心处于水平位置，然后在相对的一侧放置一平衡质量，其重力为 W'，选择其离开中心的距离为 e'，使 $We = W'e'$，即能满足平衡的条件。

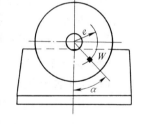

　　旋转体的不平衡度由不平衡质量的重力对转动中心产生的力矩 M 确定。

图8-4　静平衡的原理

　　由以上可知，静平衡只能平衡旋转体重心的不平衡，而不能消除不平衡力偶。因此，静平衡一般仅适用于长径比较小（如带轮、齿轮、飞轮、砂轮等盘状零件）或长径比虽然比较大而转速不高的旋转零件，具体见表8-1。

表8-1　静平衡适应条件

序号	条　件	说　明
1	$mn > 1.5 \times 10^3$	m——旋转体质量（kg） n——旋转体转速（r/min）
2	$d/L > 1.0$	d——旋转体最大外径（mm） L——旋转体的净长度（mm）

　　做静平衡调整，需要将旋转零件放在专门的静平衡装置上进行。静平衡装置由框架和支承等组成。支承有圆柱形的（如图8-5a所示）、棱形刀口的（如图8-5b所示）以及滚轮式的。

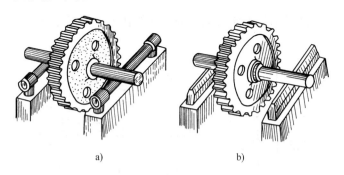

a）　　　　　　　　　　　　b）

图8-5　静平衡装置

a）圆柱形平衡架　b）棱形刀口平衡架

圆柱或棱形刀口必须经过淬火和精磨，具有较小的表面粗糙度值和较高的直线度。两个支承面必须相互平行并严格找正至水平位置，以减少摩擦力，提高平衡精度。

如图8-6所示为静平衡装置的结构。框架的底盘1上有三个水平调节螺钉2和两个立柱3。立柱上分别装有两根圆柱形支承4。被平衡件6套在平衡心轴5上，将平衡心轴搁置在圆柱支承4上，这样就可进行静平衡调整的操作了。

静平衡一般有以下几种方法：

1）用平衡杆进行静平衡。

2）用平衡块进行静平衡。

3）用三点平衡法进行静平衡。

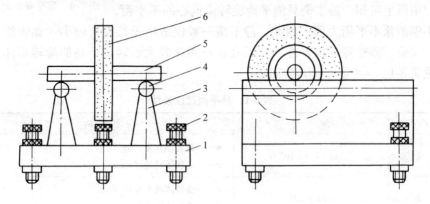

图8-6 静平衡装置的结构

1—底盘 2—调节螺钉 3—立柱 4—支承 5—心轴 6—被平衡件

一、用平衡杆进行静平衡的实例

将一需要作静平衡的齿轮装上心轴后，放在水平的静平衡架上，如图8-7所

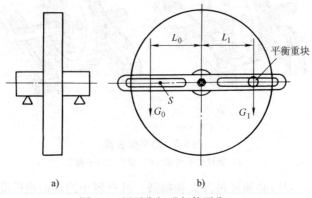

a)   b)

图8-7 用平衡杆进行静平衡

示。使齿轮缓慢转动，待静止后在其正下方作一标记 S。重复转动齿轮若干次，若 S 处始终位于最下方，就说明零件有偏重，其方向就指向标记 S 处。沿偏重方向装上平衡杆。调整平衡块，使平衡力矩 L_1G_1（G_1 为平衡块重，L_1 为平衡块至中心的距离）等于重心偏移所形成的力矩，则该齿轮组件处于静平衡。在零件的偏重一边离中心 L_0 处（$L_0 = L_1$）钻去 G_0（$G_0 = G_1$）的金属，使 $L_0G_0 = L_1G_1$，就可以消除静不平衡。若 $L_1 = L_0 = 40\text{cm}$，当平衡块 $G_1 = 0.1\text{N}$，则在零件偏重的一边离中心 40cm 处，钻去重力为 0.1N 的金属，或在平衡块处加上重力为 0.1N 的金属就可消除静不平衡。

二、用平衡块进行静平衡的实例

对于磨床砂轮的平衡，通常采用装平衡块的方法来调整平衡，其操作步骤是：

1）将砂轮套在平衡心轴上，然后在平衡架上找出偏重方向，作标记 S（图 8-8a）。

2）在偏重的相对位置上紧固第一块平衡块 G_1（这一平衡块以后不要再移动），如图 8-8b 所示。

3）再将砂轮放在静平衡架上调整，如果在任何位置上都能够停止，则一块平衡块就可以达到平衡。如果仍存在偏重，可分别在 G_1 的两侧放平衡块 G_2 和 G_3，如图 8-8c 所示。并根据偏重情况同时移动并紧固两平衡块 G_2 和 G_3，直到砂轮在任何位置上都能够停留为止（图 8-8d）。

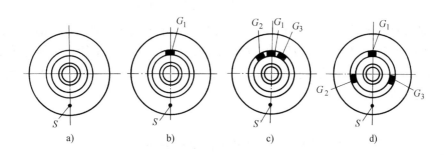

图 8-8　用平衡块进行静平衡

三、用三点平衡法进行静平衡的实例

当被平衡零件不能预先找出重心，也不能确定偏重的方向时，可用三点平衡法进行静平衡。

有一砂轮，需要用三点平衡法进行静平衡，其操作步骤为：

1）将质量相等的三个平衡块（重力为 G）分别固定在砂轮的圆槽上，使三块平衡块的距离（周向）相等。取其中任何一块 n_1 放在垂线上方，如图 8-9a 所示。此时，如果砂轮的重心与回转中心重合或在同一垂线上时，则砂轮就静止不摆动；如果砂轮按顺时针方向转动，说明其重心在右边的某一位置上（假设砂轮的重心在 S 处——见图 8-9b，偏重为 G_0），需将平衡块 n_1 向左移动，使砂轮处于暂时的平衡状态，如图 8-9b 所示。用力矩表示为

$$GL_1 + GL_2 = GL_3 + G_0L_0$$

2）转动砂轮，使平衡块 n_2 处于垂线的上方，砂轮有可能处于不平衡状态。若砂轮按逆时针方向转动，则将平衡块 n_2 向右移动，使砂轮再次处于暂时的平衡状态，如图 8-9c 所示。

3）转动砂轮，使平衡块 n_3 处于垂线上方，用上述方法进行砂轮的第三次平衡，如图 8-9d 所示。

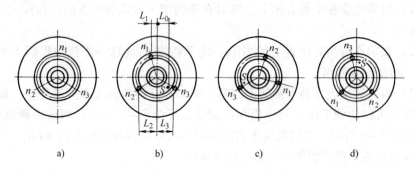

a) b) c) d)

图 8-9 用三点平衡法进行静平衡

通过这样调整三块平衡块的位置，砂轮往往不可能在任何位置上都能静止不动，而只是近于平衡。因为移动平衡块 n_3 后，影响了 n_1 的平衡，必须再重新调整 n_1，继而 n_2、n_3，这样重复几次，才能使砂轮在转到任何位置时均能静止不动，达到静平衡。

◇◇◇ 第三节 装配工艺规程的基本知识

构成机器（或产品）的最小单元称为零件。若干个零件结合成机器的一部分，无论其结合形式和方法如何，都称为部件。

直接进入机器（或产品）装配的部件称为组件；直接进入组件装配的部件称一级分组件；直接进入一级分组件装配的部件称为二级分组件；依次类推。机器越复杂，分组件的级数也越多。

任何级的分组件都由若干低一级的分组件和若干零件组成，但最低级的分组件则只是由若干个单独零件所组成。

可以单独进行装配的部件称为装配单元。任何一个制品，一般都能分成若干个装配单元。在制订装配工艺规程时，每个装配单元通常可作为一道装配工序。

每一道工序的装配都必须有基准零件或基准部件，它们是装配工作的基础，部件装配或总装配是从它这里开始的。它的作用是联接需要装在一起的零件或部件，并决定这些零件或部件之间的正确相互位置或相对位置。

在装配工艺规程的文件中，常用装配单元系统图来表示装配单元的装配先后顺序，这种图能简明直观地反映出产品的装配顺序。

如图 8-10 所示是某制品的装配单元系统图。图中每一零件、分组件或组件都用一长方格表示，在方格中注明零件或分组件的名称、编号以及装入的件数。

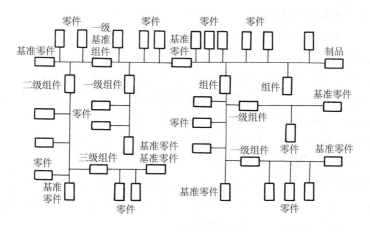

图 8-10 装配单元系统图

装配单元系统图的编制方法如下：在纸上画一条横线，在横线的左端画上代表基准零件（或部件）的长方格，在横线的右端面上画代表制品的长方格。除基准零件外，把所有直接进入制品装配的零件，按照装入顺序画在横线上面。除了基准组件或基准分组件外，把所有构成制品的组件按顺序画在横线的下面。

如果制品的装配单元系统图用一根横线安排不下，则可转移至与此线平行的第二条、第三条线上去。

产品较复杂时，绘出的装配单元系统图既复杂又庞大。为了便于应用，这时可编制装配单元系统分图。这种系统分图按产品的装配和组件的装配分别绘制，此时，图中只包括直接装入的零件和部件。

◇◇◇ 第四节 装配工艺规程的内容和编写方法

一、编制装配工艺规程所需的原始资料

产品的装配工艺规程是在一定的生产条件下，用来指导产品的装配工作。因而装配工艺规程的编制，也必须依照产品的特点和要求，以及工厂生产规模来制订。编制装配工艺规程时，需要下列原始资料：

1）产品的总装配图和部件装配图以及主要零件的工作图。

2）零件明细表。

3）产品验收技术条件。

4）产品的生产规模。

产品的结构，在很大程度上决定了产品的装配程序和方法。分析总装配图、部件装配图及零件工作图，可以深入了解产品的结构和工作性能，同时了解产品中各零件的工作条件以及它们相互间的配合要求。分析装配图还可以发现产品装配工艺性是否合理，从而给设计者提出改进意见。

零件明细表中列有零件名称、件数、材料等，可以帮助分析产品结构，同时也是制订工艺文件的重要原始资料。

产品的验收技术条件是产品的质量标准和验收依据，也是编制装配工艺规程的主要依据。为了达到验收条件规定的技术要求，还必须对较小的装配单元提出一定的技术要求，才能达到整个产品的技术要求。

生产规模基本上决定了装配的组织形式，在很大程度上决定了所需的装配工具和合理的装配方法。

二、装配工艺规程的内容

装配工艺规程是装配工作的指导性文件，是工人进行装配工作的依据，它必须具备下列内容：

1）规定所有的零件和部件的装配顺序。

2）对所有的装配单元和零件，规定出既能保证装配精度，又是生产率最高和最经济的装配方法。

3）划分工序，确定装配工序内容。

4）决定必需的工人技术等级和工时定额。

5）选择完整的装配工作所必须的工、夹、量具及装配用的设备。

6）确定验收方法和装配技术条件。

三、编制装配工艺规程的步骤

掌握了充足的原始资料以后，就可以着手编制装配工艺规程。编制步骤一般如下：

1. 分析装配图

了解产品的结构特点，确定装配方法（有关尺寸链和选择解尺寸链的方法）。

2. 决定装配的组织形式

根据工厂的生产规模和产品结构特点，即可决定装配的组织形式。

3. 确定装配顺序

装配顺序基本上是由产品的结构和装配组织形式决定的。产品的装配总是从基准件开始，从零件到部件，从部件到产品；从内到外，从下到上，以不影响下道工序的进行为原则，有次序地进行。

4. 划分工序

在划分工序时要考虑以下几点：

1）在采用流水线装配形式时，整个装配工艺过程划分为多少道工序，必须取决于装配节奏的长短。

2）组件的重要部分，在装配工序完成后必须加以检查，以保证质量。在重要而又复杂的装配工序中，不易用文字明确表达时，还必须画出部件局部的指导性装配图。

5. 选择工艺设备

根据产品的结构特点和生产规模来选择，要尽可能选用最先进的工具和设备。

6. 确定检查方法

检查方法应根据产品的结构特点和生产规模来选择，要尽可能选用先进的检查方法。

7. 确定工人技术等级和工时定额

工人技术等级和工时定额一般都根据工厂的实际经验和统计资料及现场实际情况来确定。

8. 编写工艺文件

装配工艺技术文件主要是装配工艺卡（有时需编制更详细的装配工序卡）它包含着完成装配工艺过程所必须的一切资料。

最后要指明，编制的装配工艺规程，在保证装配质量的前提下，必须是生产率最高而又最经济的。所以它必须根据实际条件，尽量采用最具先进的技术。

◇◇◇ 第五节　装配工艺规程编制实例

减速器的装配及其装配工艺规程的编制。

一、减速器的装配

图 8-11 所示为一蜗轮减速器装配图。减速器是装在电动机与工作机之间的，其作用是用来降低输出转速并相应地改变其输出转矩。减速器的运动由联轴器传递，经蜗杆轴传至蜗轮，蜗轮的运动通过其轴上的平键传给圆锥齿轮副，最后由安装在锥齿轮轴上的齿轮传出。各传动轴采用圆锥滚子轴承支承，各轴承的游隙分别采用调整垫片和螺钉进行调整。蜗轮的轴向装配位置，可通过修整轴承端盖

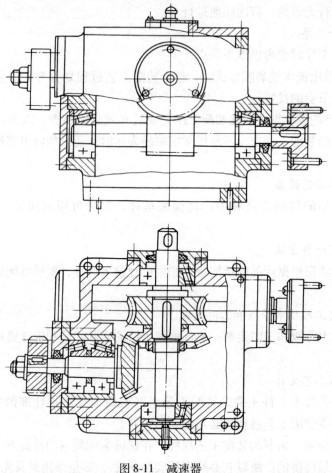

图 8-11　减速器

台肩的厚度尺寸来控制。锥齿轮的轴向装配位置，则可通过修整有关的调整垫圈（垫片）的厚度尺寸来控制。箱盖上设有窥察孔，可检视齿轮的啮合情况及箱体内注入润滑油的情况。这是对此部件总装配的分析。

此部件装配的技术要求如下：

1）零件和组件必须正确安装在规定位置，不得装入图样中未规定的垫圈、衬套之类的零件。

2）固定联接件必须保证联接的牢固性。

3）旋转机构能灵活转动，轴承间隙合适，润滑良好，各密封处不得有漏油现象。

4）圆锥齿轮副、蜗轮与蜗杆的啮合侧隙和接触斑痕必须达到规定的技术要求。

5）运转平稳，噪声小于规定值。

6）部件达到热平衡时，润滑油和轴承的温度不得超过规定值。

二、减速器的装配工艺过程

装配的主要工作是：零件的清洗、整形和补充加工，零件的预装、组装和调整等。

（1）零件的清洗、整形和补充加工　为了保证部件的装配质量，在装配前必须对所要装的零件进行清洗、整形和补充加工。

1）零件的清洗主要是清除零件表面的防锈油、灰尘、切屑等污物。

2）零件的整形主要是修锉箱盖、轴承盖等铸件的不加工表面，使其与箱体结合后外形一致，同时修锉零件上的锐角、毛刺、因碰撞而产生的印痕等。

3）装配时的补充加工，主要是配钻、配攻螺纹、配铰，如箱盖与箱体、轴承与箱体、轴与轴上相对固定的零件等。

（2）零件的预装　零件的预装又称试装。为了保证装配工作的顺利进行，有些相配合的零件或相啮合的零件应先进行试装，待配合达到要求后再拆下。在试装过程中，有时需进行修锉、刮削、调整等工作。

（3）组件的装配　如图 8-11 所示，可以看出减速器由蜗杆轴组、蜗轮轴组和锥齿轮轴组三部分。虽然它们是三个独立的部分组成，但从装配角度分析，除锥齿轮轴组外，其余两根轴及其轴上所有零件，均不能单独进行装配。

如图 8-12 所示为锥齿轮轴组，其装入箱体部分的所有零件的外形直径尺寸均小于箱体孔的

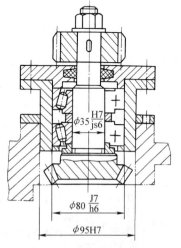

图 8-12　锥齿轮轴组

直径，可以进行先组装。

（4）锥齿轮轴组件的装配　如图 8-13 所示为锥齿轮轴组件装配单元系统图。

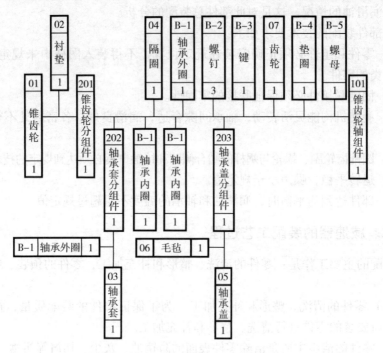

图 8-13　锥齿轮轴组件装配单元系统图

表 8-2 所列是锥齿轮轴组件装配工艺卡。

表 8-2　锥齿轮轴组件装配工艺卡

（锥齿轮轴组件装配图）			装配技术要求		
			（1）组装时，各装入零件应符合图样要求 （2）组装后锥齿轮应转动灵活，无轴向窜动		
工厂	装配工艺卡		产品型号	部件名称	装配图号
				轴承套	
车间名称	工段	班组	工序数量	部件数	净重
装配车间			4	1	
工序号	工步号	装配内容	设备	工艺装备		工人技术 等级	工序 时间
				名称	编号		
I	I	分组件装配：锥齿轮与衬垫的装配 以锥齿轮轴为基准，将衬套套装在轴上					

（续）

（锥齿轮轴组件装配图）			装配技术要求		
			（1）组装时，各装入零件应符合图样要求 （2）组装后锥齿轮应转动灵活，无轴向窜动		
工厂	装配工艺卡		产品型号	部件名称	装配图号
				轴承套	
车间名称	工段	班组	工序数量	部件数	净重
装配车间			4	1	

工序号	工步号	装配内容	设备	工艺装备		工人技术等级	工序时间
				名称	编号		
II	1	分组件装配：轴承盖与毛毡的装配 将已剪好的毛毡塞入轴承盖槽内		锥度心轴			
III	1	分组件装配：轴承套与轴承外圆的装配 用专用量具分别检查轴承套孔及轴承外圆尺寸	压力机	塞规卡板			
	2	在配合面上涂上全损耗系统用油					
	3	以轴承套为基准，将轴承外圆压入孔内至底面					
IV	1	轴承套组件装配 以锥齿轮组件为基准，将轴承套分组件套装在轴上	压力机				
	2	在配合面上加油，将轴承内圈压装在轴上，并紧贴衬垫					
	3	套上隔圈，将另一轴承内圈压装在轴上，直至与隔圈接触					
	4	将另一轴承外圈涂上油，轻压至轴承套内					
	5	装入轴承盖分组件，调整端面的高度使轴承间隙符合要求后，拧紧三个螺钉					
	6	安装平键，套装齿轮、垫圈，拧紧螺母，注意配合面加油					
	7	检查锥齿轮转动的灵活性及轴向窜动					

编号	日期	签章	编号	日期	签章	编制	移交	批准	第 张	共 张	

如图 8-14 所示为锥齿轮轴组件装配顺序示意图。

根据工艺卡要求，先进行分组件装配：

1）将衬垫装在锥齿轮轴上。

2）将轴承外圈按要求装在轴承套内。

3）将剪好的毛毡嵌入轴承盖槽内。

然后如图 8-14 所示顺序，根据表 8-2 所列要求，将轴组零件一一装上。其中螺钉若能在装好正齿轮后放入轴承盖螺钉孔内，则螺钉可最后在与箱体结合时再安装。

（5）减速器的总装与调试 在完成减速器各组件的装配后，即可进行总装工作。减速器的总装是从基准零件——箱体开始的。根据减速器的结构特点，采用先装蜗杆，后装蜗轮的装配顺序。

1）装配蜗杆轴。先将蜗杆轴组件（蜗杆与两端轴承内圈的组合）装入箱体，然后从箱体孔两端装入轴承外圈、再装上蜗杆伸出端的轴承盖组件，并用螺钉拧紧。这时轻敲蜗杆轴另一端，使伸出端的轴承消除间隙并与轴承盖贴紧。然后在另一端装入调整垫圈和轴承盖，并测量间隙 Δ，以确定垫圈的厚度，最后将上述零件装入，用螺钉拧紧。

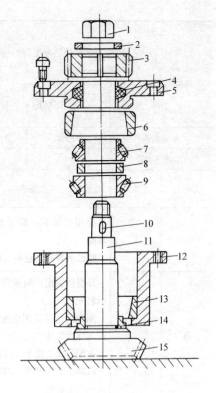

图 8-14　锥齿轮轴组件装配顺序示意图
1—螺母　2—垫圈　3—齿轮　4—毛毡
5—轴承盖　6、13—轴承外圈
7、9—轴承内圈　8—隔圈　10—键
11、15—锥齿轮　12—轴承套　14—衬垫

为了使蜗杆装配后保持 0.01 ~ 0.02mm 的轴向间隙，可用指示表在轴的伸出端进行检查，如图 8-15 所示。符合要求后，蜗杆轴可不必拆下。

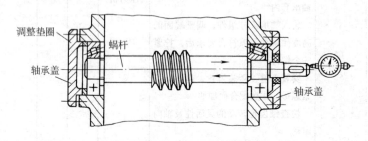

图 8-15　调整蜗杆轴的轴向间隙

2）蜗轮轴组件及锥齿轮组件的装配。装配蜗轮和锥齿轮，是减速器装配的

关键。装配后应满足两个基本要求：为了保证蜗杆副和锥齿轮副的正确啮合，蜗轮轮齿的对称平面应与蜗杆轴心线重合，两锥齿轮的轴向位置必须正确。从装配图可知，蜗轮轴向位置由轴承盖的预留调整量来控制；锥齿轮的轴向位置由调整垫圈的尺寸来控制。装配工作分两步进行：

① 预装。

a. 先将轴承内圈装入蜗轮轴大端，通过箱体孔，装上蜗轮、轴承外圈、轴承套（代替小端轴承，便于拆卸），如图8-16所示。移动轴，使蜗轮与蜗杆达到正确的啮合位置（可用涂色法来检查），测量尺寸H，并调整轴承盖的台肩尺寸为$H_{-0.02}^{\ 0}$mm。

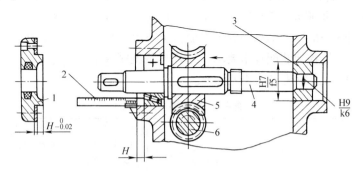

图8-16　调整蜗轮示意图

1—轴承盖　2—游标深度卡尺　3—轴承套（代替轴承）　4—轴　5—蜗轮　6—蜗杆

b. 如图8-17所示将有关零部件装入（后装锥齿轮轴组件），调整两锥齿轮轴向位置使其正确啮合。然后测量H_0和H_1，并将垫圈调整好，最后卸下各零件。

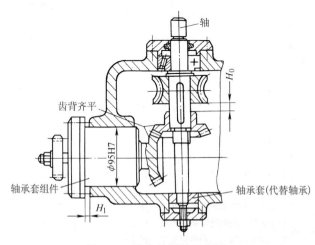

图8-17　锥齿轮调整示意图

② 最后装配。

a. 从大轴承孔方向将蜗轮轴装入，同时依次将键、蜗轮、调整垫圈、锥齿轮、止退垫圈、圆螺母装在轴上。从箱体两端轴承孔分别装入滚动轴承和轴承盖，用螺钉拧紧并调好间隙。装好后用手转动蜗杆轴，应灵活无阻滞现象。

b. 将锥齿轮轴组件和调整垫圈装入箱体，并用螺钉拧紧。

c. 安装联轴器，用涂色法空盘转动检验传动副的啮合情况，并作必要的调整。

d. 清理箱体内腔，安装箱盖，注入润滑油，最后上盖板，联接电动机。

e. 空转试机，先用手转动联轴器，一切符合要求后接上电源，用电动机带动空运转。试机30min左右后，观察运转情况。运转后，各项指标均符合技术要求，则达到热平衡时，轴承的温度及温升值不超过规定要求，齿轮和轴承无明显噪声并符合其他各项装配技术要求。这样总装就完成了。

表8-3所示为减速器总装工艺卡。

表8-3　减速器总装工艺卡

减速器总装图			装配技术要求			
			1. 零、组件必须正确安装，不得装入图样未规定的垫圈 2. 固定联接件必须保证将零、组件紧固在一起 3. 旋转机构必须转动灵活，轴承间隙合适 4. 啮合零件的啮合必须符合图样要求 5. 各轴线之间应有正确的相对位置			
工厂	装配工艺卡		产品型号	产品名称		装配图号
				减速器		
车间名称	工段	班组	工序数量	部件数		净重
装配车间			5	1		
工序号	工步号	装配内容	设备	工艺装备		工人等级
				名称	编号	工序时间
I	1 2 3 4 5	将蜗杆组件装入箱体 用专用量具分别检查箱体孔和轴承外圈尺寸 从箱体孔两端装入轴承外圈 装上右端轴承盖组件，并用螺钉旋紧，轻敲蜗杆轴端，使右端轴承消除间隙 装入调整垫圈的左端轴承盖，并用指示表测量间隙确定垫圈厚度，最后将上述零件装入，用螺钉旋紧，保证蜗杆轴向间隙为0.01~0.02mm	压力机	卡规 塞尺 指示表 表架		

（续）

减速器总装图			装配技术要求		
			1. 零、组件必须正确安装，不得装入图样未规定的垫圈 2. 固定联接件必须保证将零、组件紧固在一起 3. 旋转机构必须转动灵活，轴承间隙合适 4. 啮合零件的啮合必须符合图样要求 5. 各轴线之间应有正确的相对位置		
工厂	装配工艺卡		产品型号	产品名称	装配图号
				减速器	
车间名称	工段	班组	工序数量	部件数	净重
装配车间			5	1	

工序号	工步号	装配内容	设备	工艺装备 名称	编号	工人等级	工序时间
II	1	试装：用专用量具测量轴承、轴等相配零件的外圈及孔尺寸	压力机	卡规 塞尺 游标 深度 卡尺 内径 千分 尺			
	2	将轴承装入蜗轮轴两端					
	3	将蜗轮轴通过箱体孔，装上蜗轮、锥齿轮、轴承外圈、轴承套、轴承盖组件					
	4	移动蜗轮轴，调整蜗杆与蜗轮正确啮合位置，测量轴承端面至孔端面距离 H_1 并调整轴承盖台肩尺寸（台肩尺寸 $=H_{-0.02}^{0}$）					
	5	装入轴承套组件，调整两锥齿轮正确的啮合位置（使齿背齐平）					
	6	分别测量轴承套肩面与孔端面的距离 H_1，以及锥齿轮端面与蜗轮端面距离 H_0，并调好垫圈尺寸，然后卸下各零件					
III	1	最后装配：从大轴孔方向装入蜗轮轴，同时依次将键、蜗轮、垫圈、锥齿轮、带翅垫圈和圆螺母装在轴上，然后箱体轴承孔两端分别装入滚动轴承及轴承盖，用螺钉旋紧并调好间隙，装好后，用手转动蜗杆时，应灵活无阻滞现象	压力机				
	2	将轴承套组件与调整垫圈一起装入箱体，并用螺钉紧固					

（续）

减速器总装图				装配技术要求			
				1. 零、组件必须正确安装，不得装入图样未规定的垫圈			
				2. 固定联接件必须保证将零、组件紧固在一起			
				3. 旋转机构必须转动灵活，轴承间隙合适			
				4. 啮合零件的啮合必须符合图样要求			
				5. 各轴线之间应有正确的相对位置			
工厂		装配工艺卡		产品型号	产品名称		装配图号
					减速器		
车间名称		工段	班组	工序数量	部件数		净重
装配车间				5	1		
工序号	工步号	装配内容		设备	工艺装备		工人等级	工序时间
					名称	编号		
IV	1	安装联轴器及箱盖零件						
V		运转试验： 清理内腔，注入润滑油，连上电动机。接上电源，进行空转试车。运转30min左右，要求齿轮无明显噪声，轴承温度不超过规定要求以及符合装配后各项技术要求						
							共　张	
编号	日期	签章	编号	日期	签章	编制	移交	批准	第　张

◇◇◇ 第六节　装配尺寸链的概念

一、装配尺寸链

为了解决机床装配的某一精度问题，要涉及各零件的许多有关尺寸。例如：齿轮孔与轴配合间隙 A_0 的大小，与孔径 A_1 及轴径 A_2 的大小有关（见图8-18a）。又如齿轮端面和机体孔端面配合间隙 B_0 的大小，与机体孔端面距离尺寸 B_1、齿轮宽度 B_2 及垫圈厚度 B_3 的大小有关（见图8-18b）。再如机床溜板和导轨之间配合间隙 C_0 的大小，与尺寸 C_1、C_2 及 C_3 的大小有关（见图8-18c）。

如果把这些影响某一装配精度的有关尺寸彼此顺序地连接起来，就能构成一个封闭外形。所谓尺寸链，就是指这些相互关联尺寸的总称。

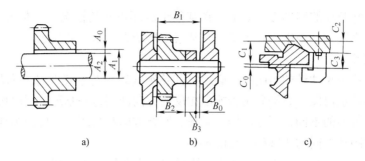

图 8-18　装配尺寸链

装配尺寸链有两个特征：

1）有关尺寸连接起来构成封闭外形。

2）构成这个封闭外形的每个独立尺寸的误差，都影响着装配精度。

运用尺寸链原理来分析机械的装配精度问题，是一种有效的方法。任何机械都由若干互相关联的零件和部件组成，这些零、部件的有关尺寸就反映着它们之间的彼此联系而形成尺寸链。所以从尺寸链的观点来看，整个机械就是一个彼此有着密切关系的尺寸链系统。

装配尺寸链可由装配图中找出，为了方便，通常不绘出该装配部分的具体结构，也不必按照严格的比例，而只需依次绘出各有关尺寸，排列成封闭外形的尺寸链简图（见图 8-19）。

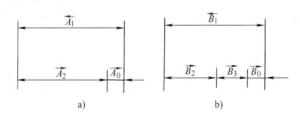

图 8-19　尺寸链简图

装配尺寸链中的专门术语：

组成尺寸链的各个尺寸简称环，每个尺寸链至少有三个环。

在尺寸链中，当其他尺寸确定后，新产生的一个环称为封闭环（或称终结环）。每个尺寸链中都有一个，而且只有一个封闭环，其余尺寸称组成环。封闭环常用 A_0、B_0 等表示。在装配尺寸链中，封闭环通常就是装配技术要求。同一尺寸链中的组成环，用同一字母表示，如 A_1、A_2、A_3；B_1、B_2、B_3 等。

增环和减环是指各组成环尺寸的变动，对封闭环所产生的影响是增大或减小的问题。如图 8-18a 所示孔径尺寸 A_1 增大，间隙 A_0 也增大；而当轴径尺寸 A_2 增大时，则间隙 A_0 将减小。所以尺寸链中组成环就分这两种。

增环和减环的判别方法如下：在其他组成环不变的情况下，某组成环增大，封闭环随之增大，该组成环为增环；某组成环增大，封闭环随之减小的，则该组成环为减环。

为了检查尺寸链的封闭性，必须绕其轮廓（顺时针或逆时针方向均可），由任一环为基准出发，看最后是否能以相反的方向回到这一基准。同时按这些环围绕时所指方向的不同，可分出增、减环。所指方向与封闭环相反的为增环，所指方向与封闭环相同的为减环，见图8-19。

解尺寸链方程时，同方向的环用同样的符号表示（＋或－）。例如，图8-18a 中的尺寸链方程为

$$A_1 - A_2 - A_0 = 0 \quad \text{或} \quad A_0 = A_1 - A_2$$

图8-18b 的尺寸链方程为

$$B_1 - B_2 - B_3 - B_0 = 0 \quad \text{或} \quad B_0 = B_1 - (B_2 + B_3)$$

由尺寸链简图及其方程可以看出，尺寸链封闭环的公称尺寸就是其各组成环公称尺寸的代数和。

上述装配尺寸链所涉及的都是尺寸精度问题，在有些情况下，还会遇到相互位置精度的装配工艺问题，例如平行度误差、垂直度误差等。

如图8-20 所示是为了保证铣床主轴轴线对于工作台面平行的有关尺寸链。与此装配技术要求有关的零件有升降台1、转台2、底座3、工作台4、床身5。

在建立该装配尺寸链时，要涉及平行度误差和垂直度误差的有关精度。为此，可先进行适当的误差变换，以统一误差的性质（即都化为平行环），然后就可列出尺寸链图及其方程。

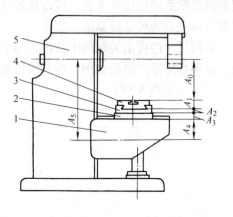

图8-20 平行度误差、垂直度误差的尺寸链示例
1—升降台 2—转台 3—底座 4—工作台 5—床身

为进行统一误差性质的变换，在图8-20 中，可作床身导轨面的理想垂线，并以此作为该装配尺寸链的基准线。这样便可使各个组成环都化为平行环，即工作台面对其导轨的平行度误差 A_1，转台导轨对其支承平面的平行度误差 A_3，底座上平面对其导轨的平行度误差 A_2，升降台水平导轨对床身理想垂线的平行度误差 A_4（未变换前为升降台水平导轨对其垂直导轨的垂直度误差）。主轴轴线对床身理想垂线的平行度误差 A_5（未变换前为主轴轴线对床身导轨的垂直度误

差），装配精度要求为封闭环 A_0。至此，即可列出其尺寸链图及其尺寸链方程，即

$$A_0 = A_5 - (A_1 + A_2 + A_3 + A_4)$$

经过这样变换之后，任何带有垂直度误差、平行度误差等环的装配尺寸链与尺寸的装配尺寸链之间并无本质的区别，所以分析方法也基本相同。

二、尺寸链的表现形式

尺寸链的表现形式，由其结构特征所决定，可分为下列几种：

1）按应用场合可分为零件尺寸链和装配尺寸链。

2）按尺寸链之间的联系方式可分为并联尺寸链、串联尺寸链及混合尺寸链。

3）按尺寸链在空间的位置可分为线性尺寸链、平面尺寸链、空间尺寸链及角度尺寸链。

现以装配中经常遇到的尺寸链的形式介绍一下：

1）并联尺寸链。几个尺寸链具有一个或几个公共环的联系状态，叫并联尺寸链。

如图 8-21 所示，是在垂直平面内为保证车床丝杠两端轴承中心线和开合螺母中心线对床身导轨等距问题的尺寸链 A 和 B。其中公共环 $A_1 = B_1$、$A_2 = B_2$。这两个尺寸链之间即形成了并联状态。其特点是，尺寸链中只要有一个公共环的尺寸发生变化，就会同时将这种影响带入所有相关的尺寸链中。所以装配先要从公共环开始，保证每一尺寸链能分别达到其所需的精度，不致相互牵连。按如图 8-21 所示的装配顺序，应先装溜板与溜板箱，确定公共环 A_1、B_1，A_2、B_2。调整或修配组成环 A_3 和 B_3，然后装进给箱和挂脚，以达到预期的精度，否则会增加工作量和修配难度。

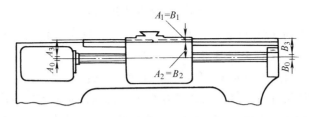

图 8-21 并联尺寸链示例

2）串联尺寸链的每一后继尺寸链，是从前一尺寸链的基面为开始的，这种联系状态叫串联尺寸链。这两个尺寸链有一个共同的基面。如图 8-22 所示为串联尺寸链。此为外圆磨床头架主轴轴线对工作台移动方向（O—O 方向）平行度误差的串联尺寸链。

串联尺寸链的特点是，如果 A 尺寸链中任一环的大小有所改变，后一尺寸链的基面位置也将相应地改变。因此装配时，必须先保证 A 尺寸链的精度，得出基准面 $a—a$ 的正确位置（即先保证 $a—a$ 面与 $O—O$ 方向的平行度要求），然后再由 $a—a$ 面控制后一尺寸链 B，得出 $b—b$ 轴线的必要位

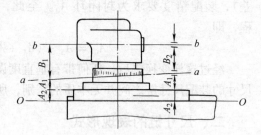

图 8-22　串联尺寸链示例

置（即保证头架主轴轴线与 $O—O$ 方向的平行度要求）。如果不考虑尺寸链 A 的精度，直接控制尺寸链 B，即使能在某一位置上保证 $b—b$ 轴线与 $O—O$ 方向的平行度要求，但只要头架绕其垂直轴线回转时，其平行度误差就会超差。

3）混合尺寸链是并联尺寸链与串联尺寸链的组合。该尺寸链中既有公共环的存在，又有公共基准的存在。如图 8-23 所示为混合尺寸链示例。

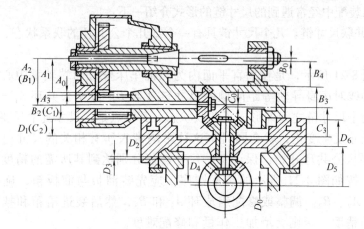

图 8-23　混合尺寸链示例

从图 8-24 所示混合尺寸链简图中可以看出，该尺寸链既有公共环 A_2、B_1，B_2、C_1，D_1、C_2；又有公共基准 $a—a$ 及 $b—b$。

尺寸链在空间位置分为线性尺寸链、平面尺寸链、空间尺寸链及角度尺寸链。

前面介绍的尺寸链，其各组成环互相平行排列，通常被称为线性尺寸链。

在实际机构中，由于存在各种定位结合关系，各尺寸不一定都平行排列。如果尺寸链封闭回路按角度关系排列在同一平面内或数个平面内，那么它就被称为平面尺寸链。如果尺寸回路成为空间排列，则被称为空间尺寸链。

三、装配尺寸链的封闭环公差

尺寸链封闭环公差的大小，是随着组成尺寸链的其余各环的公差大小而改

变的。

封闭环极限尺寸与各组成环极限尺寸之间的关系，可由下列假定得出：

1）所有增环都是最大极限尺寸，而所有减环都是最小极限尺寸。

2）所有增环都是最小极限尺寸，而所有减环都是最大极限尺寸。

显然，有第一种情况下，将得到封闭环最大极限尺寸；而在第二种情况下，将得到封闭环最小极限尺寸。用算式表示为

$$A_{0\max} = \sum_i^m \overset{\leftarrow}{A}_{i\max} - \sum_i^n \vec{A}_{i\min} \tag{8-1}$$

$$A_{0\min} = \sum_i^m \overset{\leftarrow}{A}_{i\min} - \sum_i^n \vec{A}_{i\max} \tag{8-2}$$

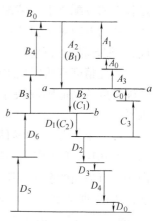

图 8-24　混合尺寸链简图

式中　$A_{0\max}$——封闭环最大极限尺寸（mm）；

　　　　$A_{0\min}$——封闭环最小极限尺寸（mm）；

　　　　$\overset{\leftarrow}{A}_{i\max}$——各增环最大极限尺寸（mm）；

　　　　$\overset{\leftarrow}{A}_{i\min}$——各增环最小极限尺寸（mm）；

　　　　$\vec{A}_{i\max}$——各减环最大极限尺寸（mm）；

　　　　$\vec{A}_{i\min}$——各减环最小极限尺寸（mm）；

　　　　m——增环数；

　　　　n——减环数。

式（8-1）与式（8-2）相减，可得封闭环公差

$$\delta_0 = \sum_{m+n} \delta_i \tag{8-3}$$

式中　δ_0——封闭环公差（mm）；

　　　　δ_i——各组成环公差（mm）。

由式（8-3）表明，封闭环公差等于各组成环公差之和。

◇◇◇ 第七节　装配精度和装配尺寸链的解法

一、装配精度

（1）装配精度概述　每一个组件、部件乃至每台产品装配完成后，都应满

足各自的装配要求。装配要求的内容很多，主要包括相对运动精度（如铣床工作台移动方向对主轴轴线的垂直度）、相互位置精度（如同轴度、垂直度和平行度）、配合精度（间隙或过盈的准确程度）等。

装配精度直接影响组件、部件及产品的工作性能、使用寿命和工作精度。而装配精度的高低则取决于被装配零件的加工精度、装配工艺方法及装配操作水平。

（2）装配精度和零件精度之间的关系　图8-25所示为 CA6140 型车床主轴局部装配简图，双联齿轮在轴向必须有适当的装配间隙，以保证转动灵活，又不致引起过大的轴向窜动，故规定轴向间隙为 $A_\Delta = 0.05 \sim 0.2mm$。与该项装配精度有关的装配尺寸链，如图8-25所示。其中，A_Δ 称为封闭环，即要求的装配间隙（或过盈），A_1、A_2、A_3、A_4、A_k 为组成环。从图上可以看出，为了满足装配要求，要使各组成环公差之和小于或等于封闭环的数值。这样，装配精度直接取决于各零件的加工精度，因此需要提高被装配零件的加工要求，这样就造成了加工困难，加大了制造成本。所以，大多数情况下是按经济加工精度加工零件，而在装配时则采用一定的工艺措施（选配、修配、调整等）来达到要求的

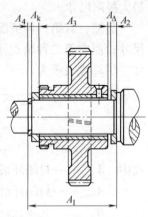

图8-25　CA6140 型车床主轴局部装配简图

装配精度。这样做既降低了零件加工精度，又满足了部件装配精度。装配精度完全依赖于零件加工精度的装配方法为完全互换法，装配精度不完全取决于零件加工精度的装配方法有选配法、修配法、调整法等。

对与某项装配精度有关的尺寸所组成的尺寸链进行正确的分析，根据装配精度（即封闭环公差）合理分配各组成环公差的过程，称为解尺寸链。它是保证装配精度，降低产品制造成本，正确选择装配方法的重要依据。

二、装配尺寸链的解法

装配工作的主要任务是保证机械在装配后达到规定的各项精度要求，从尺寸链角度看，就是解尺寸链，也就是使其达到尺寸链封闭环的预定精度。

解尺寸链的方法和装配方法是一致的，主要有以下几种：

1. 完全互换法的装配

采用完全互换法装配时，尺寸链中各环按规定公差加工后，不需经过任何选择和修整，就能保证其封闭环的预定精度。为了实现按完全互换法解尺寸，对尺寸链各环公差（极限偏差）需根据式（8-1）、式（8-2）、式（8-3）的极限关系来确定。其计算步骤如下：

1）绘出所需解的尺寸链简图，并列出尺寸链方程。

2）由封闭环公差值（根据机械或部件所规定的装配技术要求给出），按式（8-3）合理分配给各组成环。

3）按照一定的公差制度，确定各环上下偏差值，且能满足式（8-1）和式（8-2）。

例1 如图8-18b所示的装配单元。为了使齿轮能正常工作，要求装配后齿轮端面与机体孔端面之间有 0.1~0.3mm 的轴向间隙。已知各环基本尺寸为 $B_1 = 80$mm，$B_2 = 60$mm，$B_3 = 20$mm。试用完全互换法解此尺寸链。

解 1）画出尺寸链图（见图8-19b）。

2）列尺寸链方程式

$$B_0 = B_1 - (B_2 + B_3)$$

3）封闭环公差 $\delta_0 = 0.3\text{mm} - 0.1\text{mm} = 0.2\text{mm}$。

考虑到各环加工的难易不同，根据式（8-3）的关系，将 δ_0 适当分配给各组成环。取 $\delta_{B1} = 0.1\text{mm}$，$\delta_{B2} = 0.06\text{mm}$，$\delta_{B3} = 0.04\text{mm}$。

4）确定各环上下偏差，因 B_1 是增环，B_2、B_3 为减环，故取 $B_1 = 80^{+0.1}_{0}$mm，$B_2 = 60^{0}_{-0.06}$mm，为满足式（8-1）和式（8-2），对 B_3 的极限尺寸用式（8-1）和式（8-2）进行计算

$$B_{3\max} = B_{1\min} - (B_{2\max} + B_{0\min}) = 80\text{mm} - (60\text{mm} + 0.1\text{mm})$$
$$= 19.9\text{mm}$$

$$B_{3\min} = B_{1\max} - (B_{2\min} + B_{0\max})$$
$$= 80.1\text{mm} - (59.94\text{mm} + 0.3\text{mm})$$
$$= 19.86\text{mm}$$

即 $B_3 = 20^{-0.1}_{-0.14}$mm。

当尺寸链各环按上述计算算得的尺寸来制造，装配时就不需要任何选择和修整，就能保证达到预定的装配技术要求。

例2 在车床尾座装配图中，各组成环如图8-26所示，用完全互换法解尺寸链求证，各零件装配后螺母在顶尖套筒内的轴向窜动量能否控制在 0.25mm 以内？

解 1）绘出尺寸链图，见图8-26。

2）列出尺寸链方程，求 A_0 公差。

根据式（8-1）和式（8-2）得出

$$A_{0\max} = (60.074\text{mm} + 12.043\text{mm}) - (56.926\text{mm} + 14.95\text{mm})$$
$$= 0.241\text{mm}$$

$$A_{0\min} = (60\text{mm} + 12\text{mm}) - (57\text{mm} + 15\text{mm}) = 0$$

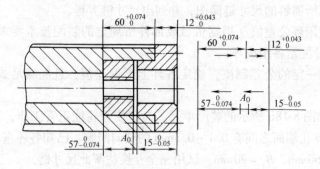

图 8-26 尾座套筒装配图

用完全互换法解尺寸链，得出封闭环最小偏差为零，最大偏差为 0.241mm。所以根据现有零件的精度装配，能满足装配技术要求。

2. 选择装配法

选择装配法是在保证尺寸链中已确定的封闭环公差的前提下，将组成环基本尺寸的公差，同方向扩大 N 倍，达到经济加工精度要求。然后按实际尺寸大小分成 N 组，根据大配大、小配小的原则，选择相对应的组别进行装配，以求达到规定的装配精度要求。

例 3 有一批轴、孔配合件，直径为 $\phi30$mm，装配间隙要求为 0.005 ~ 0.015mm。若采用完全互换法进行加工，则孔径应为 $\phi30_{0}^{-0.005}$mm，轴径为 $\phi30_{-0.01}^{-0.005}$mm，显然零件的加工精度要求很高，加工比较困难。如采用选择装配法，可将孔、轴直径公差均向同方向放大三倍，即孔径为 $\phi30_{0}^{+0.015}$mm，轴径为 $\phi30_{-0.01}^{+0.005}$mm。零件加工后，对孔、轴的实际尺寸进行精密测量，并按大小分成三组，分组装配的结果见表 8-4。

表 8-4 轴、孔的分组偏差及配合间隙　　　　（单位：mm）

组　别	标记颜色	孔径尺寸	轴径尺寸	配合情况	
				最大间隙	最小间隙
1	白	$\phi30_{+0.01}^{+0.015}$	$\phi30_{0}^{+0.005}$	0.015	0.005
2	绿	$\phi30_{+0.005}^{+0.01}$	$\phi30_{-0.005}^{0}$	0.015	0.005
3	红	$\phi30_{0}^{+0.005}$	$\phi30_{-0.01}^{-0.005}$	0.015	0.005

例 4 外圆磨床的尾座内孔尺寸为 $\phi60$mm，与套筒的配合间隙要求在 0.004 ~ 0.012mm 范围内，如图 8-27 所示，在小批量生产中，采用分组装配法，试解各组组成环的偏差值。

解 若用完全互换法加工零件，则孔径为 $\phi60_{0}^{+0.004}$mm，轴径为 $\phi60_{-0.008}^{-0.004}$mm，加工较困难。尾座内孔珩磨的经济公差为 0.02mm，即孔公差扩大五倍 $\phi60_{0}^{+0.02}$mm，则

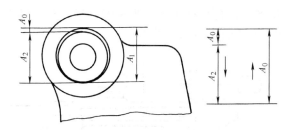

图 8-27　外圆磨床尾座

轴公差同时扩大五倍 $\phi 60^{+0.012}_{-0.008}$ mm。加工后分为五组进行装配，结果见表 8-5。

表 8-5　尾座孔与套筒的分组偏差及配合间隙　　　　（单位：mm）

组别	孔偏差 A_1	套筒偏差 A_2	配合间隙 A_0	组别	孔偏差 A_1	套筒偏差 A_2	配合间隙 A_0
1	$\phi 60^{+0.02}_{+0.016}$	$\phi 60^{+0.012}_{+0.008}$	0.004～0.012	4	$\phi 60^{+0.008}_{+0.004}$	$\phi 60^{\ 0}_{-0.004}$	0.004～0.012
2	$\phi 60^{+0.016}_{+0.012}$	$\phi 60^{+0.008}_{+0.004}$	0.004～0.012	5	$\phi 60^{+0.004}_{\ 0}$	$\phi 60^{-0.004}_{-0.008}$	0.004～0.012
3	$\phi 60^{+0.012}_{+0.008}$	$\phi 60^{+0.004}_{\ 0}$	0.004～0.012				

3. 修配法

修配法是将尺寸链各组成环按经济公差加工，并选定一个组成环预留修配量。装配时，用机械加工或钳工修配等方法对该环进行修配，来达到装配的精度要求。这个被预先规定要修配的组成环称为补偿环。

如图 8-28 所示为卧式车床主轴轴线与尾座孔轴线等高的装配尺寸链。要求装配精度 A_0 为 0.04mm（只许尾座高），影响其精度的有关组成环很多，且加工都较复杂。此时，各环可按经济可行的公差来制造，并选定较易修配的尾座底板作为补偿环。装配时，用刮削的方法来修配改变 A_2 的实际尺寸，使之达到装配的精度要求。

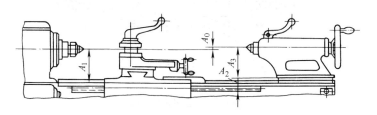

图 8-28　车床前后顶尖等高的尺寸链

对补偿环的修配加工，有时可在被装配机床自身上进行。如图8-29所示，在装配取得转塔车床旋转刀架装刀杆孔轴线与主轴旋转轴线的等高精度时，预选

A_1 作为补偿环，并将刀杆孔径做小些。当装配好后，在主轴上安装镗杆，用镗刀加工刀杆孔，即可使封闭环达到规定要求。

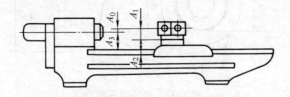

图 8-29　利用机床自身修配等高精度

用修配法解尺寸链的优点是：扩大了组成环的制造公差，能够得到较高的装配精度。其缺点是：增加了装配时的修配工作量和费用；修配时间和定额难以掌握，不便于组织流水线生产。因此，修配法只适用于单件小批生产中的多环高精度尺寸链。这一方法在机床制造中应用较多。

4. 调整法装配

用调整法解尺寸链与修配法基本类似，也是将组成环公差增大，便于零件加工。两者区别在于调整法不是用去除补偿环的多余部分来改变补偿环的尺寸。而是用调整的办法来改变补偿环尺寸，以保证封闭环的精度要求。

常用的补偿件有两种：

（1）可动补偿件　就是在尺寸链中能改变其位置（借移动、旋转或移动旋转同时进行）的零件，定期地或自动地进行调整，可使封闭环达到规定的精度。在机器中作为可动补偿件的有螺钉、螺母、偏心杆、斜面件、锥体件和弹性件等。如图 8-30 所示为利用带螺纹的端盖定期地调整轴承所需的间隙。如图 8-31 所示为利用弹簧来消除间隙的自动补偿装置。

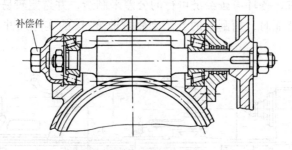

补偿件

图 8-30　定期调整补偿

（2）固定补偿件　就是按一定尺寸制成的，以备加入尺寸链的专用零件。装配时选择其不同尺寸，可使封闭环达到规定的精度。如图 8-32 所示，两固定补偿件用于使锥齿轮处于正确的啮合位置。装配时根据所测得的实际间隙大小，选择一合适的补偿环尺寸，即可使间隙增大或减小到所要求的范围。在机器中作为固定补偿件的零件有垫圈、垫片、套筒等。

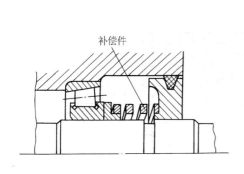

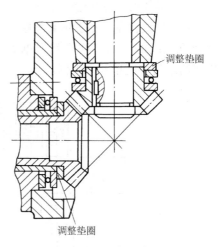

图 8-31　自动补偿　　　　　　　图 8-32　锥齿轮啮合间隙的调整

用调整法解尺寸链的优点如下：加大了组成环的制造公差，使制造容易；改变调整环尺寸能使封闭环达到任意精度；装配时不需修配，容易组织流水线生产；使用过程中可以调整调整环位置或更换调整环以恢复原有精度。它的缺点：有时要增加尺寸链组成环数量（调整件）；调整件有时会影响配合副的刚度。

三、编制装配单元系统图及解装配尺寸链实例

1. 根据如图 8-33 所示的轴组部件，编制装配单元系统图，并说明编制的方法和步骤。

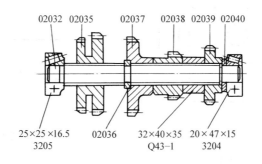

图 8-33　轴组结构件图

解　表示装配单元的装配先后顺序的图，称为装配单元系统图；其编制方法和步骤如下：

1）先画一条横线。

2）在横线的左端绘一小长方格，代表基础件。

3）横线的右端也绘一小长方格，代表装配的成品。

4）横线自左至右表示装配顺序，直接进行装配的零件画在横线的上面，组件画在横线的下面。这样就根据如图 8-33 所示轴组结构的装配顺序画出如图 8-34所示的装配单元系统图。

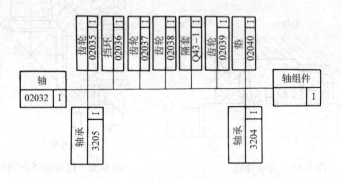

图 8-34　轴组装配单元系统图

2. 解尺寸链

（1）零件如图 8-35 所示，加工三个孔，计算加工后孔 1 和孔 2 之间、孔 1 和孔 3 之间的距离所能达到的尺寸精度。

解　1）孔 1 和孔 2 之间。

① 根据题意，孔 1 和孔 2 都是以 A 为基准，而直接获得的尺寸，孔 1 和孔 2 之间的距离间接获得，故为封闭环。尺寸 60mm 为增环，尺寸 20mm 为减环，画出尺寸链简图，见图 8-36。

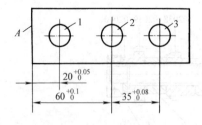

图 8-35　零件加工图

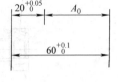

图 8-36　尺寸链简图

② 计算封闭环基本尺寸。

$$A_0 = 60\text{mm} - 20\text{mm} = 40\text{mm}$$

③ 计算封闭环极限尺寸。

$$A_{0\max} = 60.1\text{mm} - 20\text{mm} = 40.1\text{mm}$$

$$A_{0\min} = 60\text{mm} - 20.05\text{mm} = 39.95\text{mm}$$

所以 $A_0 = 40^{+0.10}_{-0.05}$mm

2）孔 1 和孔 3 之间。

① 根据题意绘制尺寸链简图，如图 8-37 所示，孔 1 和孔 3 之间的距离是间接获得的，为封闭环。尺寸 60mm 和尺寸 35mm 为增环，尺寸 20mm 为减环。

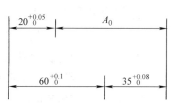

图 8-37 尺寸链简图

② 计算封闭环基本尺寸。

$$A_0 = 60\text{mm} + 35\text{mm} - 20\text{mm} = 75\text{mm}$$

③ 封闭环极限尺寸为

$$A_{0\text{max}} = 60.1\text{mm} + 35.08\text{mm} - 20\text{mm} = 75.18\text{mm}$$

$$A_{0\text{min}} = 60\text{mm} + 35\text{mm} - 20.05\text{mm} = 74.95\text{mm}$$

所以 $A_0 = 75^{+0.18}_{-0.05}$mm

（2）如图 8-38 所示套类零件，设计要求保证的尺寸是 50mm 和 10mm，在加工时因 $10^{\ 0}_{-0.35}$mm 测量比较困难，因此要通过测量大孔深度来加工此零件，求大孔深度的极限尺寸。

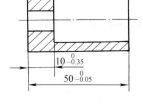

解 ① 根据题意绘出尺寸链简图。因工艺基准和设计基准不重合，直接获得的尺寸为 50mm 和大孔深度 A_2，所以确定 $10^{\ 0}_{-0.35}$mm 为封闭环，尺寸 50mm 为增环，A_2 为减环。

② A_2 的基本尺寸为

$$50\text{mm} - 10\text{mm} = 40\text{mm}$$

③ A_2 的极限尺寸为

图 8-38 零件加工图

$$A_{2\text{min}} = 50\text{mm} - 10\text{mm} = 40\text{mm}$$

$$A_{2\text{max}} = 49.95\text{mm} - 9.65\text{mm} = 40.30\text{mm}$$

所以 $A_2 = 40^{+0.35}_{-0.05}$mm

（3）如图 8-39 所示的装配单元，为了使齿轮正常工作，要求装配后齿轮端面和机体孔端面的轴向间隙在 0.1～0.3mm 之内。已知各环基本尺寸为 $B_1 = 80$mm，$B_2 = 60$mm，$B_3 = 20$mm，用完全互换法解此尺寸链。

解 绘制尺寸链简图，见图 8-40。

封闭环 $B_0 = 80\text{mm} - 60\text{mm} - 20\text{mm} = 0$

封闭环公差 $T_{0L} = 0.30\text{mm} - 0.10\text{mm} = 0.20\text{mm}$

分配给各组成环即：$T_1 = 0.10$mm、$T_2 = 0.06$mm

则 $T_3 = T_{0L} - T_1 - T_2 = 0.20\text{mm} - 0.10\text{mm} - 0.06\text{mm} = 0.04\text{mm}$

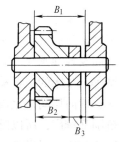

图 8-39 齿轮装配

这样便可得到 $B_1 = 80^{+0.10}_{0}$ mm

$B_2 = 60^{0}_{-0.06}$ mm

则 $B_{3max} = B_{1min} - (B_{2max} + B_{0min})$

$= 80\text{mm} - (60\text{mm} + 0.1\text{mm})$

$= 19.9\text{mm}$

$B_{3min} = B_{1max} - (B_{2min} + B_{0max})$

$= 80.1\text{mm} - (59.94\text{mm} + 0.3\text{mm})$

$= 19.86\text{mm}$

则 $B_3 = 20^{-0.10}_{-0.14}$ mm

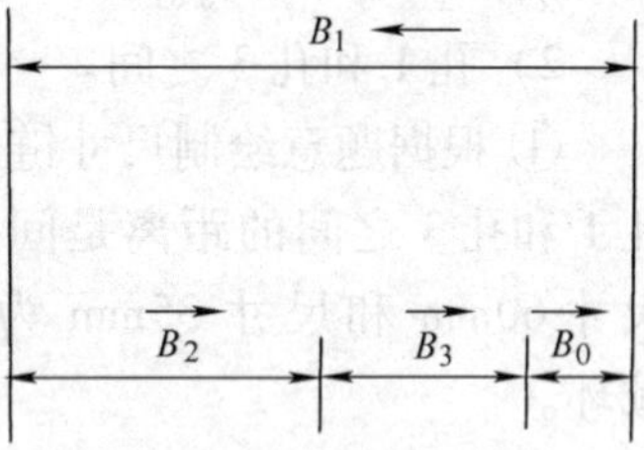

图 8-40 尺寸链简图

当 $B_3 = 20^{-0.10}_{-0.14}$ mm 去制造时，不需要任何修整，装上后能保持此装配单元的精度。

◇◇◇◇ 第八节   通用机床的工作原理和构造

金属切削机床是制造机器的机器，也称为工作母机或工具机，是机械加工的主要设备。机床的基本功能是为被切削的工件和使用的刀具提供必要的运动、动力和相对位置。在现代机械机械制造中，对于不同的用途和目的，所要求的机床种类和规格有很多。

在我国机械加工设备按加工性质和所使用的刀具可分为车床、铣床、磨床、镗床、钻床、刨床、插床、齿轮加工机床、螺纹加工机床、拉床、锯床等。按照机械加工设备万能性的程度，可将机床分为通用机床、专门化机床和专用机床。

之所以称为通用机床，是由于这类机床结构复杂、加工范围广，可以加工多种零件。例如卧式车床、立式车床、万能升降台立式铣床、卧式铣床以及内外圆磨床、平面磨床、工具磨床、螺纹磨床等。

一、车床

车床是机械加工中应用最广泛和最普遍的一种典型切削加工设备，可以实现多种转速的输出，主要用于加工各种回转体的内外圆柱面、圆锥面、环形槽、成形面及各种螺纹和蜗杆，还可用于钻孔、扩孔、铰孔、攻（套）螺纹、盘绕弹簧等。车床的主运动由工件随主轴旋转来实现，切削时的进给运动由刀架的纵向、横向移动来完成。机械产品中有回转表面的零件很多，而车床所适应的工艺范围又较广，所以卧式车床的运用最为普遍。CA6140 型卧式车床是较为常用的卧式车床（见图 8-41）。CA6140 型卧式车床由以下部件组成：

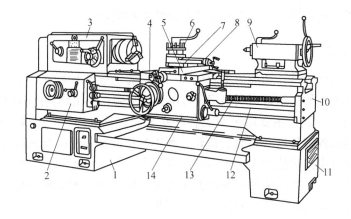

图 8-41 CA6140 型卧式车床

1、11—床腿 2—进给箱 3—主轴箱 4—床鞍 5—中滑板 6—刀架
7—回转盘 8—小滑板 9—尾座 10—床身 12—光杠 13—丝杠 14—溜板箱

1. 主轴箱

主轴箱 3 由箱体、主轴部件、传动轴、传动机构、开停制动装置和变速操作机构等组成，其功能是支承主轴并使主轴以工件所需要的速度和方向旋转。

2. 车床滑板与刀架

车床滑板由小滑板、中滑板、床鞍和刀架等部件组成。刀架 6 上有四条方槽可用于装夹四把车刀。床鞍用于实现纵向进给运动。中滑板用于车削外圆（或孔），可控制背吃刀量，还可用于车削端面，并可实现横向进给运动。小滑板用来纵向调节刀具位置和实现手动纵向进给运动。小滑板还可以相对中滑板偏转一定的角度，用于手动加工圆锥面。

3. 进给箱

进给箱 2 内装有进给运动的传动及操作装置，用来改变机动进给时的进给量或在加工螺纹时确定螺距（或导程）。

4. 溜板箱

溜板箱 14 安装在刀架部件底部，可以通过光杠或丝杠接受进给箱传来的运动，并将运动传给刀架部件，从而使车刀实现纵向、横向进给或车削螺纹的运动。

5. 尾座

尾座 9 安装在床身尾部导轨上，可沿其导轨纵向调整位置。尾座上可安装顶尖来支承较长或较重的工件，也可安装各种钻头和铰刀等。

6. 床身

床身 10 固定在左床腿 1、右床腿 11 上，用来支承其他部件，如主轴箱、溜板箱、滑板和尾座等，并使它们保持准确的工作位置。

二、铣床

铣床是用铣刀进行切削加工的机床，铣床的主运动由主轴上所装铣刀的旋转来实现，切削时的进给运动则根据零件加工的需要，由工作台的纵向、横向或升降移动来完成。铣床主要用于加工各种水平面、垂直面、T形槽、燕尾槽、键槽、螺旋槽和各种分齿（齿轮、链轮、棘轮和花键）零件以及成形面等。

铣床设备中按功能和作用的不同，可分为万能卧式铣床、立式铣床、龙门铣床和工具铣床等，按主轴的位置状态又可分为卧式铣床和立式铣床。X6132A型万能升降台铣床是常用的典型铣床（见图8-42）。

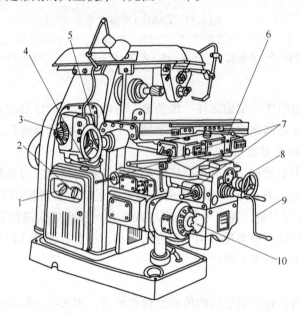

图 8-42 X6132A 型万能升降台铣床
1—机床总电源开关 2—机床冷却泵开关 3—主轴变速开关 4—主轴变速手柄
5—纵向手动进给手轮 6—纵向机动进给手柄 7—横向和升降机动进给手柄
8—横向手动进给手轮 9—升降手动进给手柄 10—进给变速转盘手柄

1. 底座

底座是铣床安装的基座，底座的上面安装床身、升降工作台等部件，底座内部可储存切削液。

2. 主轴部件

主轴为阶梯空心轴，主轴前端的 7:24 精密锥孔用于安装铣刀刀杆或铣刀，使其能准确定心，以保证刀杆有较高的旋转精度。在主轴的中心孔内可穿入拉杆以锁紧刀杆或铣刀。主轴前端面定位键用于定位主轴或刀具，并传递力矩。为使主轴前端具有较大的抵抗变形的能力，前端的直径应大于后端直径。

3. 变速操作机构

X6132A 型铣床的主运动和进给运动都采用孔盘变速操纵机构进行控制。通过变速主轴可获得 18 种速度，进给运动可获得 15 种速度。进给变速盘上所显示的数值是纵向工作台的进给速度，横向工作台的进给速度是此速度的 2/3，升降工作台的进给速度是此速度的 1/3。

4. 工作台进给操作机构

X6132A 型铣床进给运动的接通与断开是通过离合器来控制的，其中纵向进给运动的控制是通过端面离合器来实现的，控制垂直及横向进给运动的是电磁离合器。进给运动方向的改变是由进给电动机改变转向来实现的。为了操作方便，X6132A 型铣床具有复式操作系统。在机动状态时这三种运动不可联动。

5. 万能升降工作台机构

万能升降工作台机构是由纵向工作台、横向工作台和升降工作台三部分组成的。纵向工作台可沿横向工作台的燕尾导轨作纵向运动；横向工作台可沿升降工作台的矩形导轨作横向运动；升降工作台可沿床身的燕尾导轨作升降运动。在横向工作台中有圆周 T 形槽，根据加工零件的需要，纵向工作台可围绕圆周中心作 ±45°的旋转，用于加工螺旋状零件。

6. 立铣功能

X6132A 型铣床是卧式铣床，在需要的时候可将横梁推后，装上立铣头即可作为立式铣床来加工工件。

三、磨床

磨床是以磨具为工具进行磨削加工的机床，主要用于零件表面的精加工和较硬表面的加工。磨床加工的范围非常广泛，可以磨削内外圆柱面、圆锥面、平面、螺旋面和各种成形面，还可以刃磨刀具和切断等。

磨床的种类很多，按用途和工艺方法的不同，可以分为外圆磨床、内圆磨床、平面磨床和工具磨床等。在生产中运用最多的是内外圆磨床和平面磨床，其中 M1432A 型万能内外圆磨床（见图 8-43）是典型的通用磨床。

M1432A 型万能内外圆磨床由以下部件组成：

1. 床身

床身是磨床的基础支承件，用以支承和定位机床的各个部件。

2. 头架

头架用于装夹、定位工件，并带动工件作旋转运动。当头架旋转一个角度时，可以磨削短圆锥面。

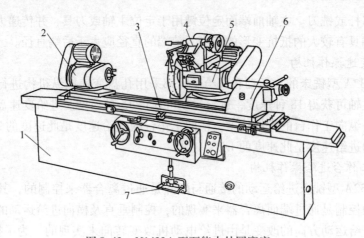

图 8-43　M1432A 型万能内外圆磨床

1—床身　2—头架　3—工作台　4—内圆磨具　5—砂轮架　6—尾座　7—脚踏操作板

3. 工作台

工作台由上、下两部分组成，上工作台可根据工件加工的需要调整至某个角度，用来磨削较小锥度的长圆锥面。工作台面上安装的头架和尾座随工作台一起沿床身作纵向往复运动。

4. 内圆磨具

当进行内圆磨削时，可将内圆磨具放下并固定。内圆磨具的主轴由独立的内圆砂轮电动机驱动。

5. 砂轮架

砂轮架安装在滑鞍上，用于支承砂轮，并使砂轮作高速旋转。可根据加工需要作 ±30° 的旋转，用来磨削短圆锥面工件。

6. 尾座

当磨削较长工件时，尾座上的后顶尖与头架上的前顶尖一起支承工件。

7. 滑鞍及横向进给机构

转动横向进给手轮，可通过横向进给机构带动滑鞍和砂轮架作横向移动。也可利用液压装置通过脚踏板使滑鞍和砂轮作快速进退或周期性自动切换进给。

◇◇◇ 第九节　CA6140 型卧式车床的主要部件与装配调整

一、CA6140 型卧式车床主轴部件的结构与装配调整

1. 主轴部件的结构

如图 8-44 所示为 CA6140 型卧式车床主轴部件的结构图。主轴是车床的主

要零件之一，它是一根空心阶梯轴，具有足够的刚度和较高的旋转精度。主轴前端的锥孔为莫氏 6 号锥度，用以安装顶尖和心轴。主轴前端为短锥法兰型结构，用来安装卡盘或夹具。主轴有 $\phi48mm$ 的通孔，用于通过长的棒料（一般在 $\phi47mm$ 以下）。同时在主轴上还安装有轴承、齿轮和其他零件。

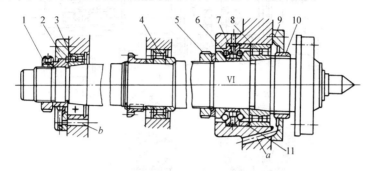

图 8-44　CA6140 型卧式车床主轴部件

1、5、10—螺母　2—端盖　3、4、6、8—轴承　7—垫圈　9—轴承盖　11—隔套

2. 主轴部件的装配调整

为了提高主轴的刚度和抗振性，采用三支承结构。前后支承各装有一个双列圆柱滚子轴承 8（内径为 105mm）和 3（内径为 75mm），中间支承处则装有一个双向推力角接触球轴承 6 用以承受左右两个方向的轴向力。向左的轴向力由主轴 Ⅵ 经螺母 10、轴承 8 的内圈、轴承 6 传至箱体。向右的轴向力由主轴经螺母 5、轴承 6、隔套 11、轴承 8 的外圈、轴承盖 9 传至箱体。轴承的调整方法如下：前轴承 8 可用螺母 5 和 10 调整。调整时先拧松螺母 10，然后拧紧带锁紧螺钉的螺母 5，使轴承 8 的内圈锥度为 1∶12 的薄壁锥孔相对主轴锥形轴颈向右移动。由于锥面的作用，薄壁的轴承内圈产生径向弹性膨胀，将滚子与内外圈之间的间隙消除。调整妥当后，再将螺母 10 拧紧。后轴承 3 的间隙可用螺母 1 调整。中间的轴承 4，其间隙不能调整。一般情况下，只要调整前轴承即可，只有当调整前轴承后仍不能达到要求的旋转精度时，才需调整后轴承。该主轴的精度要求为径向圆跳动和轴向窜动均不超过 0.01mm。

二、双向多片式摩擦离合器、闸带式制动装置及其操纵机构

双向摩擦离合器的作用是实现主轴起动、停止、换向及过载保护，它的结构如图 8-45 所示。它由若干内摩擦片和外摩擦片相间地套在轴Ⅰ上，内摩擦片的内孔是花键孔，套在轴Ⅰ的花键上作为主动片，外摩擦片的内孔是圆孔，空套在轴Ⅰ上。它的外缘上有四个凸起，刚好卡在齿轮一端的四个槽内作从动片。两端的齿轮是空套在轴Ⅰ上的，当压紧左面内外摩擦片时，左端齿轮随轴Ⅰ一起旋转；当压紧右端内外摩擦片时，右端齿轮随轴Ⅰ一起旋转；当左右两端内外摩擦

片均不压紧时，左右两端齿轮均不旋转。

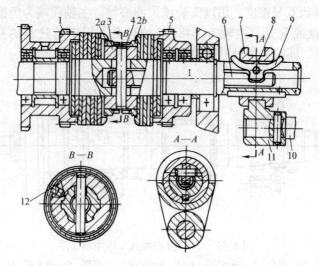

图 8-45　双向多片式摩擦离合器

1—双联齿轮　2—螺母　3—花键压套　4、8—销子　5—空套齿轮

6—杆　7—滑套　9—摆杆　10—齿条轴　11—齿条　12—定位销

闸带式制动装置的作用是：在摩擦离合器脱开、主轴停转过程中，用来克服主轴箱各运动件的惯性，使主轴迅速停止转动，以缩短辅助时间，其结构如图8-46所示。它由制动轮7、制动带6和杠杆4等组成。制动轮7是一钢制圆盘，

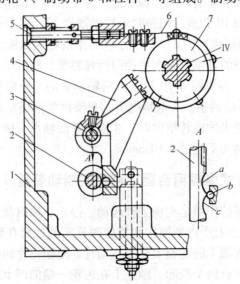

图 8-46　闸带式制动装置

1—主轴箱体　2、3—轴　4—杠杆　5—调节螺钉　6—制动带　7—制动轮

与传动轴Ⅳ用花键联接。制动带钢带的内侧固定着一层铜丝石棉，以增加摩擦因数。制动带绕在制动轮上，它的一端通过调节螺钉 5 与主轴箱体 1 联接，另一端固定在杠杆 4 的上端。杠杆通过操纵机构可绕轴 3 摆动，使制动带处于拉紧或放松状态，主轴便得到及时制动或松开。

摩擦离合器和制动装置是联动操纵的，其操纵机构如图 8-47 所示。当向上扳动手柄 6 时通过由杠杆机构 7、8 和 9 组成的杠杆机构使轴 10 和齿扇 11 顺时针转动。传动齿条轴 12 及固定在其左端的拨叉 13 右移，拨叉又带动滑套 3 右移时，依靠其内孔的锥形部分将摆杆 9（见图 8-45）的右端下压，使它绕销子 8 顺时针摆动。其下部凸起部分便推动装在轴Ⅰ内孔中的杆 6 向左移动，再通过固定在杆 6 左端的销子 4，使花键压套 3 和螺母 2a 向左压紧左面一组摩擦片，将定套双联齿轮 1 与轴Ⅰ联接，于是主轴起动沿正向旋转。向下扳动手柄时，齿条轴 10 带动滑套 7 左移，摆杆 9 逆时针摆动，杆 6 向右移动，带动花键压套 3 和螺母 2b 向右压紧右面一组摩擦片。将空套齿轮 5 与轴Ⅰ联接，于是主轴起动沿反向旋转。手柄 6（见图 8-47）扳至中间位置时，齿条轴 12 和滑套 3 也都处于中间位置，双向摩擦离合器的左右两组摩擦片都松开，传动链断开，主轴停止旋转。此时，齿条轴 12 上的凸起部分压着制动器杠杆的下端，将制动带 6（图 8-46）拉紧，于是主轴被制动，迅速停止旋转。而当齿条轴移向左端或右端位置，使摩擦离合器接合，主轴起动时，圆弧形凹入部分与杠杆 4 接触、制动带松开、主轴不受制动作用。

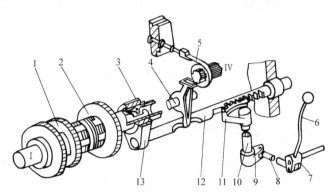

图 8-47　主轴开停及制动操纵机构

1—双联齿轮　2—空套齿轮　3—滑套　4—销子　5—杆　6—手柄

7、8、9—杠杆机构　10—轴　11—齿扇　12—齿条轴　13—拨叉

制动时，制动带的拉紧程度，可用主轴箱后箱后壁上的调节螺钉 5（图 8-46）进行调整。在主轴转速 300r/min 时，能在 2～3 转时间内完全制动，而开机时制动带将完全松开。内外摩擦片的压紧程度要适当，过松，不能传递足够的转

矩，摩擦片易打滑发热，主轴转速降低甚至停转；过紧，操纵费力。其调整方法是先将定位销12压出螺母2的缺口（见图8-45中*B—B*断面），然后旋转螺母2，即可调整摩擦片间的间隙。调整后，让定位销弹出，重新卡入螺母的另一缺口内，使螺母定位防松。

三、开合螺母机构

开合螺母用来接通丝杠传来的运动。它由上下两个半螺母1和2组成（图8-48），装在溜板箱体后壁的燕尾形导轨中，可上下移动。上下半螺母的背面各装有一个圆柱销3，其伸出端分别嵌在槽盘4的两条曲线槽中。扳动手柄6，经轴7使槽盘逆时针转动（图8-48b），曲线槽迫使两圆柱销互相靠近带动上下半螺母合拢，与丝杠啮合，刀架便由丝杠螺母经溜板箱传动而移动。槽盘顺时针转动时，曲线槽通过圆柱销使两半螺母分离，与丝杠脱开，刀架便停止进给。

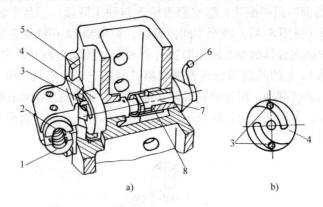

图 8-48　开合螺母机构
1、2—开合螺母　3—圆柱销　4—槽盘　5—机体　6—手柄　7—轴　8—固定套

四、纵、横向机动进给操作机构

纵、横向机动进给运动的接通、断开及其变向由一个手柄集中操纵，而手柄扳动方向与刀架运动方向一致，使用比较方便。如图8-49所示为其结构图，向左或右扳动手柄1，使手柄座3绕着销钉2摆动（销钉2装在轴向固定的轴23上）。手柄座下端的开口槽通过球头销4拨动轴5轴向移动，再经杠杆10和连杆11使凸轮12转动，凸轮上的曲线槽又通过销钉13带动轴14以及固定在它上面的拨叉15向前或向后移动。拨叉拨动离合器M8，使之与轴XXⅧ上的相应空套齿轮啮合，于是纵向机动进给运动接通，刀架相应地向左或向右移动。

向后或向前扳动手柄1，通过手柄座3使轴23以及固定在它左端的凸轮22转动时，凸轮上的曲线槽通过销钉19使杠杆20绕轴销21摆动，再经杠杆20上

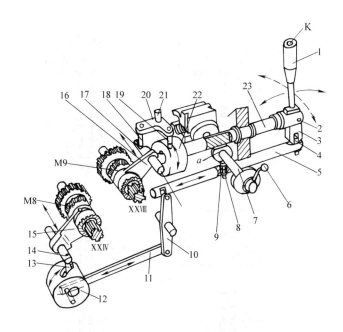

图 8-49 纵、横向机动进给操纵机构

1、6—手柄 2、13、18、19—销钉 3—手柄座 4、8、9—球头销

5、7、14、17、23—轴 10、20—杠杆 11—连杆

12、22—凸轮 15、16—拨叉 21—轴销

的另一销钉 18 带动轴 17 以及固定在其上的拨叉 16 轴向移动。拨叉拨动离合器 M9，使之与轴ⅩⅩⅣ上的相应空套齿轮啮合，于是横向机动进给运动接通，刀架相应地向前或向后移动。

手柄 1 扳至中间直立位置时，离合器 M8 和 M9 处于中间位置，机动进给传动链断开。

当手柄扳至左、右、前、后任一位置，如按下装在手柄 1 顶端的按钮 K，则快速电动机起动，刀架便在相应方向上快速移动。

五、互锁机构

互锁机构的作用是使机床在接通机动进给时，开合螺母不能合上；反之在合上开合螺母时，机动进给就不能接通。

如图 8-50 所示为 CA6140 型车床溜板箱中互锁机构的工作原理图，是图8-49 的局部放大图。它由开合螺母操纵手柄轴 6 上的凸肩 a、固定套 4 和机动操纵机构轴 1 上的球头销 2、弹簧 7 等组成。

如图 8-50a 所示为停机位置，即机动进给（或快速移动）未接通，开合螺母处于脱开状态。这时，可以任意接合开合螺母或机动进给。如图 8-50b 所示为合

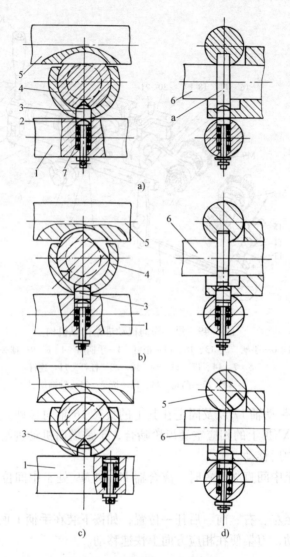

图 8-50 互锁机构工作原理

1、5、6—轴 2、3—球头销 4—固定套 7—弹簧

上开合螺母时的情况，这时由于手柄轴 6 转过一个角度，它的平轴肩旋入到轴 5 的槽中，使轴 5 不能转动。同时，轴 6 转动使 V 形槽转过一定角度，将装在固定套 4 横向孔中的球头销 3 往下压，使它的下端插入轴 1 的孔中，将轴 1 锁住，使其不能左右移动。所以，当合上开合螺母时，机动进给手柄即被锁住。如图 8-50c 所示为向左、右扳动机动进给手柄，接通纵向机动进给时，由于轴 1 沿轴向移动了位置，其上的横孔不再与球头销 3 对准，使球头销不能往下移动，因而轴 6 被锁住，开合螺母不能闭合。如图 8-50d 所示为前后扳动机动进给手柄，接

通横向机动进给时，由于轴5转动了位置，其上面的沟槽不再对准轴6上的凸肩a，使轴6无法转动，开合螺母也不能闭合。

六、安全离合器和超越离合器

在CA6140型卧式车床溜板箱中的轴XXⅡ上，安装有单向超越离合器（如图8-51所示的M6）和安全离合器（如图8-51所示的M7）。超越离合器的作用，是在机动慢进和快进两个运动交替作用时，能实现运动的自动转换。安全离合器的作用，是当进给阻力过大或刀架移动受阻时，能自动断开机动进给传动链，使刀架停止进给，避免传动机构损坏。

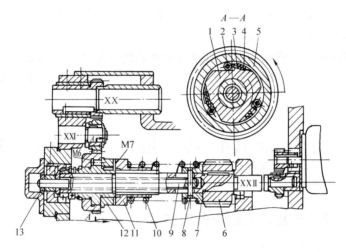

图 8-51　安全离合器和超越离合器

1—星形体　2—圆柱滚子　3—弹簧销　4、10—弹簧　5—外环　6—齿轮
7—弹簧座　8—横销　9—拉杆　11、12—螺旋形齿爪　13—螺母

超越离合器的结构见图8-51中的 A—A 断面。它由星形体1、三个圆柱滚子2、三个弹簧4以及带齿轮的外环5组成。外环空套在星形体上，当慢速运动由轴XX经齿轮副使外环按图示逆时针方向旋转时，依靠摩擦力能使滚子楔紧在外环5与星形体1之间，带动星形体一起转动，并把运动传给安全离合器M7，再通过花键传给轴XXⅡ，实现正常的机动进给。当按下快速电动机按钮时，轴XXⅡ及星形体1得到一种与外环转向相同，而转速快得多的旋转运动。这时滚子与外环和星形体之间的摩擦力，使滚子向楔形槽的宽端滚动，从而脱开外环与星形体之间的传动联系。这时光杠XX及齿轮虽然仍在旋转，但不再传动轴XXⅡ。因此，刀架快速移动时，无须停止光杠的传动。

安全离合器M7由端面带螺旋形齿爪的左右两半部12和11组成。其左半部12用键固定在超越离合器的星形体1上，右半部11与轴XXⅡ用花键联接。正常

工作时，在弹簧10的压力作用下，离合器左右两半部相互啮合。由光杠传来的
运动，经齿轮副、超越离合器和安全离合器传至轴 XXII 和蜗杆。此时安全离合器
螺旋齿面上产生的轴向分力 $F_轴$ 小于弹
簧压力（图8-52）。刀架上的载荷增大
时，通过安全离合器齿爪传递的转矩，
以及产生的轴向分力都将随之增大。当
轴向分力 $F_轴$ 超过弹簧10（图8-51）的
压力时，离合器右半部分将压缩弹簧向
右移动，与左半部分脱开，安全离合器

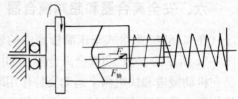

图8-52　安全离合器工作原理

打滑，于是机动进给传动链断开，刀架停止进给。过载现象消除后，弹簧使安全
离合器重新自动接合，恢复正常工作。

机床许用的最大进给力，可以通过对弹簧的调定压力来控制。利用螺母13
（图8-51）通过拉杆9和横销8调整弹簧座7的轴向位置，可调整弹簧的压力
大小。

◆◆◆◆ 第十节　卧式车床总装前的准备工作、总装配顺序和工艺要点

一、卧式车床总装前的准备工作

1. 工具和量具的准备

（1）平尺　平尺主要用作导轨的刮研和测量的基准。主要有桥形平尺、平
行平尺及角形平尺三种。

（2）方箱和直角尺　方箱和直角尺是用来检查机床部件之间的垂直度误差
的重要量具。

（3）垫铁　在机床制造和修理工作中，垫铁是一种检验导轨精度的通用工
具，主要用作水平仪及指示表架等测量工具的垫铁。

（4）检验棒　检验棒主要用来检查机床主轴套筒类零件的径向圆跳动误差、
轴向窜动误差、同轴度误差、平行度误差、主轴与导轨的平行度误差等，是机床
装修工作中常备的工具之一。

检验棒按主轴的结构及检验项目不同，可以做成不同的结构形式。

（5）检验桥板　检验桥板是检查导轨面间相互位置精度的一种工具，一般
与水平仪结合使用。按照不同形状的导轨，可以做成不同结构的检验桥板。

（6）水平仪　水平仪是机床装修中最常用的测量仪器，主要用来测量导轨
在垂直平面内的直线度误差、工作台面的平面度误差及零件间垂直度和平行度等

误差。有条形水平仪、框式水平仪和合像水平仪等。

2. 装配顺序的确定原则

车床零件经过补充加工，装配成组件、部件（如主轴箱、进给箱、溜板箱）后即进入总装配。其装配顺序，一般可按下列原则进行。

1）首先选择正确的装配基面。这种基面大部分是床身的导轨面，因为床身是车床的基准支承件，上面安装着车床的各主要部件，且床身导轨面是检验机床各项精度的检验基准。因此，机床的装配，应从装置床身并取得所选基准面的直线度误差、平行度误差及垂直度误差等。

2）在解决没有相互影响的装配精度时，其装配先后以简单方便来定。一般可按先下后上先内后外的原则进行。例如在装配车床时，如果先解决车床的主轴箱和尾座两顶尖的等高度误差，或者先解决丝杠与床身导轨的平行度误差在装配顺序的先后，是没有多大关系的，问题是在于能简单方便地顺利进行装配就行。

3）在解决有相互影响的装配精度时，应先装配确定好一个公共的装配基准，然后再按次达到各有关精度。

4）关于导轨部件，在通过刮削来达到其装配精度时，其装配顺序可按导轨的装配来进行。

3. 控制装配精度时应注意的几个因素

为了保证机床装配后达到各项装配精度要求，在装配时，必须注意以下几个因素的影响，并在工艺上采取必要的补偿措施。

（1）零件刚度对装配精度的影响　由于零件刚度不够，装配后受到机件的重力和紧固力而产生变形。例如在车床装配时，将进给箱、溜板箱等装到床身上后，床身导轨的精度会受到重力影响而变形。因此，必须再次校正其精度，才能继续进行其他的装配工序。

（2）工作温度变化对装配精度的影响　机床主轴与轴承的间隙，将随温度的变化而变化，一般都应调整到使主轴部件达到热平衡时具有合理的最小间隙为宜。又如机床精度一般都是指机床在冷车或热车（达到机床热平衡的状态）状态下都能满足的精度。由于机床各部位受热温度的不同，将使机床在冷车下的几何精度与热车下的几何精度有所不同。实验证明，机床的热变形状态主要决定于机床本身的温度场情况。对车床受热变形影响最大的是主轴轴心线的抬高和在垂直面内的向上倾斜，其次是由于机床床身略有扭曲变形，使主轴轴心线在水平向内倾斜些。因此在装配时必须掌握其变形规律，对其公差带进行不同的压缩。

（3）磨损的影响　在装配某些组成环的作用面时，其公差带中心坐标，应适当偏向有利于抵偿磨损的一面。这样可以延长机床精度的使用期限。例如，车床主轴顶尖和尾座顶尖对溜板移动方向的等高度，就只许尾座高。车床床身导轨在垂直平面内的直线度误差，只许凸。

二、卧式车床总装配顺序及其工艺要点

1. 在床腿上装置床身

1）将床身装到床腿上时，必须先做好结合面的去毛刺倒角工作，以保证两零件的平整结合，避免在紧固时产生床身变形的可能，同时在整个结合面上垫以纸垫防漏。

2）对床身已由磨削来达到精度时，将床身置于可调的机床垫铁上（垫铁应安放在机床地脚螺孔附近），用水平仪指示读数来调整各垫铁。使床身处于自然水平位置，并使溜板用导轨的扭曲误差至最小值。各垫铁应均匀受力，使整个床身搁置稳定。

3）当床身的几何精度由刮削来达到时，此时即可进行导轨面的刮削工作。

2. 床身导轨的精度要求

床身导轨是确立车床主要部件位置和刀架运动的基准，也是总装配的基准部件，应予重视。

1）溜板用导轨的直线度公差，在垂直平面内，全长为 0.02mm，在任意长 250mm，测量长度上的局部公差为 0.0075mm，只许凸。

2）溜板用横向导轨应在同一平面内，水平仪的变化公差：全长为 0.04mm/1000mm。

3）尾座移动对溜板移动的平行度公差，在垂直和水平面内全长均为 0.03mm，在任意 500mm 测量长度上的局部公差均为 0.02mm。

4）床身导轨在水平平面内的直线度公差，在全长上为 0.02mm。

5）溜板用导轨与下滑面的平行度公差全长为 0.03mm，在任意 500mm 测量长的局部公差为 0.02mm，只许车头处厚。

6）导轨面的表面粗糙度值，用磨削时高于 $Ra1.6\mu m$，用刮削时每 25mm × 25mm 面积内不少于 10 点。

3. 溜板的配制和安装前后压板

溜板部件是保证刀架直线运动的关键。溜板上、下导轨面分别与床身导轨和刀架下滑座配刮完成。溜板配刮步骤如下：

1）将溜板放在床身导轨上，以刀架下滑座的表面 2、3 为基准，配刮溜板横向燕尾导轨表面 5、6，如图 8-53 所示。

表面 5、6 配刮后应满足对横丝杠孔 A 的平行度要求，其误差在全长上不大于 0.02mm。测量方法如图 8-54 所示，在 A 孔中插入检验心轴，指示表吸附在角度平尺上，分别在心轴上素线及侧素线上测量其平行度误差。

2）修刮燕尾导轨面 7，保证其与表面 6 的平行度要求，以保证刀架横向移动的顺利。可以用角度平尺或下滑座为研具刮研。用如图 8-55 所示方法检查：

将测量圆柱放在燕尾导轨两端，用千分尺分别在两端测量，两次测得读数差就是平行度误差，在全长上不大于 0.02mm。

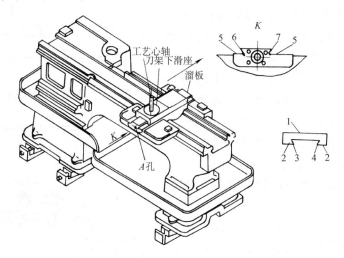

图 8-53　刮研溜板上导轨

1、2、3、4、5、6、7—导轨面

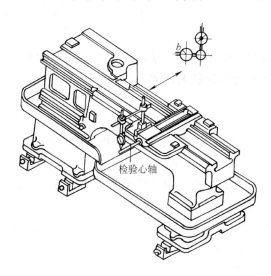

图 8-54　测量溜板上导轨对横丝杠孔的平行度误差

3）配镶条的目的是使刀架横向进给时有准确间隙，并能在使用过程中，不断调整间隙，保证足够寿命。镶条按导轨和下滑座配刮，使刀架下滑座在溜板燕尾导轨全长上移动时，无轻重或松紧不均匀的现象。并保证大端有 10～15mm 调整余量。燕尾导轨与刀架下滑座配合表面之间用 0.03mm 塞尺检查，插入深度不大于 20mm。

4）配刮溜板下导轨时，以床身导轨为基准刮研溜板与床身配合的表面至接触点10~12点/（25mm×25mm），并按图8-56所示检查溜板上、下导轨的垂直度误差。测量时，先纵向移动溜板，校正床头放的三角形直角尺的一个边与溜板移动方向平行。然后将指示表移放在刀架下滑座上，沿燕尾导轨全长上向后方移动，要求指示表读数由小到大，即在300mm长度上公差为0.02mm。超过公差时，刮研溜板与床身结合的下导轨面，直至合格。

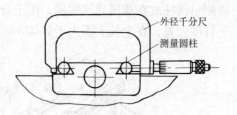

图8-55　测量燕尾导轨的平行度

刮研溜板下导轨面达到垂直度要求的同时，还要保证溜板箱安装面的两项要求：

① 在横向与进给箱、托架安装面垂直，要求公差为每100mm长度上为0.03mm。

② 在纵向与床身导轨平行，要求在溜板箱安装面全长上指示表最大读数差不得超过0.06mm。

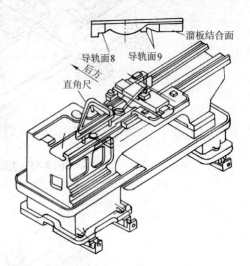

图8-56　测量溜板上、下导轨的垂直度误差

溜板与床身的拼装，主要是刮研床身的下导轨面及配刮溜板两侧压板。保证床身上、下导轨面的平行度要求，以达到溜板与床身导轨在全长上能均匀结合，平稳地移动，加工时能得到合格的表面粗糙度。

如图8-57所示，装上两侧压板并调整到适当的配合，推研溜板，根据接触情况刮研两侧压板，要求接触点为6~8点/（25mm×25mm）。全部螺钉调整紧固后，用200~300N推动溜板在导轨全长上移动应无阻滞现象。用0.04mm塞尺检查密合程度，插入深度不大于10mm。

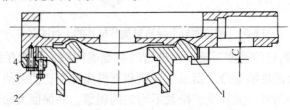

图8-57　床身与溜板的拼装

1—内侧压板　2—调节螺钉　3—紧固螺钉　4—外侧压板

4. 安装齿条

1）用夹具把溜板箱试装在装配位置，塞入齿条，检验溜板箱纵向进给，用小齿轮与齿条的啮合侧隙大小来检验。正常的啮合侧隙应在 0.08mm。

2）在侧隙大小符合要求后，即可将齿条用夹具夹持在床身上，钻、攻床身螺纹和钻、铰定位销孔，对齿条进行固定。此时要注意两点：

① 齿条在床身上的左右位置，应保证溜板箱在全部行程上能与齿条啮合。

② 由于齿条加工工艺的限制，车床整个齿条大多数是由几根短齿条拼接装配而成。为保证相邻齿条接合处的齿距精度，必须用标准齿条进行跨接校正。校正后在两根相接齿条的接合端面处应有 0.1mm 左右的间隙。

5. 安装进给箱、溜板箱、丝杠、光杠及后支架

装配的相对位置要求，应使丝杠两端支承孔中心线和开合螺母中心线，对床身导轨的等距误差小于 0.15mm。用丝杠直接装配校正，工艺要点如下：

1）初装方法。首先用装配夹具初装溜板箱在溜板下，并使溜板箱移至进给箱附近，插入丝杠，闭合开合螺母，以丝杠中心线为基准来确定进给箱初装位置的高低。然后使溜板箱移至后支架附近，以后支架位置来确定溜板箱进出的初装位置。

2）进给箱的丝杠支承中心线和开合螺母中心线，与床身导轨面的平行度误差，可校正各自的工艺基面与床身导轨面的平行度误差来取得。

3）溜板箱左右位置的确定，应保证溜板箱齿轮与横丝杠齿轮具有正确的啮合侧隙，其最大侧隙量应使横进给手柄的空装量不超过 1/3 转为宜。同时，纵向进给手柄空转量也不超过 1/3 转为宜。

4）安装丝杠、光杠时，其左端必须与进给箱轴套端面紧贴，右端与支架端面露出轴的倒角部位紧贴。当手动旋转光杠时，能灵活转动和出现忽轻忽重现象，然后再开始用指示表检验调整。

5）装配精度的检验如图 8-58 所示。用专用检具和指示表，开合螺母放在丝杠中间位置，闭合螺母，在 Ⅰ、Ⅱ、Ⅲ 位置（近丝杠支承和开合螺母处）的上素线 b 和侧素线 a 上检验。为消除丝杠弯曲误差对检验的影响，可旋转丝杠180°再检验一次，各位置两次读数代数和之半就是该位置对导轨的相对距离。三个位置中任意两位置对导轨相对距离之最大差值，就是等距的误差值。

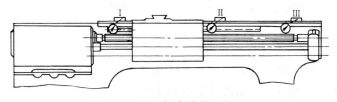

图 8-58　用丝杠直接装配校正

6）装配时公差的控制，应尽量压缩在精度所规定公差的2/3以内，即最大等距误差应控制在0.1mm之内。

7）取得精度的装配方法，在垂直平面内是以开合螺母孔中心线为基准，用调整进给箱和后支架丝杠支承孔的高低位置来达到精度要求。在水平面内是以进给箱的丝杠支承孔中心线为基准、前后调整溜板箱的进出位置来达到精度要求。

8）当达到要求后，即可进行钻孔、攻螺纹，并用螺钉作联接固定。然后对其各项精度再复校一次，最后即可钻铰定位销孔，用锥销定位。

6. 安装操纵杆前支架、操纵杆及操纵杆手柄

保证操纵杆对床身导轨在两垂直平面内的平行度要求。要保证平行度的要求，是以溜板箱中的操纵杆支承孔为基准，通过调整前支架的高低位置和修刮前支架与床身结合的平面来取得。至于在后支架中操纵杆中心位置的误差变化，是以增大后支架操纵杆支承孔与操纵杆直径的间隙来补偿。

7. 安装主轴箱

保证主轴轴线对溜板移动方向在两垂直平面内的平行度公差。要求为：在垂直平面内为0.02mm/300mm；在水平面内为0.015mm/300mm；且只许向上偏和向前偏。

8. 尾座的安装

主要通过刮研尾座底板，使其达到精度要求。

9. 安装刀架

小滑板部件装配在刀架下滑座上，如图8-59所示方法测量小滑板移动时对主轴轴线的平行度。

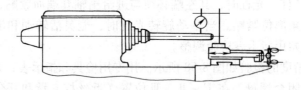

图8-59 小滑板移动对主轴轴线的平行度误差测量

测量时，先横向移动滑板，使指示表触及主轴锥孔中插入的检验心轴上素线最高点。再纵向移动小滑板测量，误差在300mm测量长度上为0.04mm。若超差，通过刮削小滑板与刀架下滑座的结合面来修整。

10. 安装电动机

调整好两带轮中心平面的位置精度及V带的预紧程度。

11. 安装交换齿轮架及其安全防护装置

12. 完成操纵杆与主轴箱的传动联接系统

复习思考题

1. 什么是静不平衡？什么是动不平衡？
2. 静平衡的原理是什么？
3. 静平衡一般有几种方法？
4. 编制装配工艺规程时需要哪些原始资料？
5. 简述装配工艺规程的内容。
6. 简述编制装配工艺规程的步骤。
7. 什么是装配尺寸链？装配尺寸链的特征是什么？
8. 已知各环尺寸及加工偏差，如图 8-60 所示。试问装配后封闭环 A_0 的极限尺寸是多少？

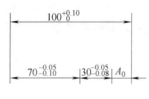

图 8-60 尺寸链图

9. 什么是装配精度？
10. 试述解尺寸链的方法。
11. 卧式车床是由哪些部件组成的？
12. 铣床的组成机构有哪些？
13. 万能内外圆磨床由哪些部件组成？
14. 简述 CA6140 型卧式车床主要部件的装配和调整方法。
15. 简述 CA6140 型卧式车床中摩擦离合器和闸带式制动器的作用，并说明制动器的调整方法和调整要求。
16. 简述 CA6140 型卧式车床中下列机构的作用及其工作原理：
（1）纵横向机动进给及快速移动操纵机构。
（2）互锁机构。
（3）开合螺母。
（4）安全离合器。
（5）超越离合器。

第九章

装配精度检验

培训目标 了解装配质量对机器性能的影响。了解装配质量检验的重要性。能够熟练使用常用的精密量具、量仪，掌握测量精度的方法。

◆◆◆ 第一节　常用精密量具、量仪

一、游标万能角度尺的种类及使用

1. 游标万能角度尺的种类

常用的游标万能角度尺有 I 型（如图 9-1 所示）和 II 型（如图 9-2 所示）两种。测量范围见表 9-1，它主要用来测量零件角度和作角度划线。

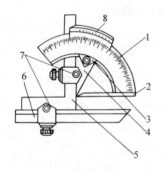

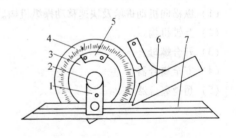

图 9-1　I 型游标万能角度尺

1—尺身　2—基尺　3—制动器
4—扇形板　5—角尺　6—直尺
7—卡块　8—游标

图 9-2　II 型游标万能角度尺

1—导板　2—调整螺钉　3—转盘
4—刻度盘　5—游标　6—基尺
7—直尺

表 9-1 游标万能角度尺的测量范围

形 式	测量范围	游标读数尺	
Ⅰ型	0° ~ 320°	2′	5′
Ⅱ型	0° ~ 360°	5′	10′

2. 游标万能角度尺的使用

（1）Ⅰ型游标万能角度尺的使用 Ⅰ型游标万能角度尺能测量 0° ~ 320° 的角度。利用卡块 7，将直尺 6 装在角尺 5 上，可测量 0° ~ 50° 的角度，如图 9-3a 所示。如卸下角尺 5，换上直尺 6，即可测量 50° ~ 140° 的角度，如图 9-3b 所示。取下直尺 6 换上角尺 5，则可测量 140° ~ 230° 的角度，如图 9-3c 所示。如将角尺、直尺、卡尺块都卸下，则可测量 230° ~ 320° 的角度，如图 9-3d 所示。

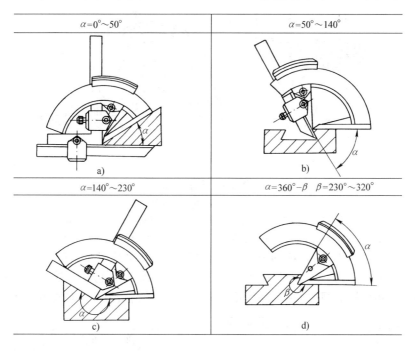

图 9-3 Ⅰ型游标万能角度尺的使用
a) $\alpha = 0° ~ 50°$ b) $\alpha = 50° ~ 140°$
c) $\alpha = 140° ~ 230°$ d) $\alpha = 360° - \beta$ $\beta = 230° ~ 320°$

（2）Ⅱ型游标万能角度尺的使用 其使用方法与Ⅰ型游标万能角度尺的使用方法基本相同。其测量的量程增加到 0° ~ 360°。

二、杠杆卡规和杠杆千分尺

（1）杠杆卡规 杠杆卡规是一种具有卡板形尺架的测量器具。其尺内装有指针式读数装置，其分度值常见的有 0.002mm 和 0.005mm 两种。

杠杆卡规的工作原理如图 9-4a 所示。当活动测砧 1 移动时，通过杠杆 2、扇形齿轮 3，带动小齿轮 5 和装在同轴上的指针 7 转动，在刻度盘 8 上指示出活动测砧 1 的移动量。游丝 6 可消除传动链中的间隙，测量力由弹簧 10 产生。为了减小测量面的磨损和测量方便，装有退让按钮 9。

杠杆卡规的外形如图 9-4b 所示。调整时，先旋松套管 12，把量块放在活动测砧 1 和可调测砧 4 之间，然后转动滚花螺母 14，通过可调测砧上的梯形螺纹移动，使指针 7 对准刻度盘零位。最后旋紧套管 12，将可调测砧 4 固定。碟形弹簧 15 用以消除螺母与可调测砧上梯形螺纹的间隙，可调测砧上开有一直槽，用螺钉 13 防止调整尺寸时可调测砧转动。

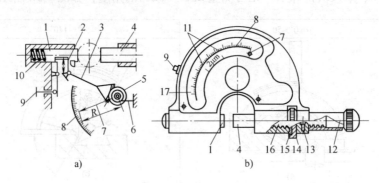

图 9-4　杠杆卡规

a）原理图　b）外形图

1—活动测砧　2—杠杆　3—扇形齿轮　4—可调测砧　5—小齿轮　6—游丝

7—指针　8—刻度盘　9—退让按钮　10—弹簧　11—误差指示表　12—套管

13—螺钉　14—滚花螺母　15—蝶形弹簧　16—螺杆　17—盖子

（2）杠杆千分尺　杠杆千分尺又称为指示千分尺，它是由外径千分尺的微分筒部分和杠杆卡规中的指示机构组合而成的一种精密量具，如图 9-5 所示。

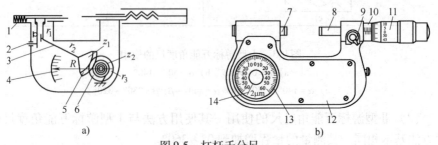

图 9-5　杠杆千分尺

a）工作原理图　b）外形图

1—压簧　2—拨叉　3—杠杆　4、14—指针　5—扇形齿轮（$z_1 = 312$）　6—小齿轮（$z_2 = 12$）

7—微动测杆　8—活动测杆　9—止动器　10—固定套筒　11—微分筒　12—盖板　13—表盘

杠杆千分尺既可以进行相对测量，又可以像千分尺那样用于绝对测量。其分度值有 0.001mm 和 0.002mm 两种。

杠杆千分尺不但读数精度较高，而且因弓形架的刚度较大，测量力由小弹簧产生，比普通千分尺的棘轮装置所产生的测量力稳定，所以它的实际测量精度也较高。

（3）使用注意事项

1）用杠杆卡规或杠杆千分尺进行相对测量前，应按被测工件的尺寸，用量块调整好零位。

2）测量时，按动退让按钮，让测量杆面轻轻接触工件，不可硬卡，以免测量面磨损而影响精度。

3）测量工件直径时，应摆动量具，以指针的转折点读数为正确测量值。

三、正弦规

正弦规是利用三角函数的正弦定理，间接测量零件角度的一种精密量具。

常用正弦规有宽型和窄型两种，它的规格是以两圆柱的中心距来表示的。为了计算方便，两圆柱中心距常制成 100mm、200mm、300mm。它的工作面上有许多孔，可夹持工件进行测量和加工。为了便于测量或加工管类工件，还可在工作面上放置角度铁、V 形块等辅助工夹具。

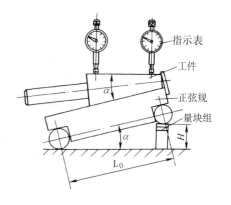

图 9-6　正弦规的工作原理

1. 正弦规的使用方法

（1）工件角度的测量（见图 9-6）

将正弦规放在精密的平板上，用量块调好所需角度，在距离为 L 的两点上进行测量，再根据两读数差换算成角度误差。

量规组尺寸按下式计算

$$H = L_0 \sin\alpha$$

式中　H——量块组尺寸高度（mm）；

　　　L_0——正弦规中心距（mm）；

　　　α——工件锥度（°）。

读出两点的读数差后，可按下式计算锥度误差

$$\Delta\alpha = 2 \times 10^5 \frac{\Delta h}{L}$$

式中　$\Delta\alpha$——锥度误差（″）；

Δh——相距为 L 两点上的读数差（mm）；

L——测量两点间的距离（mm）。

例 1 用 200mm 正弦规，测量锥度为 $3°0'45''$ 的工件，试计算量规组的尺寸。如果两点间测量距离为 90mm，读数差为 0.012mm，试计算量块组高度和该工件的锥度误差（大头读数大）。

解 已知 $L_0 = 200mm$，$\alpha = 3°0'45''$（$\sin\alpha = 0.052553$），

$$L = 90mm,\ \Delta h = 0.012mm$$

1）计算量块组高度 H

$$H = L_0 \sin\alpha = 200mm \times 0.052553 = 10.511mm$$

2）计算工件锥角误差 $\Delta\alpha$

$$\Delta\alpha = 2 \times 10^5 \frac{\Delta h}{L} = 2 \times 10^5 \frac{0.012}{90} = 27''\ （角度大）$$

（2）测量外锥体小端直径　如图 9-7 所示为测量锥体小端直径的方法。

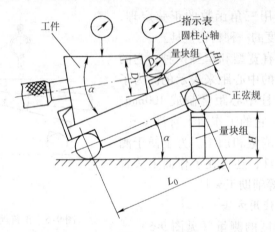

图 9-7　测量锥体小端直径的方法

测量时，将工件放在正弦规上，大端应紧靠挡板，用指示表测量工件两端外径，使读数差为零，然后在小端放置适当尺寸的量块组，并在量块组上放一圆柱，使锥体母线与圆柱母线等高，不等高时可调整量块尺寸。这样，锥体小端直径可按下式求得

$$D_1 = D\cot\left(45° - \frac{\alpha}{4}\right) + \frac{H_1}{\cos\dfrac{\alpha}{2}}$$

式中　D_1——锥体小端直径（mm）；

　　　D——圆柱直径（mm）；

　　　H_1——量块组尺寸（mm）；

$\dfrac{\alpha}{2}$——圆锥体斜角（°）。

例2 测量一锥体小端直径，已知工件锥度为12°，量块组尺寸为10mm，圆柱直径为$\phi12$mm，试计算该工件小端直径。

解 1）已知：$D=12$mm，$H_1=10$mm，$\dfrac{\alpha}{2}=6°$

2）计算：$D_1=D\cot\left(45°-\dfrac{\alpha}{4}\right)+\dfrac{H_1}{\cos\dfrac{\alpha}{2}}$

$$=12\text{mm}\times\cot42°+\dfrac{10\text{mm}}{\cos6°}$$

$$=23.382\text{mm}$$

（3）变换测量基准 当工件被测部分长度较短时，按上述方法测量工件，稳定性较差，测量误差大，因此必须变换测量基准。如有带顶尖座的正弦规，可用顶尖顶着工件中心孔进行测量。但多数情况还是将锥体柄部加工精确，作为测量基准，如图9-8所示。这时测量的是锥体的半角，量块组尺寸也应按半角计算，测量误差是半角误差。

2. 使用正弦规应注意的事项

1）正弦规调整角度不宜太大（最好不要超过45°），因随着调整角度的增大，误差也增大，而且不稳定。

2）工件安放在正弦规上的位置一定要准确，当工件不便以端面定位时，可采用辅助工、夹具定位。如图9-9所示采用定位块定位。

3）测量时，所有工件表面都应擦拭干净，带磁工件退磁后，方可上正弦规测量。

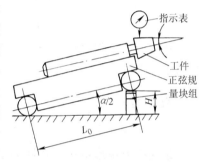

图9-8 变换测量基准测量锥体

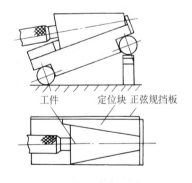

图9-9 正弦规上工件
定位方法举例

四、样板平尺

样板平尺又称刀口形直尺，是用漏光法和痕迹法来检验平面的直线度和平面度的。

样板平尺比较精确，并有圆弧半径为$R0.1\sim0.2$mm的棱边（称为刀口）。

根据形状不同，样板平尺有刀口样板平尺（见图9-10a）、三棱样板平尺（见图9-10b）和四棱样板平尺（见图9-10c）三种。

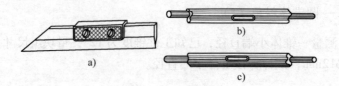

图 9-10　样板平尺

检查时，样板平尺的工作面紧靠工件表面，然后观察工件表面与平尺之间漏光缝隙的大小（见图 9-11），就可判断工件表面是否平直。光源必须明亮而均匀。

图 9-11　用样板平尺检查平面

检查时，不但要在平行于工件棱边的方向检查，而且还要沿对角线方向检查（见图 9-12）。

五、量块

1. 量块的结构、精度和用途

量块有方块形量块、圆柱形量块和角度量块三种，其中方块形量块用得最广，如图 9-13 所示。它以两个相互平行的测量面之间的距离（也叫做量块尺寸）来确定工作长度。圆柱形量块尺寸就是其直径尺寸。角度量块的两个测量面之间的夹角就是角度量块的工作角。

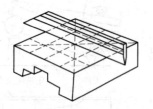

图 9-12　从各个位置检查零件的平面　　　　图 9-13　量块

量块都是用线膨胀系数小、耐磨的合金材料制造的，具有很高的精度。根据使用需要分为 1、2、3、4、5、6 六组。量块以不同块数分盒成套。常用的是 87 块和 42 块一套的。量块的用途主要是检验和校准量具和量仪。相对测量时用来调整仪器的零位，有时也直接用来检测零件，或者用于机械加工中的精密划线和精密机床的调整。

2. 量块的组合计算

拼合量块时，为了减少组合积累误差，应尽量用最少的块数来组合，一般不得超过 4~5 块。组合方法示例如下：

采用一套 87 块的量块，在校对某量具时需要 86.352mm 的尺寸，选取 5 块量块组合，量块组的实际尺寸计算过程是：

所需量块组的尺寸：86.352mm

选第一块量块尺寸：1.002mm

余数：85.35mm

选第二块量块尺寸：1.05mm

余数：84.30mm

选第三块量块尺寸：1.30mm

余数：83mm

选第四块量块尺寸：3.0mm

余数：80mm

选第五块量块尺寸：80mm

余数：0mm

3. 使用注意事项

1）组合使用量块时，一定要保证量块测量面的清洁度和与测量面相接触的被测面、支承面的精度。粗糙面、刀口、棱角面不得使用量块。超常温的零件不得直接使用量块测量。量块测量面不得用手擦摸，防止油污或汗液影响量块的精度和粘合性。

2）用过的量块一定要用汽油洗净，涂上防锈油，按标记装盒存放。

3）量块是非常精密的量具，但仍有制造误差。选择使用时，在满足所需尺寸的前提下，块数越少越好。

4）使用量块时，一次只能使用一套，不能几套量块混用。

六、表类量具

钳工常用的表类量具，有指示表[⊖]（如图 9-14 所示）、杠杆指示表、内径指示表（如图 9-15 所示）。

1. 指示表的用途和使用方法

指示表主要用来测量工件的形状和位置偏差，可用作绝对测量和比较测量，分度值为 0.01mm、0.001mm 和 0.002mm。

⊖ 分度值为 0.01mm 的指示表也称为百分表，分度值为 0.001mm 和 0.002mm 的指示表也称为千分表。

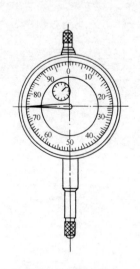

图9-14　指示表

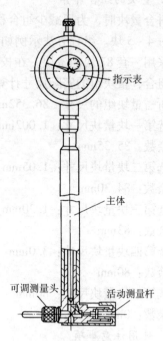

指示表

主体

可调测量头　　活动测量杆

图9-15　内径指示表

指示表的使用方法如下：

1）使用前，应检查指示表示值稳定性，可用多次提起测量杆，放手后观察指针是否退缩回到原位的方法检查。

2）进行绝对值测量时使表杆与被测表面垂直（如图9-16所示），可减小测量误差。

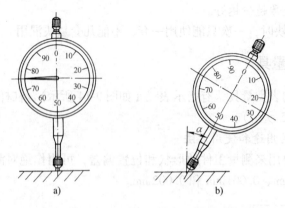

a)　　　　　　　　　　b)

图9-16　指示表测量杆的正确位置
a）正确　b）错误

3）测量行程较大时，采用比较测量法，可提高测量精度，如图9-17所示。

2. 杠杆指示表的用途和使用方法

杠杆指示表的分度值为 0.01mm、0.001mm 和 0.002mm。它的体积小，测量杆可按需要转动，并能从正反两个方向测量。因此，除了测量一般的几何形状，还可对指示表难以测量的小孔、槽、孔距等尺寸进行测量。

1）测量时，尽量使测量杆轴线与工件测量面保持平行，如图9-18所示。

2）测量时，如无法按上述要求保持平行，应对测量读数进行修正，如图9-19所示。

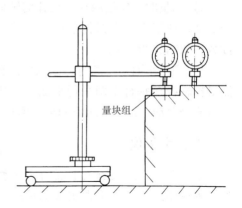

图 9-17 用比较测量法测两平面高度

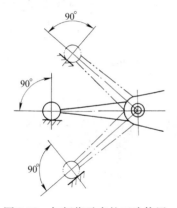

图 9-18 杠杆指示表的正确使用

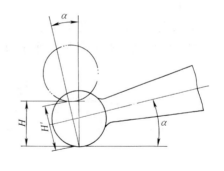

图 9-19 杠杆指示表测量读数的修正

即
$$H = H'\cos\alpha$$

式中　H——被测量面实际变动量（mm）；

　　　H'——测量读数（mm）；

　　　α——测量杆轴线与工件表面夹角（°）。

3）用杠杆指示表作绝对值测量时，行程不宜太长；行程较大时，采用比较测量，测量精度高。

3. 内径指示表的使用

内径指示表主要用于测量孔的直径和内平行平面间的距离，使用时应注意以下几点：

1）根据测量尺寸可换测量杆，然后用环规或外径千分尺调整指示表到零位。

2）测量时，应使内径表在孔的轴向截面内充分摆动，观察指示表指针示值，以其最小值作为读数，如图9-20所示。

3）测量平面间距离时，也应使内径指示表的测量杆轴线在垂直于两平行平面的方向上，上下左右充分摆动，以指针示值的最小值作为读数。

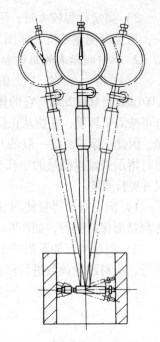

图 9-20　内径指示表的正确使用

七、水平仪

水平仪主要用来测量平面对水平面或垂直面的位置偏差。在生产中常用来测量较大平面的平面度，也是机械设备安装、调试和精度检验的常用量仪之一。生产中常用的水平仪有框式水平仪、条形水平仪和合像水平仪，如图9-21所示。

现以框式水平仪为例介绍其结构和工作原理以及应用。

1. 框式水平仪结构及工作原理

如图9-22所示是一种框式水平仪，它由框架

 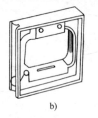 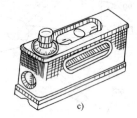

a)　　　　　　　b)　　　　　　　c)

图 9-21　水平仪的种类

a）条形水平仪　b）框式水平仪　c）合像水平仪

及水准器组成。框架上有4个相互垂直的工作面，有两组测量平面及V形槽可以在圆柱表面上测量。

水准器是一个密闭的弧形玻璃管，其内装有酒精或乙醚并留有一定长度的气泡。玻璃管外表面上刻有相应的刻度线，它与内表面的曲率半径相适应。当水平仪倾斜一个角度时，水准器气泡就移动一定的距离，如图9-22所示。通常将气泡向右移动读为"＋"，水泡向左移动读为"－"，在中间读为"零"。

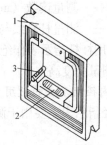

图 9-22　框式水平仪

1—框架　2—主水准器　3—调整水准器

框式水平仪的刻线原理如图 9-23 所示。假定平板处于水平位置，在平板上放置一根 1000mm 的平行直尺，平尺上的水平仪读数为零。如果将平尺的右端垫高 0.02mm，相当于平尺与平板成 4″的夹角，若气泡移动的距离为一格，则水平仪的规格就是 0.02mm/1000mm。水平仪的规格见表 9-2。

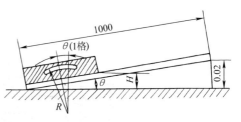

图 9-23　框式水平仪的刻线原理

表 9-2　水平仪的规格

规　　格	Ⅰ	Ⅱ	Ⅲ	Ⅳ
气泡移动 1 格时的倾斜角度（″）	4 ~ 10	12 ~ 20	25 ~ 41	52 ~ 62
气泡移动 1 格时 1000mm 的倾斜高度差/mm	0.02 ~ 0.05	0.06 ~ 0.10	0.12 ~ 0.20	0.25 ~ 0.30

根据水平仪的刻线原理可以计算出被测平面两端的高度差，用下式可计算

$$\Delta h = nli$$

式中　Δh——被测平面两端高度差（mm）；

　　　n——水准气泡移动格数；

　　　l——被测平面的长度（mm）；

　　　i——水平仪的精度。

2. 框式水平仪应用实例

用 200mm × 200mm，规格为 0.02mm/1000mm 的框式水平仪测量一长度为 2000mm 平导轨在垂直面内的直线度，采用的水平仪垫板长度为 250mm。

（1）测量导轨　置水平仪于被测导轨的中间及两端，复查导轨的安置水平状态。将水平仪连同水平仪垫板放置在被测导轨的一端，移动水平仪垫板（水平仪放置在垫板上）进行测量，每次移动距离为 250mm，首尾相接，既不能出现间隔，也不能重叠。依次对导轨进行测量（规定气泡的偏移方向和水平仪移动方向相同时读为正，反之为负）。测得 8 段的水平仪读数依次为：+ 3、0、− 1、0、− 1、+ 3、+ 1、− 1（单位为格）。

（2）作曲线图　根据测量的 8 段读数作出误差曲线图，如图9-24 所示。纵坐标为水平仪气泡偏移量的逐段叠加值，横坐标为被测导轨的长度。

（3）误差分析　误差曲线的分析可采用两种方法：

1）首尾连线法。将误差曲线的首尾两点用一条直线连接起来，如图 9-24 中的 O—O′线。由图上可见，曲线位于连接线的两侧，以两侧纵坐标最大值的绝对值相加作为该导轨的直线度误差。图中 250mm 处的 + 2.5 格及 1250mm 处的

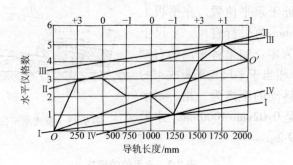

图 9-24 导轨直线度误差曲线分析

−1.5 格为最大，即 2.5 + 1.5 = 4（格）。

2）包容法。为了精确确定误差值，可采用包容法。即在图上找出两条平行直线，这两条直线不仅包容导轨曲线而且它们之间的坐标距离为最小。作图步骤是先在曲线上找出两个距离最远的最高（或最低）拐点，连接两拐点。如图 9-24 中的 O 点与 1250mm 点的连线 Ⅰ—Ⅰ；250mm 点与 1750mm 点的连线 Ⅱ—Ⅱ。在 Ⅰ—Ⅰ 连线上面最高点即 1750mm 拐点处作 Ⅰ—Ⅰ 的平行线 Ⅲ—Ⅲ，这一组平行线间的坐标距离为 3.6 格。在 Ⅱ—Ⅱ 线下最低点 1250mm 拐点处作 Ⅱ—Ⅱ 线的平行线 Ⅳ—Ⅳ，其差值为 3.3 格。导轨直线度误差值为 3.3 格。

根据计算公式

$$\Delta h = nli = （3.3 \times 250 \times 0.02/1000）\ \text{mm}$$
$$= 0.0165\text{mm}$$

八、经纬仪

经纬仪是一种精密的测角量仪，它有竖轴和横轴，可使瞄准镜管在水平方向作 360° 的转动，也可在竖直面内作大角度仰俯。它的转动角度由水平度盘和竖直度盘示出，并经测微尺细分，分度值一般为 $2''$。经纬仪和平行光管配合，可以用于测量齿轮加工机床的工作台分度精度。图 9-25 所示为国产 J_2 型经纬仪外观图。

九、测微仪

测微仪的分度值为 $0.001 \sim 0.002$mm，精度比指示表高，量程比指示表小。使用时通常装在专用的支架上，以量块作基准件，用相对比较法来测量精密工件的尺寸。测微仪也用于工件形状和位置误差的测量。

1. 杠杆齿轮比较仪

杠杆齿轮比较仪的外形及工作原理如图 9-26 所示。当测杆 1 移动时，通过

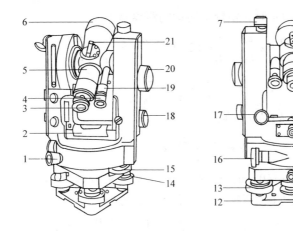

图 9-25 J₂ 型经纬仪外观图

1—照准部制动手轮 2—水准器 3—望远镜目镜 4—读数显微镜目镜

5—望远镜调焦手轮 6—望远镜物镜 7—望远镜制动手轮 8—竖盘照明反光镜

9—水平度盘反光镜 10—三角基座制动手轮 11—紧固螺母 12—三角基座底板

13—脚螺纹 14—换盘手轮 15—换盘手轮护盖 16—照准部微动手轮

17—望远镜微动手轮 18—换像手轮 19—读数显微镜

20—测微手轮 21—光学瞄准器

杠杆 2 使扇形齿轮 3 转动，小齿轮 4 也跟着转动，再经扇形齿轮 5 将运动传递给小齿轮 6，指针 7 就在刻度盘上指示出相应的读数。

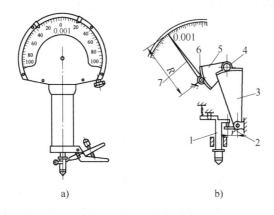

图 9-26 杠杆齿轮比较仪

a) 外形图 b) 原理图

1—测杆 2—杠杆 3、5—扇形齿轮 4、6—小齿轮 7—指针

其放大比计算如下：

杠杆 2 的臂长为 r，指针 7 的长度为 R，齿轮 3、4、5、6 的齿数分别为 z_3、

201

z_4、z_5、z_6。当测杆1移动 a 时，指针7转动的距离是

$$b \approx \frac{a}{2\pi r} \times \frac{z_3}{z_4} \times \frac{z_5}{z_6} \times 2\pi R = \frac{aR}{r} \times \frac{z_3}{z_4} \times \frac{z_5}{z_6}$$

$$\frac{b}{a} \approx \frac{R}{r} \times \frac{z_3}{z_4} \times \frac{z_5}{z_6}$$

式中，b/a 为放大比，令 $k \approx b/a$，则

$$k \approx \frac{R}{r} \times \frac{z_3}{z_4} \times \frac{z_5}{z_6}$$

若已知其分度值为 0.001mm，$r = 4.52\text{mm}$，$R = 24.5\text{mm}$，$z_3 = 400$，$z_4 = 28$，$z_5 = 180$，$z_6 = 18$，计算放大比时将已知数据代入上式可得

$$k = \frac{R}{r} \times \frac{z_3}{z_4} \times \frac{z_5}{z_6} = \frac{24.5\text{mm}}{4.52\text{mm}} \times \frac{400}{28} \times \frac{180}{18} = 774$$

此杠杆齿轮比较仪的放大倍数 k 为774，即当测杆移动 0.001mm 时，指针转过的距离（1格）为 0.774mm。

2. 扭簧测微仪

扭簧测微仪是用扭簧作为尺寸转换放大机构的测微仪，如图9-27所示。

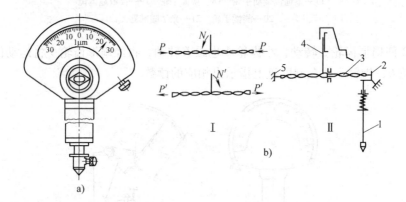

图9-27 扭簧测微仪

a）外形图 b）工作原理图

1—测微杆 2—弹簧桥 3—扭簧片 4—指针 5—弓架

扭簧测微仪是利用金属扭带的拉伸使指针旋转的原理制成的。如果把扭簧片按 N 方向扭转，那么扭簧带就会按 P 方向缩短。如果事先以一定方法使扭簧带扭曲定形，按 P' 方向拉伸时，扭簧的各截面会绕 N' 方向回扭，如图9-27b I 所示。如果扭簧中间装一指针，指针即可指示出具体数值。

扭簧测微仪的工作原理如图9-27b II 所示。扭簧片3是截面为长方形的铍青

铜带，它的一端固定在弓架 5 上，另一端固定在弹簧桥 2 上。此金属带由中间起，一半向右扭曲，另一半向左扭曲。当测微杆 1 向上有微小位移时，弹簧桥 2 的上端向右移，使扭簧带拉长，从而使扭簧带中央的指针 4 偏转一定角度，指示出读数。

3. 使用注意事项

1）杠杆齿轮比较仪安装在固定支架上使用，如图 9-28 所示。测量前先调整立柱，使杠杆齿轮比较仪缓慢下降，避免测头与量块或工件碰撞。

2）为了提高测量精度，测量时尽量用刻度的中央部分。

3）扭簧测微仪结构脆弱，测量范围小且无空行程，使用时测头与工件间的距离应仔细调整。

十、圆度仪

圆度仪按结构可分为转轴式圆度仪和转台式圆度仪两种。

1. 转轴式圆度仪

图 9-29 所示为转轴式圆度仪的结构示意图。被测零件放置在微动定心台 7 上，测头 6 与被测零件相接触，通过连接杆 5 与主轴 4 连接。测头的径向移动量通过传感器和信号放大器传至记录器 11。装在记录器转盘上的圆形极坐标记录纸与主轴 4 同步旋转，记录笔按所选择的放大倍数把被测截面的实际轮廓与标准圆的半径差记录下来。

2. 转台式圆度仪

图 9-30 所示是转台式圆度仪的结构示意图。被测零件置于仪器的圆转台上，利用定心手柄调整被测零件，使之与回转轴线同轴，并与立柱轴线互相平行。测头安装在立柱的臂架上，由测头测出的位移量经传感器、信号放大器传至记录器，记下轮廓图形。

转台式圆度仪的工作原理是：将被测实际要素（被测零件的实际轮廓）与理想要素相

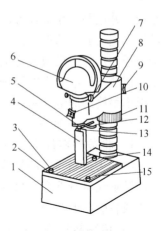

图 9-28　比较仪的使用

1—底座　2—固定式工作台

3、14、15—螺钉　4—工件

5—测杆　6—表头　7—调节柄

8—横臂　9、10—紧固螺钉

11—升降螺环　12—拨叉装置

13—测帽

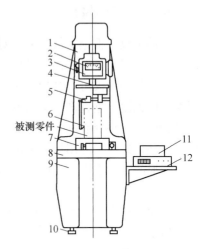

图 9-29　转轴式圆度仪结构示意图

1—立柱　2—信号放大器　3—传感器

4—主轴　5—连接杆　6—测头

7—微动定心台　8—工作台

9—机体　10—可调千斤顶

11—记录器　12—记录纸

比较，并把测头在半径方向上的位移变化量按一定的放大倍率放大后记录下来，由于记录图形并不反映零件的实际尺寸，所以还需要按标准规定的原则进行评定，才能得出最终的测量结果。

3. 使用注意事项

1）将被测零件上、下两横截面中心的连线作为被测零件的轴线，调整到与转台旋转轴线尽量重合，目的主要是防止偏心造成轮廓图形畸变。

2）传感器和测头沿立柱导轨上、下移动的方向与旋转轴线要平行。

3）根据零件的形状和精度要求，可在被测零件轴线有效长度内均匀地选取若干个截面进行测量。测量精度越高，所选取的截面应越多。如图 9-31 所示为选取 5 个截面。

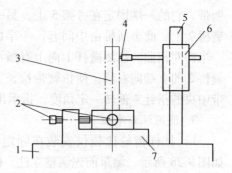

图 9-30　转台式圆度仪结构示意图

1—底座　2—定心手柄　3—被测零件
4—测头　5—立柱　6—臂架　7—圆转台

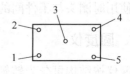

图 9-31　测量点的位置

十一、气动量仪

气动量仪是根据空气气流相对流动的原理进行测量的量仪。由于不能直接读出尺寸，所以它是一种比较量仪。

应用气动量仪可以测量零件的内孔精度、外圆直径、锥度、轴线的直线度、圆度、同轴度、垂直度、平面度以及槽宽等，也可用于机床和自动生产线上进行自动测量、自动控制和自动记录等。此外，还可以测量一般仪器所测不到的部位。气动量仪除了能用接触法进行测量外，还可以用非接触法进行测量，所以对于易变形的薄壁零件、表面粗糙度值小及易擦伤表面的零件（软材料）等特别适用。

气动量仪有很多种，下面简单介绍浮标式单管气动量仪，其外形和原理如图 9-32 所示。

浮标式单管气动量仪实质上是把被测量尺寸的变化转换为相应的空气流量的变化，当这种空气通过带锥度的玻璃管时，流量的变化就使浮在玻璃管内的浮标的位置产生相应的变化，于是在刻度尺上由浮标位置的变化就可以直接读出被测量尺寸的变化。

使用时，压缩空气经过滤器 1 净化后，通过气阀 2 进入气动量仪内部的稳压器 3 内进行稳压。稳压器内输出的压力空气，分成两路流向测量喷嘴 9。其中一

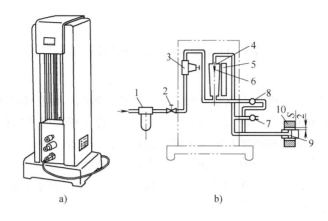

a)　　　　　　　　　　b)

图 9-32　浮标式单管气动量仪

a) 外形图　b) 原理图

1—过滤器　2—气阀　3—稳压器　4—锥形玻璃管　5—标尺　6—浮标
7—零位调整阀　8—倍率阀　9—测量喷嘴　10—工件

路空气从带有锥度的锥形玻璃管 4 下端（小端）进入，在此气流的作用下，玻璃管内的浮标 6 被托起，并悬浮在玻璃管内某一高度位置上，空气从浮标和玻璃管内壁之间的环形间隙流动，经玻璃管上端后，一部分从零位调整阀 7 逸入大气，一部分进入测量喷嘴 9，经间隙 S 流入大气。另外一路经过倍率阀 8 流到测量喷嘴 9，也从间隙 S 流入大气。

　　被测零件的尺寸误差是由指示部分读出的，它由锥形玻璃管 4、标尺 5 和浮标 6 组成。

　　因为被测零件的尺寸误差是有变化的，所以就形成了不同的间隙值。若间隙 S 增加，在单位时间内从间隙 S 流出的空气量将增加，则锥形玻璃管内壁和浮标间的气流速度加快，以补充间隙 S 中的空气消耗，所以作用在浮标上由下向上的动压力也随之增加，使浮标的动态平衡遭到破坏，直到浮标上升到某一高度，达到满足空气消耗的新动态平衡。此时环形间隙上流过的空气量完全满足了间隙 S 的消耗量，所以每一尺寸的变化都对应着浮标在玻璃管内所形成的动态平衡的高度位置。由于浮标的高度变化和环形间隙大小的变化成正比，并且和空气流量的变化也成正比，所以锥形玻璃管上可以使用均匀的刻度。

　　气动量仪中浮标的高度变化量和被测间隙变化量之比，称为放大倍率。在间隙变化量相同的条件下，浮标高度变化越大，则气动量仪的放大倍率也就越大。即玻璃管的锥度越小，所制成的量仪的放大倍率就越大。因此，气动量仪的放大倍率主要由玻璃管的锥度大小来决定。

　　气动量仪的放大倍率一般有 2000、5000 和 10000 三种。

◇◇◇◇ 第二节　机床质量检验的项目

各种机械加工零件，不仅需要保证一定的几何形状，而且还必须保证一定的精度要求，其中包括零件的尺寸精度、表面形状精度和表面之间的相对位置精度，而机械零件的这些精度是由加工设备的精度来保证的。机床上加工工件所能达到的精度取决于一系列因素，如机床、刀具、夹具、工艺方案、工艺参数以及工人技术水平等，但在正常加工条件下，机床本身的精度通常是最重要的一个因素。对机床设备精度的检测，国家标准 GB/T 17421《机床检验通则》作了明确的规定。

一、机床检验前的准备工作

机床的工作精度是机床综合精度的反映。如卧式车床、升降台式铣床、牛头刨床等普通机床通常都是用试切工件的方法来检验工作精度的。当机床进行空运转试验、负荷切削试验后，确认所有机构运作正常，且主轴等部件已达到稳定的温度即可进行工作精度检验。

1. 机床检验前的准备工作

机床检验前，必须将机床安置在适当的基础上，并按照制造厂的说明书调平机床。调平机床的目的是为了得到机床的静态稳定性，以方便其后的测量。

2. 机床检验前的状态

机床检验的原则是在制造完毕的成品上进行，仅在特殊情况下才按制造厂的说明书拆卸某些零部件（例如为了检验导轨的精度而拆卸机床的工作台）。为避免温度变化给机床精度测量带来的影响，应尽可能使润滑和温升在正常状态下评定机床精度，在进行几何精度和工作精度检验时，应根据使用条件和制造厂的规定，使机床零部件达到恰当的温度，否则因为主轴或某些零部件的发热会引起位置和形状的变化。

3. 运转和负载

几何精度的检验可在机床处于静态时进行，或在机床空运转时进行。当制造厂有加载规定时，机床应装载一个或多个试件。

二、工作精度的检验

工作精度的检验应在标准试件或由用户提供的试件上进行。与在机床上加工零件不同，实际工作精度的检验不需要多种工序。检验工作精度时应采用精加工工序。除有关标准已有规定外，用于工作精度检验的试件的原始状态应予确定。

对于试件材料、试件尺寸和要达到的公差等级以及切削条件应在制造厂与用户之间达成一致。

工作精度检验中试件的检验应按测量类别选择所需等级的测量工具。在某些情况下，工作精度的检验可以用相应标准中所规定的特殊检验方法来代替或补充。

三、几何精度的检验

几何精度是指机床运动部件的运动精度，以及反映部件之间及其运动轨迹之间的相对位置精度，例如床身导轨的直线度、工作台台面的平面度、主轴的旋转精度、刀架和工作台等移动的直线度、车床刀架移动方向与主轴轴线的平行度等。国家标准对机床几何精度的检验规定了定义、测量方法和确定公差的办法。对每一项检验至少提供了一种检验方法，并指出了使用的仪器和原理。如用其他检验方法，其精度应至少等于国家标准规定的检验方法测得的精度。

为了简便起见，虽然普通测量方法中已系统地选择了最常用的测量工具，如平尺、直角尺、检验棒、圆柱角尺、精密水平仪和指示表等，但还应注意其他一些测量方法，特别是已广泛在机床制造部门和检验部门中实际使用的光学仪器测量方法，有时还需要使用一些专用的检测工具。

机床几何精度的检验必须在机床精调后一次性完成，不允许调整一次检验一次，这是因为几何精度有些项目是相互联系相互影响的。同时，还要注意检测工具和测量方法造成的误差。

◇◇◇ 第三节 机床精度检验的项目和方法

一、直线度

在平面内一条给定长度的线，当其上所有的点均包含在平行于该线的总方向且相对距离与公差相等的两条直线内时（见图 9-33），则该线被认为是直线。在空间内一条给定长度的线，当其在给定的平行于该线总方向的两个相互垂直平面上的投影满足直线度要求时（见图 9-34），则认为该空间线为直线。确定直线的总方向时，应确保该直线的直线度偏差为最小。

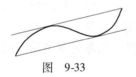

图 9-33

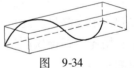

图 9-34

部件直线度条件和一条线的直线度条件相同，测量方法也相同。在机床上通常体现在工作台的基准面或基准槽（见图9-35），以及导轨（见图9-36）、V形面、圆柱面、单个垂直面和倾斜布局的床身（见图9-37、图9-38）。机床部件直线度的检验不仅是为了保证机床加工出直或者平的工件，而且还是因为工件上一点的位置精度与直线运动有关。一个运动部件的直线运动总是包含着六个偏差因素：在运动方向上的位置偏差；在运动部件上的一点轨迹的两个线性偏差以及运动部件的三个角度偏差。

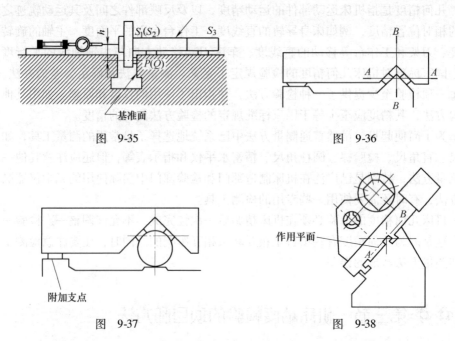

图 9-35

图 9-36

图 9-37

图 9-38

直线度的检查，包括一条线在平面或空间内的直线度和运动的直线度的检查。直线度的检测可采用平尺法、钢丝和显微镜法、准直望远镜法、准直激光法和角度测量法、自准直仪法、激光干涉仪法等。

二、平面度

在规定的测量范围内，当所有点被包含在与该平面的总方向平行并相距给定值的两个平面内时，则认为该面是平的。确定平面或代表面的总方向，是为了获得平面度的最小偏差。

平面度的检验常用的方法有用平板和指示表测量、用平尺测量、用平尺加精密水平仪和指示表测量。还可用光学方法测量平面度，其中常用的方法有用自准直仪测量、用光学扫描仪测量、用准直激光器测量、用激光测量系统测量和用坐标测量机测量等。

三、平行度

1. 线与面之间的平行度

当测量一条线上若干点到一个面与通过该线的法向平面相交的代表线的距离时（见图9-39），如果在规定的范围内所求得的最大偏差不超过规定值，则认为这条线平行于该平面。

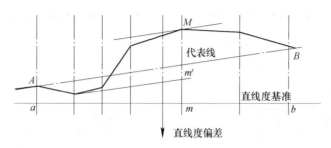

图9-39 线与面之间的平行度

当一条线平行于通过另一条线的代表线的两平面时，则认为两条线是平行的，在两个平面内的平行度公差不一定相同。

在测量一平面的代表平面（至少在两个方向上）到另一平面的距离时，如果在规定长度内该距离的最大范围不超过规定值，则认为这两平面是平行的。需要注意的是：平行度定义为一条线（或面）的代表线（或面），到另一条线（或面）距离的差值，如果选择不同的线（或面）作为基准线（或面），其结果可能是不同的。在平面度的检测项目中主要有线对面的平行度、两个面的平行度（见图9-40）、两轴线的平行度（见图9-41）、轴线对平面的平行度（见图9-42），以及轴线对两平面交线的平行度（见图9-43）和两平面交线对第三平面的平行度（见图9-44），由两平面交线形成的两直线间的平行度（见图9-45）等。

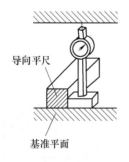

图9-40 线对面、两个面的平行度

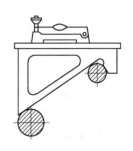

图9-41 两轴线的平行度

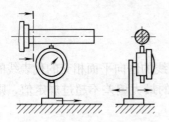

图 9-42 轴线对平面的平行度

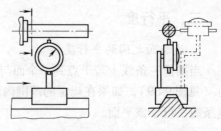

图 9-43 轴线对两平面交线的平行度

图 9-44 两平面交线对第三
平面的平行度

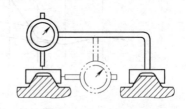

图 9-45 两平面交线形成的
两直线间的平行度

平行度的公差包括相应的线和面的几何公差，以及测量的结果受测头表面的影响，需要时应对其加以说明。运动平行度的测量方法与测量线和面平行度的方法相同。考虑到导轨间隙与缺陷的影响，运动部件应尽可能按通常方法驱动。

2. 等距度

等距度是针对一组轴线和基准平面之间的距离而言的，当通过该组轴线的平行度基准平面时即为等距。该组轴线可以是不同的几根轴线或者是同一根轴线旋转以后占有不同位置而形成的几根轴线。测量方法与通过一组轴线的平面和基准平面的平行度的测量方法相同。

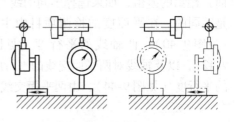

图 9-46 两根轴线对一平面的
等距度检测

等距度的检测主要有两根轴线（或由一根轴线回转而形成的两根轴线）对一平面的等距度检测（见图9-46）和两根轴线至其中一根轴线的回转平面的等距度检测（见图9-47）。

3. 同轴度或重合度

当规定长度的两条线或两根轴线的相对距离不超过规定值时，则认为它们

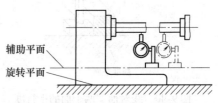

图 9-47 两根轴线至其中一根轴线的
回转平面的等距度检测

是同轴或重合的。测量距离时可以在被测实际线上（见图9-48），也可在它们的延长线上。测量时测量工具装在一个支架上并围绕着轴线回转360°。旋转时由于测量方向相对于重力方向会有变化，所以要考虑测量工具对重力的敏感性。如果两轴都是旋转轴线，这应使检验棒在测量平面内处于其径向圆跳动的平均位置上。

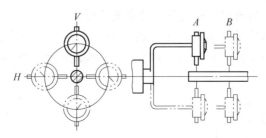

图9-48　同轴度或重合度的检测

平行度的检测常用平尺和指示表法、精密水平仪法等。

四、垂直度

当两平面、两直线或一直线和一平面相对于标准直角尺的平行度偏差不超过规定的数值时，则认为它们是垂直的。基准直角尺可以是一个计量用的直角尺或是一个框式水平仪，也可由运动的平面或直线构成。垂直度的检测包括直线和平面垂直度（见图9-49）的检测以及运动垂直度的检测。

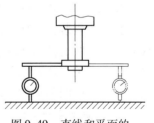

图9-49　直线和平面的垂直度检测

运动垂直度的测量可以用符合规定条件的直角尺来变成平行度的测量。为反映间隙和不良滑动的影响，运动部件应按通常的方式驱动。

测量时需要注意对于现在的轴可以将带有指示表的测头调至平行于旋转轴线。当主轴旋转时指示表划出一个圆，此圆平面垂直于旋转轴线，被测平面与圆之间的平行度偏差可以通过指示表测头在被测平面上摆动的幅度来测量。

如果没有规定测量平面，则将指示表旋转360°，并取指示表示值的最大差值。如果规定了测量的平面（如平面Ⅰ、平面Ⅱ），则应分别在每个面内记录指示表在相隔180°的两个位置上的示值之差（见图9-50）。

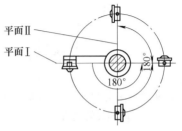

图9-50　运动垂直度的测量

1. 互成90°的两平面的垂直度检验

检测两平面的垂直度时可将圆柱形直角尺放在一个平面上（见图9-51），指示表吸在另一平面上，测头沿圆柱形表面（直角尺素线）在规定的距离内移动并记录示值，然后将圆柱形直角尺转180°再次测量并记录示值，取两次测得的平均值作为垂直度误差。

2. 互成90°且均为固定的两轴线的垂直度检验

将具有相应基座的直角尺放在代表其中一条轴线的圆柱面上（见图9-52），用平行的测量方法测量角尺悬边和第二条轴线间的平行度即可。

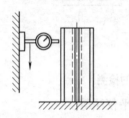

图9-51　互成90°的两平面的
垂直度检验

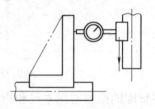

图9-52　互成90°且均为固定的两轴线的
垂直度检验

3. 互成90°且一条为旋转轴线的两轴线的垂直度检验

将指示表装在与代表旋转轴线的检验棒相配合的一个角形表杆上，并使它和代表另一轴线的圆柱面上的 A 和 B 两点接触（见图9-53）。示值的变化与 A、B 之间距离有关，如第二条轴线也是旋转轴线，则使代表该轴线的圆柱面在测量平面内处于径向圆跳动的平均位置上，按照平行度的测量方法测量。

4. 一轴线与一平面互成90°的垂直度检验

将具有相应基座的直角尺贴靠在代表该轴的圆柱面上，可用平行度的测量方法，在两垂直方向上测量直角尺悬边对该平面的平行度（见图9-54）。

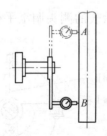

图9-53　互成90°且一条为旋转轴线的
两轴线的垂直度检验

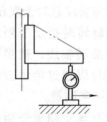

图9-54　一轴线与一平面
互成90°的垂直度检验

5. 一轴线与两平面的交线成90°的固定轴线的垂直度检验

将具有相应基座的直角尺贴靠在代表该轴线的圆柱面上（见图9-55），用平行度的测量方法测量直角尺悬边与该交线的平行度。

6. 旋转轴线的垂直度检验

将指示表装在固定于主轴的角形表杆上，使其测头触及坐落在两相交平面上的 V 形块，将主轴旋转 180°并移动 V 形块，使测头触及 V 形块上的同一点（见图 9-56）。

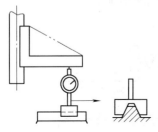

图 9-55 一轴线与两平面的交线
成 90°的固定轴线的垂直度检验

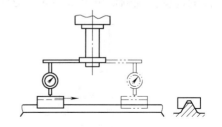

图 9-56 旋转轴线的垂直度检验

7. 两平面交线与另一平面互成 90°的垂直度检验

将具有相应基座的直角尺和指示表（见图 9-57、图 9-58）放置在相交的平面上，用平行度的测量方法检验直角尺悬边和第三平面或两平面交线的平行度，如图 9-59 所示。尽可能在两垂直平面内进行测量。

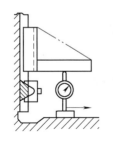 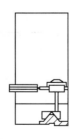 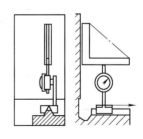

图 9-57 直角尺和指示表   图 9-58 放置的位置   图 9-59 垂直度检验

8. 运动中点的连线与轴线成 90°的垂直度检验

将具有相应基座的直角尺贴靠在代表轴线的圆柱上，测量直角尺悬边与运动之间的平行度。如果轴线是一条旋转轴线，代表轴线的检验棒在测量平面内应处于径向圆跳动的平均位置。对于车床主轴箱主轴可带花盘的特殊情况，应先将花盘安装上。先在花盘平行于移动方向的直径上一点读出指示表示值，然后将主轴转动 180°，同一点上第二次读数。两次读数的代数平均值就是测量长度上的垂直度偏差。也可以用一轴线与一平面互成 90°的检验方法来检验，这时轨迹由平行于运动方向的平尺来代替。

9. 两轨迹间运动垂直度误差的检验方法

用安装在量块和平尺上的直角尺来比较两条轨迹，使直角尺的一边与轨迹精确地平行（见图9-60a），然后移动指示表分别测量垂直面的垂直度误差（见图9-60b）。直角尺的一边也可调整为使轨迹"Ⅰ"的偏差大于公差值的斜度，使指示表仅在一个方向上工作，以消除它们的滞后。在这种情况下，垂直度偏差等于同一测量范围内两指示表读数变化的差值。检验时应考虑由支承载荷所引起的部件的挠度。该测量也可采用光学方法进行（见图9-60c）

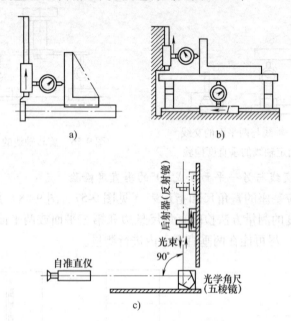

图9-60　两轨迹间运动垂直度误差的检验方法

五、圆度

圆度的检测通常是通过检测圆跳动来达到的。圆跳动误差是通过轴线上的规定点并垂直于平面内零件的圆的形状误差。对检验轴来说，用轴的外接圆直径和轴的最小可测直径之差来表示。对孔来说，则用孔的内接圆直径和孔的最大可测直径之差来表示。这些测量都要在垂直于轴线的平面内进行。国家推荐标准规定：在测量零件的圆跳动时应考虑到以上定义，同时所用测量方法的选择也应使测量效果尽可能与定义相符合。

径向圆跳动由轴线的径向偏摆、零部件的圆度和旋转轴线运动的径向误差组成。在机床的几何精度检验中，轴线的径向偏摆是通过检查安装在轴上的部件的径向圆跳动来测得的。为了避免机床检验人员的任何概念混乱和消除任何差错，国家标准中仅使用径向圆跳动这个词，并且所规定的公差已习惯地应用于径向圆跳动，所以量具的读数不必除以2。检验前应使主轴充分旋转，以保证在检验期间润滑油膜不会变化，同时所达到的温度应是机床正常运转的温度。

1. 偏心距的检验

偏心距是指一轴线围绕另一相平行的轴线旋转时，两平行轴线之间的距离。当零部件的几何轴线和旋转轴线不重合时，该两轴线之间的距离称为径向偏摆（见图9-61）。如果不考虑圆跳动，则在规定的截面内轴线的径向圆跳动是其径向偏摆的两倍。

2. 主轴外表面径向圆跳动误差的检验

将指示表的测头触及被检查的旋转表面，当主轴慢慢地旋转时，观测指示表上的示值（见图9-62）。测量锥面时测头应垂直于素线放置，只有当锥面的锥度不很大时才可检验径向圆跳动误差，并且在测量结果上应计算锥度所产生的影响。为避免检测误差，测头应严格对准旋转表面的轴线。

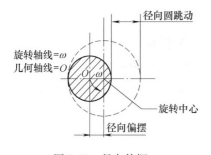

图9-61　径向偏摆

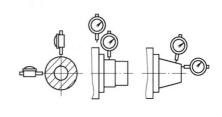

图9-62　主轴外表面径向圆跳动误差的检验

3. 主轴内表面径向圆跳动误差的检验

当圆柱孔或锥孔不能直接用指示表检验时，则可在该孔内装入检验棒，应在规定间距的 A 和 B 两个截面内，在垂直的轴平面内和在水平的轴平面内检验径向圆跳动（见图9-63）。检验时在靠近检验棒的根部处进行一次检验，在离

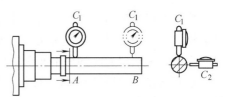

图9-63　主轴内表面径向圆
跳动误差的检验

根部某规定距离处进行另一次检验。为避免检验棒插入孔内（尤其是锥孔内）可能出现的误差，检测至少重复四次。即每次将检验棒相对主轴旋转90°重新插入，并取示值的平均值作为测量结果。采用检验棒检验时孔的精确形状不必检验。以上检验方法仅适用于用滚珠轴承和滚柱轴承支承的主轴。

4. 周期性轴向窜动的检验

周期性轴向窜动是指旋转件旋转时，在沿规定方向加进给力以消除最小轴向游隙影响的情况下，旋转件沿其轴线所作往复运动的范围。周期性轴向窜动可用一沿轴线方向加力、指示表安放在同一根轴线上的装置来检验。为了消除推力轴承游隙的影响，在测量方向上对主轴加一个轻微的压力，指示表的测头触及前端面的中心，在主轴低速连续旋转和在规定方向上保持着压力的情况下测取读数。

如果主轴是空心的，则应安装一根带有垂直于轴线的平面的短检验棒，将球形测头触及该平面进行检验（见图9-64a），也可用一根带球面的检验棒和平测头（见图9-64b）进行检验。如果主轴带中心孔，可放入一个钢球，用平测头与其接触进行检验（见图9-64c）。

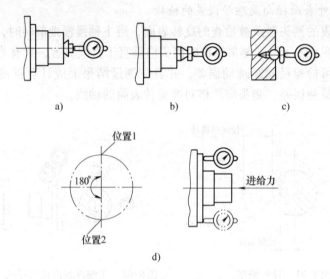

图 9-64 周期性轴向窜动的检验

检验丝杠的轴向窜动时，可在螺母闭合时用溜板的运动来施加进给力。对水平旋转的花盘则通过其自重充分地贴靠在推力轴承上。当用预加载荷推力轴承时，不必对主轴加力。如果不便在主轴上安放指示表，则轴向窜动的数值可用两个指示表测量（见图9-64d），可从不同角度位置测取读数。轴向窜动等于最大量和最小量的平均值之差。如果推力轴承是滚珠型或滚柱型的，检验时应至少旋转两周。

5. 轴向圆跳动的检验

轴向圆跳动是指由于绕轴线旋转的平面不保持在垂直于该轴线的平面内而产生的误差。检验轴向圆跳动时是检验一个旋转的平面。在平面的轴向位置不变且距离轴线最远的圆周上检验。指示表应按规定放置在距中心的距离为 A 的地方，垂直于被测表面（见图9-65），并围绕着圆周顺序地

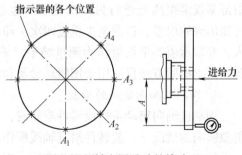

图 9-65 轴向圆跳动的检验

放在彼此留有一定间隔的一系列点上进行检验。记录每点处的最大值和最小值之差，最大的差值就是轴向圆跳动值。

检验时主轴应慢速连续旋转，并施加一个轻微的端面压力，以消除推力轴承轴向游隙的影响。当被测件采用预加载荷推力轴承时可不必对主轴加力。当水平旋转件（花盘）靠其自重充分地贴靠在推力轴承上时也不必加力。

◇◇◇◇ 第四节 机床装配质量的检验

一、卧式车床装配质量的检验

1. 工作精度检验

机床进行空运转试验和负荷试验之后，确认所有机构正常，且主轴等部件已达到稳定温度即可进行工作精度检验。

机床进行工作精度检验前应重新检查机床安装水平并将机床固紧。按精度检验标准要求的试切件形状、尺寸、材料准备切件。按试切要求准备刀具、卡盘。按检验要求准备检验试切件精度，表面粗糙度的量具或量仪。下面就卧式车床的工作精度检查说明其检验方法。

卧式车床工作精度检验内容包括：精车外圆试验、精车端面试验和精车螺纹试验。必要时也可增加车槽试验。

（1）精车外圆试验

1）目的：检查主轴的旋转精度和主轴轴线对床鞍移动方向的平行度。

2）试件要求：外圆试切件如图 9-66 所示。材料为中碳钢（一般为 45 钢），外径 D 要大于或等于车床最大切削直径（400mm）的 1/8，且不小于 $\phi50\text{mm}$，一般选用 $\phi80 \sim \phi100\text{mm}$ 的圆棒料。检验长度 $l_1 = 300\text{mm}$，连同装夹长度，总长约为 350mm。l_2 的长度一般取 20mm，空刀槽不作限制。

3）操作：

① 装夹试件。试切件夹持在卡盘中，或插在主轴前端的内锥孔中（不允许用顶尖来支承）。

② 选择车刀。用硬质合金外圆车刀或高速钢车刀。

③ 选择参数。切削用量取 $n = 397\text{r/min}$，$a_p = 0.15\text{mm}$，$f = 0.1\text{mm/r}$。

④ 开机进行车削。

4）检验：精车后用千分尺或其他量具在 3

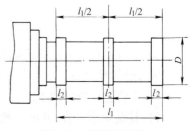

图 9-66 外圆试切件

段直径上检验试件的圆度和圆柱度误差。

精车后试件公差：圆度公差为 0.01mm，圆柱度公差在 300mm 测量长度上不大于 0.03mm，只允许靠近主轴箱端大，表面粗糙度 Ra 不大于 3.2μm。

如发现试件超差，应分析原因，采取措施。

（2）精车端面

1）目的：检查车床在正常温度下，刀架横向移动轨迹对主轴轴线的垂直度和横向导轨的直线性。

2）试件：精车端面的试件如图 9-67 所示。材料为铸铁，要求铸件无气孔、砂眼、夹砂，材质无白口。直径要求大于或等于该车床最大切削直径（400mm）的 1/2。一般取 ϕ300mm 或稍大一些的铸铁盘形试件，最大长度为最大车削直径的 1/8，即为 50mm。

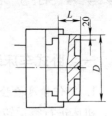

图 9-67　端面试件

3）操作：

① 装夹试件。试切件夹持在主轴前端的自定心卡盘中。

② 选择车刀。采用硬质合金 40° 右偏刀。

③ 选择车削参数。切削用量：$n = 230 \text{r/min}$，$a_p = 0.2 \text{mm}$，$f = 0.15 \text{mm/r}$。

④ 开机进行车削。

4）检验：精车后用千分表检验。检验时，指示表固定在横刀架上，使其触头触及端面的后半面半径上，移动刀架检验，指示表读数最大差值的一半即为平面度误差。

要求 300mm 直径内平面度误差不大于 0.02mm，且只允许中间凹。

（3）精车螺纹试验

1）目的：检查车床加工螺纹传动系统的精度。

2）试件：试切件材料为 45 钢，试切件的螺距应与车床丝杠螺距相等，外径也尽可能和车床丝杠接近。对于 CA6140 型车床而言，试件的直径取 ϕ40mm，螺距取 12mm，试件的长度取 400mm（留出两端的工艺料头后，可以保证螺纹处的长度为 300mm），牙型角为 60° 的普通螺纹。

3）操作：

① 装夹试件。将试件装夹在车床两顶尖间，用拨盘带动工件旋转。

② 车刀选择。采用高速钢 60° 标准螺纹车刀，车削时可加切削液冷却。

③ 选择切削用量。切削用量为 $n = 19 \text{r/min}$，$a_p = 0.02 \text{mm}$，$f = 12 \text{mm/r}$。

④ 开机进行切削加工。

4）检验要求：在 300mm 测量长度内螺距误差为 0.04mm，在任意 50mm 测量长度内的螺距误差为 0.015mm，螺纹表面粗糙度值不大于 Ra3.2μm，无振动波纹。经检查后，如发现试件超差，应查找原因，采取措施。

2. 几何精度检验

一般机床的几何精度检验分两次进行，一次在空运转试验后进行，另一次在工作精度检验之后进行。

机床的几何精度检验，一般不允许紧固地脚螺钉。

（1）在机床的几何精度检验中应注意的几点问题

1）凡与主轴轴承（或滑枕）温度有关的项目，应在主轴运转达到稳定温度后进行。

2）各运动部件的检验应采用手动操作，不适于手动或机床质量大于10t的机床，允许用低速运动。

3）凡规定的检验项目，均应在允许范围内，若因超差需要调整或返修的，返修或调整后必须对所有几何精度重新检验。

卧式车床几何精度检验的内容包括：几何精度的检验项目、检验方法、使用的检验工具和允许值。

（2）国际规定的检验项目

1）检验序号 G1。G1 项目检验公差值见表9-3 所示。

表 9-3　G1 项目的公差值

检验项目	公差①/mm		
	精密级	普通级	
	$D_a \leqslant 500$ 和 $DC \leqslant 1500$	$D_a \leqslant 800$	$800 < D_a \leqslant 1600$
床身导轨调平	$DC \leqslant 500$ 0.01（凸）	$DC \leqslant 500$	
		0.01（凸）	0.015（凸）
a 纵向：导轨在垂直平面内的直线度	$500 < DC \leqslant 1000$ 0.015（凸）	$500 < DC \leqslant 1000$	
		0.02（凸）	0.03（凸）
		局部公差任意250 测量长度上为	
		0.0075	0.01
	$1000 < DC \leqslant 1500$ 0.02（凸） 局部公差 任意250 测量 长度上为0.005	$DC > 1000$ 最大工件长度每增加 1000 公差增加	
		0.01	0.02
		局部公差任意500 测量长度上为	
		0.015	0.02
b 横向：导轨应在同一平面内	水平仪的变化 0.03/1000	水平仪的变化 0.04/1000	

① DC = 最大工件长度，D_a = 床身上最大回转直径（下同）。

① 导轨在竖直平面内的直线度，检验简图如图9-68所示。

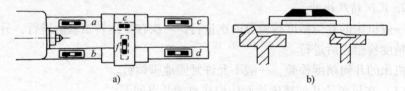

图9-68　G1检验简图
a）纵向　b）横向

检验前，将机床安装在适当的基础上，用可调垫铁置于床脚紧固螺栓孔处，在机床平导轨纵向 a、b、c、d 和横向 f 的位置上分别放置水平仪，调整可调垫铁，把机床调平，同时校正机床的扭曲。

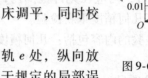

图9-69　检验G1误差曲线图

检验时，在溜板靠近前导轨 e 处，纵向放置一水平仪，等距离（近似等于规定的局部误差的测量长度）移动溜板检验。

例如，用分度值为0.02mm/1000mm框式水平仪来测量长2000mm车床导轨在竖直面内的直线度，方法如下：

在溜板近主轴端位置，首先得到水平仪的第一个读数，然后每移动500mm取一个读数，测量此导轨共获得4个读数。设这4个读数依次为 +1格、+2格、−1格、−1.5格，按上述读数在坐标纸上画出误差曲线图，如图9-69所示。连接误差曲线的起点和终点，找出曲线对两端点连线的最大坐标值 Δ，即为导轨全长的直线度误差（本例为0.0275mm）。找出任意500mm的测量长度上两端点相对曲线两端点连线的最大坐标值差 $\Delta - \Delta_1$，即为局部误差值（本例为0.01875mm）。本误差曲线在两端点连线的同一侧，中凸。

② 导轨在竖直平面内的平行度，检验简图如图9-70所示。

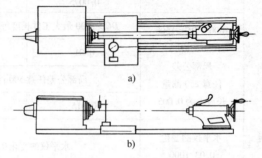

图9-70　G2检验简图

a）用检验棒和指示表检验　b）用钢丝和读数显微镜检验

检验时，在床鞍上横向 f 处放一水平仪，等距离移动溜板检验（移动距离和检查竖直平面内的直线度相同）。

水平仪在全部测量长度上读数的最大差值就是该导轨的平行度误差。

例如，用分度值为 0.02mm/1000mm 的水平仪检验上例车床导轨，设 4 个水平仪读数依次为 +1 格、+0.8 格、+0.5 格、-0.6 格，在全部测量长度上水平仪读数的最大差值为 1 - (-0.6) = 1.6 格，即导轨在全长上的平行度误差为 0.032mm/1000mm。

2）检验序号 G2（溜板移动在水平面内的直线度）。检验简图如图 9-70 所示，公差值见表 9-4。

表 9-4 G2 项目的公差值

检验项目	公差/mm		
	精 密 级	普 通 级	
	$D_a \leqslant 500$ 和 $DC \leqslant 1500$	$D_a \leqslant 800$	$800 < D_a \leqslant 1600$
溜板移动在水平面内的直线度 在两顶尖轴线和刀尖所确定的平面内检验	$DC \leqslant 500$	$DC \leqslant 500$	
	0.01	0.015	0.02
	$500 < DC \leqslant 1000$	$500 < DC \leqslant 1000$	
	0.0015	0.02	0.025
	$1000 < DC \leqslant 1500$	$DC > 1000$ 最大工件长度每增加 1000 公差增加 0.005 最大公差	
	0.02		
		0.03	0.05

当溜板行程小于或等于 1600mm 时，可利用检验棒和指示表检验（如图 9-70a 所示）。将指示表固定在床鞍上，使其触头触及主轴和尾座顶尖间的检验棒表面，调整尾座，使指示表在检验棒两端的读数相等。移动溜板，在全部行程检验，指示表读数的最大差值就是该导轨的直线度误差。

当溜板行程大于 1600mm 时，可用直径 0.1mm 的钢丝和读数显微镜检验，如图 9-70b 所示。在机床中心高的位置上绷紧一根钢丝，读数显微镜固定在床鞍上，调整钢丝，使显微镜在钢丝两端的读数相等。移动溜板，在全部行程上检验，显微镜读数的最大差值就是该导轨的直线度误差。注意钢丝直径误差不能太大。

用光学平直仪测量是测量水平面直线度误差的最佳选择，凡有条件的地方应优先采用光学平直仪进行测量。

3）检验序号 G3（尾座移动对溜板

图 9-71 G3 检验简图

移动的平行度)。检验简图如图9-71所示,公差值见表9-5。

表9-5　G3项目的公差值

检 验 项 目	公　差/mm		
	精　密　级	普　通　级	
	$D_a \leqslant 500$ 和 $DC \leqslant 1500$	$D_a \leqslant 800$	$800 < D_a \leqslant 1600$
尾座移动对溜板移动的平行度 a)在水平面内 b)在垂直平面内	a) 0.02 局部公差任意500 测量长度上为0.01	$DC \leqslant 1500$	
		a)和b) 0.03	a)和b) 0.04
		局部公差 任意500测量长度上为0.02	
	b) 0.03 局部公差任意500 测量长度上为0.02	$DC > 1500$	
		a)和b) 0.04	
		局部公差 任意500测量长度上为0.03	

检验时将指示表固定在溜板上,使其触头触及尾座端面的顶尖套上,a为在竖直平面内,b为在水平平面内,锁紧顶尖套。使尾座与床鞍一起移动,在床鞍全行程上检验,指示表在任意500mm行程上和全部行程上读数的最大差值就是局部长度上和全长上的平行度的误差值。a、b的误差分别计算。

4)检验序号G4(主轴的轴向窜动和主轴轴肩支撑面的轴向圆跳动)。检验简图如图9-72所示,公差值见表9-6所示。

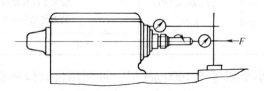

图9-72　G4检验简图

表9-6　G4项目公差值

检 验 项 目	公　差/mm		
	精　密　级	普　通　级	
	$D_a \leqslant 500$ 和 $DC \leqslant 1500$	$D_a \leqslant 800$	$800 < D_a \leqslant 1600$
主轴 a)主轴轴向窜动 b)主轴轴肩支撑面的轴向圆跳动	a) 0.005 b) 0.01 包括轴向窜动	a) 0.01 b) 0.02	a) 0.015 b) 0.02
		包括轴向窜动	

① 轴向窜动的检验。固定指示表,使其触头触及检验棒端部中心孔内的钢球上,如图9-72所示,在测量方向上沿主轴轴线加一力 F,慢慢旋转主轴,指

示表读数的最大差值就是轴向窜动误差值。

② 主轴轴肩支撑面的轴向圆跳动检查。固定指示表，使触头触及主轴轴肩支撑面上的不同直径处进行检验，其中最大误差值就是包括主轴窜动在内的轴肩支撑面的轴向圆跳动误差。

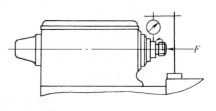

图 9-73　G5 检验简图

5）检验序号 G5（主轴定心轴颈的径向圆跳动）。检验简图如图 9-73 所示，公差值见表 9-7。

表 9-7　G5 项目的公差值

检验项目	公差/mm		
	精 密 级	普 通 级	
	$D_a \leq 500$ 和 $DC \leq 1500$	$D_a \leq 800$	$800 < D_a \leq 1600$
主轴定心轴颈的径向圆跳动	0.007	0.01	0.015

检验时，固定指示表使其触头触及轴颈（包括圆锥轴颈）的表面上，沿主轴轴线加一力 F，旋转主轴检验，指示表读数的最大差值就是径向圆跳动误差值。

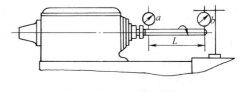

图 9-74　G6 检验简图

6）检验序号 G6（主轴锥孔轴线的径向圆跳动）。检验简图如图 9-74 所示，公差值见表 9-8。

检验时，将检验棒插入主轴锥孔内，固定指示表，使其测头触及检验棒的表面；a 为靠近主轴处，b 为距 a 点 L 处。对于车削工件直径 $D_a \leq \phi 800\mathrm{mm}$ 的车床，L 等于 $D_a/2$ 或不超过 300mm。对于 $D_a > \phi 800\mathrm{mm}$ 的车床，其测量长度 L 应增加至 800mm。旋转主轴检验，规定在 a、b 两个截面上检验。

表 9-8　G6 项目的公差值

检验项目	公差/mm		
	精 密 级	普 通 级	
	$D_a \leq 500$ 和 $DC \leq 1500$	$D_a \leq 800$	$800 < D_a \leq 1600$
主轴轴线的径向圆跳动 a) 靠近主轴端面 b) 距主轴端面 $D_a/2$ 或不超过 300mm[1]	a) 0.05 b) 在 300 测量长度上为 0.015；在 200 测量长度上为 0.01 在 100 测量长度上为 0.05	a) 0.01 b) 在 300 测量长度上为 0.02	a) 0.015 b) 在 500 测量长度上为 0.05

[1] 对于 $D_a > 800\mathrm{mm}$ 的车床，其测量长度可增加至 500mm。

为了消除检验棒误差，应将检验棒相对于主轴旋转 90°重新插入检验，共检验 4 次，4 次测量结果的平均值就是径向圆跳动误差值。a、b 的误差分别计算。

7）检验序号 G7（主轴轴线对床鞍移动的平行度）。检验简图如图 9-75 所示，公差值见表 9-9。

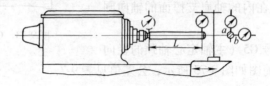

图 9-75　G7 检验简图

表 9-9　G7 项目的公差值

检验项目	公　差/mm		
	精　密　级	普　通　级	
	$D_a \leq 500$ 和 $DC \leq 1500$	$D_a \leq 800$	$800 < D_a \leq 1600$
主轴轴线对溜板纵向移动的平行度　测量长度 $D_a/2$ 或不超过 300mm[1]　a）在水平面内　b）在垂直平面内	a）在 300 测量长度上为 0.01　向前　b）在 300 测量长度上为 0.02　向上	a）在 300 测量长度上为 0.015　向前　b）在 300 测量长度上为 0.02　向上	a）在 500 测量长度上为 0.03　向前　b）在 500 测量长度上为 0.04　向上

[1] 对于 $D_a > 800$mm 的车床，其测量长度可增加至 500mm。

检验时，指示表固定在床鞍上，使其测头触及检验棒表面，a 为在竖直平面内，b 为在水平平面内。移动溜板检验。为了消除旋转轴线与检验棒轴线不重合对测量的影响，必须旋转主轴 180°作两次测量，两次测量结果代数和之半，就是平行度误差，a、b 的误差分别计算。

8）检验序号 G8（顶尖跳动）。检验简图如图 9-76 所示，公差值见表 9-10。

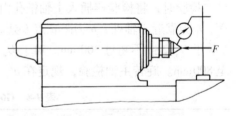

图 9-76　G8 检验简图

表 9-10　G8 项目的公差值

检验项目	公　差/mm		
	精　密　级	普　通　级	
	$D_a \leq 500$ 和 $DC \leq 1500$	$D_a \leq 800$	$800 < D_a \leq 1600$
主轴顶尖的径向圆跳动	0.01	0.015	0.02

检验时，顶尖插入主轴锥孔内，固定指示表，使其测头垂直触及顶尖锥面上，沿主轴轴线加一力 F。旋转主轴，指示表读数的最大差值乘以 cos（$\alpha/2$）（α 为圆锥体圆锥角）就是顶尖跳动误差值。

9）检验序号 G9（尾座套筒轴线对床鞍移动的平行度）。检验简图如图 9-77 所示，公差值见表 9-11。

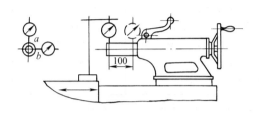

图 9-77　G9 检验简图

表 9-11　G9 项目公差值

检验项目	公　差/mm		
	精　密　级	普　通　级	
	$D_a \leqslant 500$ 和 $DC \leqslant 1500$	$D_a \leqslant 800$	$800 < D_a \leqslant 1600$
尾座套筒轴线对溜板移动的平行度 a）在水平面内 b）在垂直平面内	a）在 100 测量长度上为 0.01 向前 b）在 100 测量长度上为 0.015 向上	a）在 100 测量长度上为 0.015 向前 b）在 100 测量长度上为 0.02 向上	a）在 100 测量长度上为 0.02 向前 b）在 100 测量长度上为 0.03 向上

检验时，将尾座紧固在检验位置，当被加工工件最大长度 D_c 小于或等于 500mm 时，应紧固在床身的末端。当 D_c 大于 500mm 时，应紧固在 $D_c/2$ 处，但最大不大于 2000mm。尾座顶尖套伸出量约为最大伸出量的一半，并锁紧。

将指示表固定在床鞍上，使其测头触及尾座套筒的表面，a 为竖直平面内，b 为在水平平面内。移动床鞍检验，指示表读数的最大差值就是平行度误差值。a、b 的误差分别计算。

10）检验序号 G10（尾座套筒锥孔轴线对溜板移动的平行度）。检验简图如图 9-78 所示，公差值见表 9-12 所示。

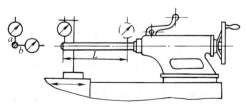

图 9-78　G10 检验简图

表 9-12　G10 项目公差值

检验项目	公　差/mm		
	精　密　级	普　通　级	
	$D_a \leqslant 500$ 和 $DC \leqslant 1500$	$D_a \leqslant 800$	$800 < D_a \leqslant 1600$
尾座套筒锥孔轴线对溜板移动的平行度　测量长度 $D_a/4$ 或不超过300mm① a）在水平面内 b）在垂直平面内	a）在 300 测量长度上为 0.02 向前 b）在 300 测量长度上为 0.02 向上	a）在 300 测量长度上为 0.03 向前 b）在 300 测量长度上为 0.03 向上	a）在 500 测量长度上为 0.05 向前 b）在 500 测量长度上为 0.05 向上

① 对于 $D_a > 800$mm 的车床，其测量长度可增加至500mm。

检验时，尾座位置同检验 G9，顶尖套筒退入尾座孔内，并锁紧。

在尾座套筒锥孔内插入检验棒，指示表固定在床鞍上，使其测头触及检验棒表面，a 为在竖直平面内，b 为在水平平面内。移动溜板检验，一次检验后，拔出检验棒，旋转180°重新插入尾座顶尖套锥孔中，重复检验。两次测量结果的代数和之半，就是平行度误差。

11）检验序号 G11（主轴和尾座两顶尖的等高度）。检验简图如图 9-79 所示，公差值见表 9-13。

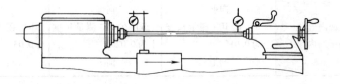

图 9-79　G11 检验简图

表 9-13　G11 项目公差值

检验项目	公　差/mm		
	精　密　级	普　通　级	
	$D_a \leqslant 500$ 和 $DC \leqslant 1500$	$D_a \leqslant 800$	$800 < D_a \leqslant 1600$
顶尖	0.02	0.04	0.06
主轴和尾座两顶尖的等高度	尾座顶尖高于主轴顶尖	尾座顶尖高于主轴顶尖	尾座顶尖高于主轴顶尖

检验时，在主轴与尾座顶尖间装入检验棒，指示表固定在床鞍上，使其测头在竖直平面内触及检验棒，移动床鞍在检验棒两端检验。指示表在两端读数的差值，就是等高度误差值。检验时，尾座顶尖套应退入尾座孔内并锁紧。

12）检验序号 G12（小滑板移动对主轴轴线的平行度）。检验简图如图 9-80 所示，公差值见表 9-14。

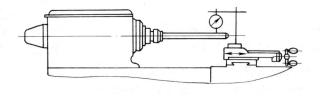

图 9-80　G12 检验简图

表 9-14　G12 项目的公差值

检验项目	公差/mm		
	精 密 级	普 通 级	
	$D_a \leqslant 500$ 和 $DC \leqslant 1500$	$D_a \leqslant 800$	$800 < D_a \leqslant 1600$
小刀架 小刀架纵向移动对主轴轴线的平行度	在 150 测量长度上为 0.015	在 300 测量长度上为 0.04	

检验时，将检验棒插入主轴锥孔中，指示表固定在小滑板上，使其测头在水平平面内触及检验棒。调整小滑板，使指示表在检验棒两端的读数相等。再将指示表测头在竖直平面内触及检验棒，移动小滑板检验，然后将主轴旋转180°再检验一次，两次测量结果的代数和之半，就是平行度误差值。

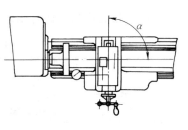

13）检验序号 G13（中滑板横向移动对主轴轴线的垂直度）。检验简图如图 9-81 所示，公差值见表 9-15。

图 9-81　G13 检验简图

表 9-15　G13 项目的公差值

检验项目	公差/mm		
	精 密 级	普 通 级	
	$D_a \leqslant 500$ 和 $DC \leqslant 1500$	$D_a \leqslant 800$	$800 < D_a \leqslant 1600$
横刀架 横刀架横向移动对主轴轴线的垂直度	0.01/300 偏差方向 $\alpha \geqslant 90°$	0.02/300 偏差方向 $\alpha \geqslant 90°$	

将平面圆盘固定在主轴上，指示表固定在中滑板上，使其测头触及圆盘平

面，移动中滑板进行检验，然后将主轴旋转180°，再检验一次。两次测量结果的代数和之半，就是垂直度误差。

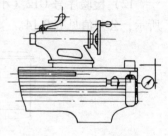

14）检验序号G14（丝杠的轴向窜动）。检验简图如图9-82所示，公差值见表9-16。

检验时，固定指示表，使其测头触及丝杠顶尖孔内的钢球上（钢球用黄油粘牢）。在丝杠的中段闭合开合螺母，旋转丝杠检查。检验时，有托架的丝杠应在装有托架的状态下检验。指示表读数的最大差值，就是丝杠的轴向窜动误差值，正反转均应检验。

图9-82　G14检验简图

表9-16　G14项目的公差值

检验项目	公　差/mm		
	精　密　级	普　通　级	
	$D_a \leqslant 500$ 和 $DC \leqslant 1500$	$D_a \leqslant 800$	$800 < D_a \leqslant 1600$
丝杠 丝杠的轴向窜动	0.01	0.015	0.02

15）检验序号G15（由丝杠所产生的螺距累积误差）。公差值见表9-17。

表9-17　G15项目的公差值

检验项目	公　差/mm		
	精　密　级	普　通　级	
	$D_a \leqslant 500$ 和 $DC \leqslant 1500$	$D_a \leqslant 800$	$800 < D_a \leqslant 1600$
由丝杠所产生的螺距累积误差	a）任意300测量长度上为0.03 b）任意60测量长度为0.01	a）在300测量长度上为 $DC \leqslant 2000$ 时为0.04，$DC < 2000$ 时，最大工件长度每增加1000公差增加 0.005 最大公差为0.05 b）任意60测量长度上为0.015	

二、Y38—1型滚齿机装配质量的检验

Y38—1型滚齿机，是一种普遍使用的齿轮加工机床。它可以滚切直齿轮和斜齿圆柱齿轮（包括蜗轮）。滚切直齿圆柱齿轮的最大加工模数铸铁件为8mm、钢件为6mm。无外支架时最大加工直径为 $\phi800mm$，有外支架时为 $\phi450mm$。加

工直齿圆柱齿轮最大齿宽为 270mm。加工斜齿圆柱齿轮时，如工件直径为 $\phi500$mm，最大螺旋角为 30°；在工件直径为 $\phi190$mm 时，最大螺旋角为 60°。

1. Y38—1 型滚齿机空运转试验

（1）空运转试验前的准备

1）将机床调整好，用煤油清洗擦净机床。

2）电气系统要完全干燥，电器限位开关装置要固紧，电源须接通地线。

3）主电动机 V 带松紧应适度，过紧会增加电动机负荷，过松会造成切削时停机。

4）工作台及刀架滑板等各导轨的端部，用 0.04mm 的塞尺检查，其插入深度应小于 20mm。

5）机床各固定结合面的密合程度，用 0.03mm 的塞尺检查，应插不进。

6）机床各交换齿轮的侧隙调整要适当，交换齿轮板要固紧，机床罩壳应装好。

7）各操纵手柄必须转动灵活，无阻滞现象。检查各传动机构、脱开机构的位置是否正确；快速机构用手作转动试验，并放置在停机位置上。

8）检查各润滑油路装置是否正确，油路是否畅通。用润滑油注满所有的润滑油孔和油箱。刀架及工作台分度蜗杆副的润滑油应注入油室至油标红线位置。各滑动导轨的润滑，可用油栓在各球形油眼注入润滑油，润滑油应清洁无杂质。

（2）空运转试验

1）主轴以 $n=47.5$r/min、$n=79$r/min、$n=127$r/min、$n=192$r/min 四种转速依次运转，在各种规定转速下运转 0.5h。最高转速须运转足够的时间，使主轴承达到稳定温度为止，但不得少于 1h。

2）在最高转速下，主轴轴承的稳定温度不超过 55℃，其他机构的轴承不应超过 50℃。

3）工作台的运转速度按 $Z=30$，$K=1$ 的分齿交换齿轮选择，根据主轴转速依次运转，使工作台由 1.6r/min 依次变速到 6.5r/min，并检验分度蜗杆副在运转中啮合的情况。

4）进给机构应按最低、中、最高三级进给量分三次进行运转试验。快速进给机构也应作快速升降试验。

5）工作台进给丝杠的反向空程量不得超过 1/20r。转动手柄时所需的力不应超过 80N。

6）各挡交换齿轮和传动用的啮合齿轮的轴向错位量不应超过 0.5mm。各挡离合器在啮合位置时应保证正确地定位。

7）在所有速度下，机床的各工作机构应平稳，不应有不正常的冲击、振动及噪声。

2. Y38—1型滚齿机负荷试验

1）负荷试验切削规范见表9-18。

表9-18 负荷试验切削规范表

切削次数	齿数	模数/mm	外径 d/mm	齿宽 b/mm	转速 n/(r/min)	切削速度 v/(m/min)	进给量 f/(mm/齿)	背吃刀量 a_p/mm	备 注
1	35	8	296	60	64	25.15	2	17.2	第一次滚切时外径
2	30	8	256	60	64	25.15	2	17.2	第二次滚切时外径
3	25	8	216	60	64	25.15	2	17.2	第三次滚切时外径

注：试坯材料为HT150。

2）进行负荷试验时，所有机构（包括电气和液压系统）均应工作正常。机床不应有明显的振动、冲击、噪声或其他不正常现象。

3）负荷试验以后，最好将主要部件拆洗一次并检查使用情况。

3. Y38—1型滚齿机工作精度试验

机床的工作精度试验，应在机床空运转试验、负荷试验及经调整到几何精度要求后进行。切削要在主轴等主要部分运转到温度稳定时进行。

（1）直齿工作精度试验 如图9-83所示为机床工作精度试验用的齿坯，其规范见表9-19。

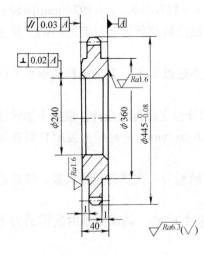

技术要求

1. 径向圆跳动误差为0.045mm。

2. 轴向圆跳动误差为0.045mm。

3. 材料：HT150，硬度为180～220HBW，硬度不均匀不得大于20HBW。

4. 铸件本身不得有砂眼或缩孔。

5. 倒角 C1。

图9-83 精切齿坯加工图

表9-19　直齿轮精切试验规范表

齿数		$z = 37$
模数		$m = 6\text{mm}$
精度等级		按齿轮精度标准7级
切削规范	粗切	精切
转速 $n /$（r/min）	155	155
背吃刀量 a_p /mm	10	1
进给量 $f /$（mm/齿）	2	0.5

（2）斜齿工作精度试验　如图9-84所示为机床工作精度试验用的齿坯，其试验规范见表9-20。

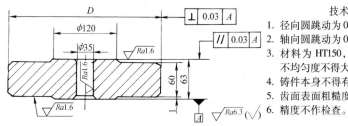

技术要求
1. 径向圆跳动为0.04mm。
2. 轴向圆跳动为0.03mm。
3. 材料为HT150，硬度170～200HBW，硬度不均匀度不得大于20HBW。
4. 铸件本身不得有砂眼或缩孔。
5. 齿面表面粗糙度值为 $Ra1.6\mu\text{m}$，倒角 $C1$。
6. 精度不作检查。

图9-84　精切斜齿轮齿坯加工图

表9-20　斜齿轮精切试验规范表

切削次数	螺旋角 $\beta /$（°）	模数 m /mm	齿数	外径 d /mm	转速 r/min	进给量 $f /$（mm/齿） 粗切	精切	背吃刀量 a_p /mm 粗切	精切	
1	30°	5	50	298.6	97	1.75	0.5	9.5	1.5	第一次切削后车成本例外径
2	30°	5	45	269.8	97	1.75	0.5	9.5	1.5	第二次切削后车成本例外径
3	30°	5	40	240.9	97	1.75	0.5	9.5	1.5	

（3）精切试验前的机床调整

1）仔细检查分度及进给交换齿轮的安装是否正确。

2）精切斜齿轮时，差动交换齿轮应进行精确计算，一般应精确到小数后第五位到第六位。

3）所选用的齿轮，不允许有凸出的高峰、毛刺，用前要清洗齿槽、内孔和齿面，安装间隙要适当。

4）机床刀架板转角误差不大于 $6' \sim 10'$。

（4）刀具的安装调整

1）滚刀心轴应符合精度要求：即局部热处理——高频感应淬火，淬硬至45～50HRC；两端螺纹必须与轴同轴；键槽的直线度误差与轴线的平行度误差在全长上测量公差0.015mm；莫氏4号锥度与滚刀主轴锥孔在接合长度上的接触面大于85%。

2）滚刀心轴安装在机床主轴之前，必须擦净锥体、外圆和端面，并检查是否有毛刺凸边等。

3）滚刀心轴装入主轴孔内，用拉杆拉紧，如图9-85所示。用指示表在 A 和 B 处检查径向圆跳动误差，在端面 C 处检查端面圆跳动误差。其要求见表9-21。如果滚刀心轴径向圆跳动误差或轴向窜动较大，为了消除跳动量，可将滚刀心轴旋转180°安装，使其达到要求为止。如果滚刀心轴轴向窜动超差，可调整主轴的轴向精度或轴向间隙。滚刀装上滚刀心轴后，必须校正滚刀台肩径向圆跳动，其公差不大于0.025mm。

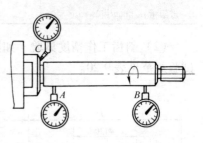

图9-85 校正滚刀心轴示意图

表9-21 滚刀心轴的允许圆跳动量 （单位：mm）

加工齿轮精度	允许圆跳动量		
	在 A 处	在 B 处	在 C 处
7-6-6	0.015	0.02	0.01

4）滚刀垫圈两端面平行度公差最大不超过0.005mm，表面粗糙度值为 $Ra0.8\mu m$，安装前必须擦净污垢，装夹时应少用垫圈，以免增加平行度累积误差。

5）滚刀精度的选择，粗滚选用 A 级或 B 级；精滚以 AA 级精度为宜，但不允许用同一把滚刀作粗精加工用。

6）切齿时滚刀必须对准工件中心。

（5）工件及夹具的安装和调整

1）滚齿夹具的轴向圆跳动量应在0.007～0.01mm 内。

2）齿坯安装后需校正外圆，使齿坯与机床回转工作台的轴线重合，其公差应小于0.03mm。

3）齿坯的夹紧支承面，应尽可能接近齿根。

4. Y38—1 型滚齿机几何精度检验

机床的几何精度检验在各部件安装时分别调整好，并在空运转试验前和工作精度检验后各进行一次。机床几何精度检验，应按机床精度检验标准或机床出厂的精度合格证书逐项检验。

（1）立柱移动时的倾斜度　其检验方法如图 9-86 所示。在立柱导轨上端的纵向和横向平面内，分别靠上水平仪 a 和 b，移动立柱，在立柱全部行程的两端和中间位置上检验。a、b 的误差分别计算，水平仪读数的最大代数差，就是本项检验的误差。a、b 处公差为 $0.02\text{mm}/1000\text{mm}$。

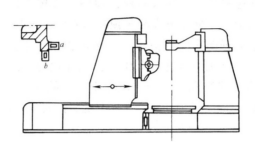

图 9-86　立柱移动时的倾斜度的检验

（2）检验工作台面的平面度误差　其检验方法见图 9-87。在工作台面上按图 9-87a 所示规定的方向放两个高度相等的量块，量块上放一根平尺（见图 9-87b）。用量块和塞尺检验工作台面和平尺检验面间的间隙，其公差为 0.025mm，工作台面内只许凹。

（3）检验工作台面的轴向圆跳动误差　其检验方法见图 9-88。将指示表固定在机床上，使指示表测头顶在工作台面上靠近边缘的地方，旋转工作台，在相隔 90°或 180°的 a 点和 b 点检验。a、b 的误差分别计算，千分表读数的最大差值，就是轴向圆跳动误差的数值。工作台的轴向圆跳动的公差为 0.015mm。

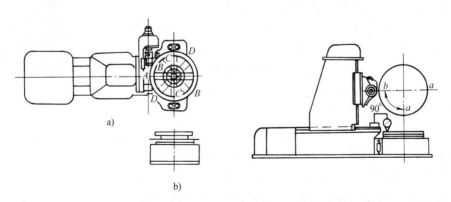

图 9-87　工作台面的平面度误差的检验　　图 9-88　工作台面的轴向圆跳动误差的检验

（4）检验工作台锥孔中心线的径向圆跳动误差　其检验方法如图 9-89 所示。在工作台锥孔中心紧密地插入一根检验棒（或按工作台中心调整检验棒）。将千分表固定在机床上，使千分表测头顶在检验棒表面上。旋转工作台，分别在靠近工作台面的 a 处，和距离 a 处 l 的 b 处检验径向圆跳动误差。a、b 的误差分别计算，千分表读数的最大差值，就是径向圆跳动误差的数值。l 为 300mm 时，a、b 两处公差各为 0.015mm、0.02mm。

（5）检验刀架垂直移动对工作台中心线的平行度误差　其检验方法如图 9-90。在工作台锥孔中紧密地插入一根检验棒（或按工作台中心调整检验棒）。将千分表固定在刀架上，使千分表测头顶在检验棒表面上，垂直移动刀架，分别在 a 纵向平面内和 b 横向平面内检验。a、b 的测量结果分别以千分表读数的最大差值表示，然后，将工作台旋转 180°，再同样检验一次。a、b 的误差分别计算。两次测量结果的代数和的一半，就是平行度的误差。l 为 500mm 时，a、b 两处的公差各为 0.03mm、0.02mm。立柱上端只许向工作台方向偏离。

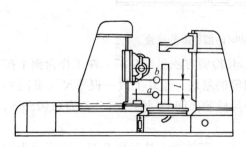

图 9-89　工作台锥孔中心线径向
圆跳动误差的检验

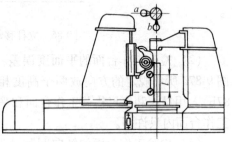

图 9-90　刀架垂直移动对工作台
中心线平行度误差的检验

（6）检验刀架回转中心线与工作台回转中心线的位置度误差　其检验方法如图 9-91 所示。在工作台锥孔中紧密地插入一根检验棒（或按工作台中心调整检验棒）。将千分表固定在刀架上，使千分表测头顶在检验棒的表面上。旋转刀架 180° 检验（机床不带指形刀架时，用主刀架检验；机床带指形刀架时用指形刀架检验）。千分表在同一截面上读数的最大差值的一半，就是刀架回转中心线与工作台回转中心线的位置度误差。用主刀架检验时，其位置度公差为

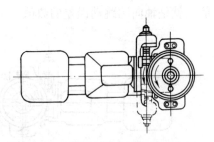

图 9-91　刀架回转中心线与工作台回
转中心线位置度误差的检验

0.15mm；用指形刀架检验时，其位置度公差为 0.05mm。

（7）检验铣刀主轴锥孔中心线的径向圆跳动误差　其检验方法如图 9-92 所示。在铣刀主轴锥孔中紧密地插入一根检验棒。将千分表固定在机床上，使千分表测头顶在检验棒的表面上。回转铣刀主轴分别在靠近主轴端部的 a 处和距离 a

处 l 的 b 处检验径向圆跳动误差。a、b 的误差分别计算，千分表读数的最大差值，就是径向圆跳动误差的数值。l 为 300mm 时，a 处的公差为 0.010mm；b 处的公差为 0.015mm。

（8）检验铣刀主轴的轴向窜动　其检验方法如图 9-93 所示。在铣刀主轴锥孔中紧密地插入一根检验棒。将千分表固定在机床上，使千分表测头顶在检验棒的端面靠近中心的地方（或顶在放入检验棒顶尖孔的钢球表面上）。旋转铣刀主轴检验，千分表读数的最大差值，就是铣刀主轴的轴向窜动量，其公差为 0.008mm。

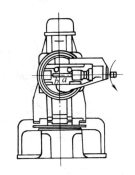

图 9-92　铣刀主轴锥孔中心线径
向圆跳动的检验

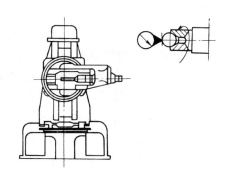

图 9-93　铣刀主轴轴向窜动的检验

（9）检验铣刀刀杆托架轴承中心线与铣刀主轴回转中心线的同轴度误差　其检验方法见图 9-94。在铣刀主轴锥孔中紧密地插入一根检验棒。在检验棒上套一配合良好的锥尾检验套 2，在托架轴承中装一检验衬套 1，衬套 1 的内径应等于锥尾套 2 的外径。将托架固定在检验棒自由端可超出托架外侧的地方。将千分表固定在机床上，使千分表测头顶在托架外侧检验

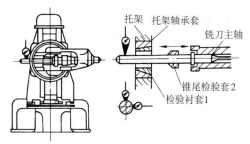

图 9-94　铣刀刀杆托架轴承中心线与铣刀
主轴回转中心线同轴度误差的检验

棒表面上，使锥尾检验套 2 进入和退出检验衬套 1 检验。千分表在锥尾检验套 2 进入和退出衬套 1 后读数最大差值，就是同轴度误差的数值。在检验棒相隔 90°的两条母线上各检验一次。同轴度公差为 0.02mm。

（10）检验后立柱滑架轴承孔中心线对工作台中心线的同轴度误差　其检验方法见图 9-95。在后立柱滑架轴承中紧密地插入一根检验棒。检验棒伸出长度等于直径的两倍。将千分表固定在工作台上，使千分表测头顶在检验棒表面靠近端

部的地方。旋转工作台检验。千分表读数的最大差值的一半，就是同轴度的误差。滑架位于后立柱上端 b 处和下端 a 处各检验一次同轴度，其公差 a 处为0.015mm，b 处为0.02mm。

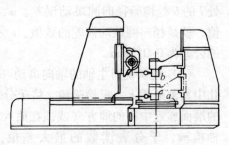

图9-95　后立柱滑架轴承孔中心线对工作台中心线同轴度误差的检验

（11）检验刀架垂直移动的累积误差　其检验方法见图9-96。将分度蜗杆旋转 z_K 转时（z_K 为分度蜗轮的齿数），用量块和千分表测量刀架的垂直移动量。千分表在测量长度上读数的最大差值，就是刀架在移动一定长度时的累积误差。刀架移动长度小于或等于25mm时，其公差为0.015mm；刀架移动长度小于或等于100mm时，其公差为0.02mm；刀架移动长度小于或等于300mm时，其公差为0.03mm；刀架移动长度小于或等于1000mm时，其公差为0.05mm。

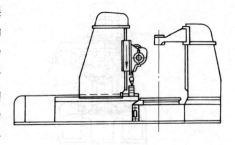

图9-96　刀架垂直移动累积误差的检验

（12）检验分度链的精度　其检验方法见图9-97。调整分度链，使分度齿数等于分度蜗轮的齿数 z_K，在铣刀主轴上装一个螺旋分度盘，在立柱上装一个显微镜，用来确定螺旋分度盘的旋转角度。在工作台上装一个经纬仪，在机床外面支架上装一个照准仪，用来确定工作台的旋转角度。当铣刀主轴转一转时，工作台分度蜗轮应当旋转 $360°/z_K$，铣刀主轴每旋转一转，返回经纬仪至原来位置，以确定工作台的实

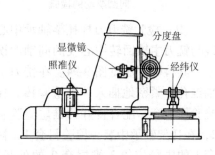

图9-97　分度链精度的检验

际旋转角度，工作台正转和反转各检验一次。分度链的精度公差为蜗杆每转一转时为0.016mm；蜗轮转一转时的累积误差为0.045mm。如无检验分度链的仪器时，可用此方法检验齿轮齿距偏差和齿距累积误差。

（13）精切直齿圆柱齿轮时，齿距偏差和齿距的累积误差　试件的直径不小于最大工件直径的1/2，模数为最大加工模数的0.4~0.6，材料为铸铁或钢，试件的加工齿数应等于分度蜗轮的齿数或其倍数，其检验方法见图9-98。齿轮精切后，用齿距仪检验同一圆周上任意齿距偏差，其公差为0.015mm。用任何一种能直接确定或经计算确定齿距累积误差的仪器检验，同一圆周上任意两个同名齿

形的最大正值和负值偏差的绝对值的和，就是累积误差，其公差为 0.070mm。

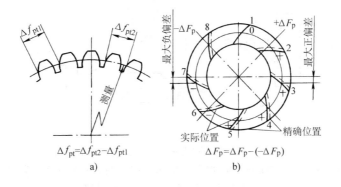

图 9-98　齿距偏差和齿距的累积误差的检验

a）齿距偏差检验图　b）齿距的累积误差检验图

（14）检验附加铣头铣刀主轴锥孔中心线的径向圆跳动误差　其检验方法如图 9-99 所示。在铣刀主轴锥孔中紧密地插入一根检验棒），将千分表固定在机床上，使千分表测头顶在检验棒的表面。旋转主轴，分别在靠近主轴端部的 a 处和距离 a 处 150mm 的 b 处检验径向圆跳动误差，a、b 的误差分别计算。千分表读数的最大差值，就是径向圆跳动误差的数值。其公差 a 处为 0.02mm；b 处为 0.04mm。

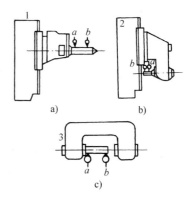

图 9-99　附加铣头铣刀主轴锥孔
中心线径向圆跳动误差的检验

a）用指形铣刀铣削外齿轮的附加铣头

b）用指形铣刀铣削内齿轮的附加铣头

c）用圆片铣刀铣削内齿轮的附加铣头

（15）检验附加铣头铣刀主轴的轴向窜动　其检测方法见图 9-100。在铣刀主轴锥孔中紧密地插入一根检验棒，将千分表固定在机床上，使千分表测头顶在检验棒的端面靠近中心的地方（或顶在放入检验棒顶尖孔的钢球表面上）旋转主轴检验。千分表读数的最大差值就是轴向窜动的数值，其公差为 0.015mm。

（16）检验对刀样板孔的中心线对工作台中心线的位置度误差　检验方法见图 9-101。在工作台锥孔中紧密地插入一根检验棒（或按工作台中心调整检验棒），将角形表杆装在对刀样板孔中，使千分表测头顶在检验棒的表面上。将工作台和角形表杆旋转 180°检验，千分表在同一截面上的读数的最大差值的一半，就是位置度误差，其公差为 0.04mm。本项检验只适用于圆片铣刀铣削内齿轮的附加铣头。

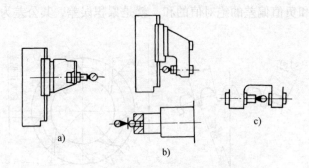

图 9-100　附加铣头铣刀主轴轴向窜动的检验

a）用指形铣刀铣削外齿轮的附加铣头　b）用指形铣刀铣削内齿轮的附加铣头

c）用圆片铣刀铣削内齿轮的附加铣头

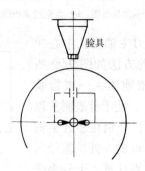

验具

图 9-101　附加铣头的检具上装对刀样板孔的
中心线对工作台中心线位置度误差的检验

复习思考题

1. 机床精度检验的项目有哪些？

2. 卧式车床工作精度检验的内容有哪些？

3. 卧式车床几何精度检验的项目有哪些？

4. Y38—1 型滚齿机几何精度检验的内容有哪些？

试 题 库

知识要求试题

一、判断题（对画"√"，错画"×"）

1. 箱体工件划线时，如以中心十字线作为基准校正线，只要在第一次划线正确后，以后每次划线都可以用它，不必重划。　　　　　　　　（　　）

2. 为了减少箱体划线时的翻转次数，第一划线位置应选择待加工孔和面最多的一个位置。　　　　　　　　　　　　　　　　　　　　（　　）

3. 划线时要注意找正内壁的道理是为了加工后能顺利装配。　（　　）

4. 划高度方向的所有线条，划线基准是水平线或水平中心线。（　　）

5. 经过划线确定加工时的最后尺寸，在加工过程中，应通过加工来保证尺寸的准确程度。　　　　　　　　　　　　　　　　　　　　（　　）

6. 有些工作，为了减少工件的翻转次数，其垂直线可利用角铁或直尺一次划出。　　　　　　　　　　　　　　　　　　　　　　　　（　　）

7. 在制作板材时，往往先要按图样在板材上画成展开图，才能进行落料和弯形加工。　　　　　　　　　　　　　　　　　　　　　　（　　）

8. 立体划线一般要在长、宽、高三个方向上进行。　　　　（　　）

9. 立体划线时，工件的支持和安置方式不取决于工件的形状和大小。（　　）

10. 起锯时起锯角过小，锯齿钩住工件棱边锋角，所选用锯条锯齿粗细不适应加工对象，推锯过程中角度突然变化，碰到硬杂物，均会引起崩齿。（　　）

11. 锯条装得过松或扭曲，锯齿一侧遇硬物易磨损，锯削时所施压力过大或锯前工件夹持不准，锯时又未顺线校正，就会造成锯缝歪斜。　　（　　）

12. 曲面锉削时，当加工余量较多时，可采用横着圆弧锉削的方法。（　　）

13. 工件上棱角处有时锉削用力过猛会导致棱角的崩裂或缺损。（　　）

14. 推磨研点时压力不均，研具伸出工件太多，按出现的假点刮削，会导致

刮削面精密度不准确。 （　　）

15. 孔口或工件边缘被挤出的研磨剂未及时去除仍继续研磨，会导致平面成凸形或孔口扩大。 （　　）

16. 几何公差分形状公差和方向公差两种。 （　　）

17. 直线度属于形状公差。 （　　）

18. 对称度属于方向公差。 （　　）

19. 面轮廓度属于位置公差。 （　　）

20. "√" 表示用去除材料的方法获得的表面粗糙度。 （　　）

21. 几何形状误差分为形状公差、波度、表面粗糙度三类。 （　　）

22. 轮廓算术平均偏差用 Ra 表示。 （　　）

23. 表面粗糙度的检测方法有目视检查法、比较检查法、针描法三种。

（　　）

24. 带有圆弧刃的标准群钻，在钻孔过程中，孔底切削出一道圆环肋与棱边能共同起稳定钻头方向的作用。 （　　）

25. 标准群钻圆弧刃上各点的前角比磨出圆弧刃之前减小，锲角增大，强度提高。 （　　）

26. 标准群钻在后面上磨有两边对称的分屑槽。 （　　）

27. 标准群钻上的分屑槽能使宽的切屑变窄，从而使排屑流畅。 （　　）

28. 钻黄铜的群钻减小外缘处的前角，是为了避免产生扎刀现象。 （　　）

29. 钻薄板的群钻是利用钻心尖定中心，两主切削刃的外刀尖切圆的原理，使薄板上钻出的孔达到圆整和光洁。 （　　）

30. 钻精孔的钻头，其刃倾角为零度。 （　　）

31. 钻精孔时应选用润滑性好的切削液。因钻精孔时除了冷却外，更重要的是需要良好的润滑。 （　　）

32. 钻小孔时，因钻头直径小，强度低，容易折断，故钻孔时的钻头转速要比钻一般的孔要低。 （　　）

33. 钻小孔时，因转速很高，实际加工时间又短，钻头在空气中冷却得很快，所以不能用切削液。 （　　）

34. 孔的中心轴线与孔的端面不垂直的孔，必须采用钻斜孔的方法进行钻孔。 （　　）

35. 用深孔钻钻削深孔时，为了保证排屑畅通，可使注入的切削液具有一定的压力。 （　　）

36. 用接长钻钻深孔时，可以一钻到底，同深孔钻一样不必中途退出排屑。

（　　）

37. 通常机用铰刀主偏角为15′。 （　　）

38. 研磨铰刀的研具有径向和轴向调整式两种。　　　　　　　（　　）

39. 对长径比小的高速旋转体，只需进行静平衡。　　　　　　（　　）

40. 长径比很大的旋转体，只需进行静平衡，不必进行动平衡。（　　）

41. 为了保证传递转矩，安装锲键时必须使键侧和键槽有少量过盈。（　　）

42. 花键配合的定心方式，在一般情况下都采用外径定心。　　（　　）

43. 花键联接按工作方式不同，可分为静联接和动联接两种。　（　　）

44. 平键联接是靠平键的上表面与轮壳底面接触传递转矩。　　（　　）

45. 销联接在机械中起紧固或定位联接作用。　　　　　　　　（　　）

46. 销联接损坏或磨损时，一般是重新钻铰尺寸较大的销孔。　（　　）

47. 圆锥销的锥度为 7∶24。　　　　　　　　　　　　　　　（　　）

48. 弹簧垫圈属于机械方法防松。　　　　　　　　　　　　　（　　）

49. 圆锥销以小端直径和长度表示其规格。　　　　　　　　　（　　）

50. 齿侧间隙检验是蜗杆传动机构的检查方式之一。　　　　　（　　）

51. 粘结剂又称胶粘剂或胶合剂。　　　　　　　　　　　　　（　　）

52. 粘结剂按化学成分可分为有机粘结剂和无机粘结剂。　　　（　　）

53. 过盈联接是利用连接件产生弹性变形来达到紧固目的。　　（　　）

54. 轴承是用来支承轴的部件，也可用来支承轴上的回转零件。（　　）

55. 主要用于承受径向载荷的轴承称为向心轴承。　　　　　　（　　）

56. 滑动轴承的特点是结构简单、制造方便、径向尺寸大等。　（　　）

57. 滑动轴承与滚动轴承相比，具有结构简单、噪声小和摩擦因数小、效率高等优点。　　　　　　　　　　　　　　　　　　　　　　　（　　）

58. 滑动轴承按滚动体的种类，可分为球轴承和滚子轴承两大类。（　　）

59. 静压轴承装配后必须进行空运转试验。　　　　　　　　　（　　）

60. 滚动轴承由外圈、内圈、滚动体和保持架组成。　　　　　（　　）

61. 滚动轴承的配合制度，内径与轴为基轴制，外径与外壳孔为基孔制。
　　　　　　　　　　　　　　　　　　　　　　　　　　　（　　）

62. 滚动轴承的密封装置可分为毡圈式密封和皮碗式密封两大类。（　　）

63. 滚动轴承的配合游隙既小于原始游隙，又小于工作游隙。　（　　）

64. 滚动轴承径向游隙的大小，通常作为衡量轴承旋转精度高低的一项指标。　　　　　　　　　　　　　　　　　　　　　　　　　　（　　）

65. 把滚动轴承装在轴上时，压力应加在外圈的端面上。　　　（　　）

66. 当轴承内圈与轴配合较紧，外圈与壳体配合较松时，可先将轴承装在轴上，然后把轴承与轴一起装入壳体内。　　　　　　　　　　　（　　）

67. 滚动轴承的密封装置有接触式和非接触式两种。　　　　　（　　）

68. 推力轴承其公称接触角大于 45°～90°。　　　　　　　　　（　　）

69. 推力轴承装配时，应将紧圈靠在轴相对静止的端面上。　　（　　）

70. 滚动轴承标有代号的端面应装在不可见的部位，以免磨损。（　　）

71. 润滑剂具有润滑、冷却、洗涤、防锈、缓冲减振和密封等作用。（　　）

72. 相同精度的前后滚动轴承采用定向装配时，则主轴的径向圆跳动量最小。
　　　　　　　　　　　　　　　　　　　　　　　　　　　　（　　）

73. 主轴轴颈本身的圆柱度和圆度误差，不会引起滚动轴承的变形而降低装配精度。
　　　　　　　　　　　　　　　　　　　　　　　　　　　　（　　）

74. 为了保证轴及其上面的零部件能正常运转，要求轴本身具有句够的强度和刚度。
　　　　　　　　　　　　　　　　　　　　　　　　　　　　（　　）

75. 轴的损坏形式主要是轴颈磨损和轴弯曲变形。　　　　　　　（　　）

76. 直齿、斜齿和人字齿圆柱齿轮用于两平行轴的传动。　　　　（　　）

77. 直齿、斜齿和弧齿锥齿轮用于两平行轴的传动。　　　　　　（　　）

78. 齿轮传动机构在装配后的跑合可分为加载跑合和电火花跑合两种。
　　　　　　　　　　　　　　　　　　　　　　　　　　　　（　　）

79. 锥齿轮传动机构啮合用涂色检查时，齿面的接触斑点在齿高和齿宽方向应不少于40%～60%。
　　　　　　　　　　　　　　　　　　　　　　　　　　　　（　　）

80. 齿轮与轴为锥面配合时，其装配后，轴端与齿轮端面应贴紧。（　　）

81. 齿轮传动机构装配后的跑合，是为了提高接触精度，减小噪声。（　　）

82. 齿轮传动可用来传递运动的转矩、改变转速的大小和方向，还可把转动变为移动。
　　　　　　　　　　　　　　　　　　　　　　　　　　　　（　　）

83. 齿轮齿条传动是将旋转运动变为直线运动。　　　　　　　　（　　）

84. 装配锥齿轮传动机构时，一般遇到的问题是两齿轮轴的轴向定位和侧隙的调整。
　　　　　　　　　　　　　　　　　　　　　　　　　　　　（　　）

85. 接触精度是齿轮的一项制造精度，所以和装配无关。　　　　（　　）

86. 蜗杆传动的效率较高，工作时发热小，不需要良好的润滑。（　　）

87. 蜗杆传动精度有12个等级。　　　　　　　　　　　　　　（　　）

88. 齿轮传动中的运动精度是指齿轮在转动一周中的最大转角误差。（　　）

89. 齿轮传动的特点包括，能保证一定的瞬时传动比，传动的准确可靠，并有过载保护作用。
　　　　　　　　　　　　　　　　　　　　　　　　　　　　（　　）

90. 蜗杆传动的侧隙共分六种。　　　　　　　　　　　　　　　（　　）

91. 联轴器在工作时具有接合和分离的功能。　　　　　　　　　（　　）

92. 离合器可以作为起动或过载时控制传递转矩的安全保护装置。（　　）

93. 对摩擦离合器，应解决发热和磨损补偿问题。　　　　　　　（　　）

94. 齿式离合器的端齿有三角形、锯齿形、梯形和矩形多种。　　（　　）

95. 液压系统由驱动元件、执行元件、控制元件和辅助元件组成。（　　）

96. 齿轮泵属于变量泵。（　　）

97. 叶片泵分为单作用式叶片泵和双作用式叶片泵两种。（　　）

98. 双活塞杆式液压缸工作台的移动范围是活塞或缸筒有效行程的两倍。（　　）

99. 控制元件可分为压力控制阀、流量控制阀和方向控制阀。（　　）

100. 流量控制阀分为节流阀和调速阀两种。（　　）

101. 辅助元件中橡胶管和塑料管主要用于固定元件之间的管道连接。（　　）

102. 液压系统中机构爬行主要是因为液压缸和管道中有空气。（　　）

103. 可以单独进行装配的零件称为装配单元。（　　）

104. 最低级的分组件是由若干个单独的零件组成。（　　）

105. 由两个或两个以上零件结合成机器一部分的称为部件。（　　）

106. 产品的装配顺序基本上是由产品的结构和装配组织形式决定。（　　）

107. 在装配过程中，每个零件都必须进行试装，通过试装时的修理、刮削、调整等工作，才能使产品达到规定的技术要求。（　　）

108. 在制定装配工艺规程时，每个装配单元通常可作为一道装配工序，任何一个产品一般都能分成若干个装配单元。（　　）

109. 尺寸链中，当封闭环增大时，增环也随之增大。（　　）

110. 装配尺寸链每个独立尺寸的偏差都将影响装配精度。（　　）

111. 正弦规是利用三角函数的正弦定理能直接测量零件角度的一种精密量具。（　　）

112. 用杠杆指示表作绝对测量时，行程无需限止。（　　）

113. 杠杆卡规其分度值常见的有 0.002mm 和 0.001mm。（　　）

114. 杠杆千分尺既可进行相对测量，也可进行绝对测量。（　　）

115. 使用量块时在满足所需尺寸的前提下，块数越多越好。（　　）

116. 指示表在进行绝对值测量时表杆与被测表面不需要垂直。（　　）

117. 经纬仪是一种精密的测角量仪。（　　）

118. 气动量仪是一种比较量仪。（　　）

119. 气动量仪的放大倍率有 2000、5000 两种。（　　）

120. CA6140 型卧式车床主轴前段的锥孔采用 1:20 锥度。（　　）

121. 车床滑板由小滑板和中滑板组成。（　　）

122. CA6140 型卧式车床的主轴通孔为 $\phi 48mm$。（　　）

123. CA6140 型车床主轴前端的锥孔为莫氏 5 号。（　　）

124. 车床的双向摩擦离合器的作用是实现主轴起动、停止、换向及过载保护。（　　）

125. 开合螺母是用来接通丝杠传来的运动。 （　　）

126. 互锁机构的作用是使机床在接通机动进给时，开合螺母不能合上；反之合上开合螺母时，机动进给就不能接通。 （　　）

127. 主轴箱是主轴的进给机构。 （　　）

128. 尾座主要是用后顶尖支承较长工件，安装钻头、绞刀等进行孔加工。 （　　）

129. CA6140 型车床主轴的精度要求为径向圆跳动和轴向窜动均不超过 0.02mm。 （　　）

130. 车床互锁机构的作用是使机床在接通机动进给时，开合螺母不能合上。 （　　）

131. 车床总装时首先要选择正确的装配基面。 （　　）

132. 车床安装主轴箱时要保证主轴轴线对溜板移动方向在两垂直平面内的平行度公差要求为：在垂直平面内为 0.02mm/300mm；在水平面内为 0.015mm/300mm；且只许向上偏和向前偏。 （　　）

133. 铣床主轴孔的锥度是 7:24。 （　　）

134. M1432A 型磨床是内圆磨床。 （　　）

135. 把水平仪横向放在车床导轨上，用于测量导轨直线度误差。 （　　）

136. 测量床身导轨垂直平面内的直线度误差时一般用百分表测量。 （　　）

137. 测量床身导轨水平平面内的直线度误差时用水平仪测量。 （　　）

138. 车床总装后的静态检查，是在空运转试验之后进行的。 （　　）

139. 车床空运转试验，是在全负荷强度试验之后进行的。 （　　）

140. 卧式车床装配质量检验分为工作精度检验和几何精度检验。 （　　）

141. 车床几何精度检验要分三次进行。 （　　）

142. 群钻主切削刃分为几段的作用是利用分屑、断屑和排屑。 （　　）

143. 机床导轨面经刮削后，只要检查其接触点数达到规定的要求即可。 （　　）

144. 机床导轨面的接触点越多越好，精密机床的接触点数在 25 点/（25mm × 25mm）以上。 （　　）

145. 刮削一组导轨时，基准导轨必须进行精度检查，而与其相配的导轨只需进行接触点数的检查，不作单独的精度检查。 （　　）

146. 刮削 V 形—矩形组合导轨时，应先刮削平面导轨，因为测量较为方便。然后再以平面导轨为基准刮削 V 形导轨。 （　　）

147. 燕尾形导轨的刮削，一般采取成队交替配刮的方法进行。 （　　）

148. 刮削机床导轨时，通常选用比较长的、限制自由度比较多的，比较难刮的支承导轨作为基准导轨。 （　　）

149. 锲形镶条的两个大平面都与导轨均匀接触，所以比平镶条接触刚度好，但加工稍有困难。 （ ）

150. 圆柱形导轨适用于载荷较大而导向性要求稍低的机床上。 （ ）

二、选择题（将正确答案的序号填入括号内）

1. （ ）就是利用划线工具，使工件上有关的表面处于合理的位置。

A. 吊线   B. 找正   C. 借料

2. 按展开原理划放样图时，对于管件或弯形断面的工件应以板厚的（ ）尺寸为准。若折线形断面的工件，应以板厚的（ ）尺寸为准。

A. 中心层   B. 外层   C. 内层

3. 划线在选择尺寸基准时，应使划线时尺寸基准与图样上的（ ）基准一致。

A. 测量基准   B. 装配基准   C. 设计基准   D. 工艺基准

4. 标准群钻主要用来钻削（ ）和（ ）。

A. 铸铁   B. 碳钢   C. 合金结构钢   D. 合金工具钢

5. 标准群钻磨短横刃后产生内刃，其前角（ ）。

A. 增大   B. 减小   C. 不变

6. 标准群钻上的分屑槽应磨在一条主切削刃的（ ）段。

A. 外刃   B. 内刃   C. 圆弧刃   D. 横刃

7. 标准群钻磨有月牙形的圆弧刃，圆弧刃上各点的前角（ ），切削时的阻力（ ）。

A. 增大   B. 减小   C. 不变

8. 钻铸铁的群钻第二重顶角为（ ）。

A. $70°$ B. $90°$ C. $110°$ D. $55°$

9. 钻黄铜的群钻，为避免钻孔的扎刀现象，外刃的纵向前角磨成（ ）。

A. $8°$ B. $35°$ C. $20°$ D. $15°$

10. 钻薄板的群钻，其圆弧的深度应比薄板工件的厚度大（ ）mm。

A. 1   B. 2   C. 3   D. 4

11. 直线度属于（ ）。

A. 形状公差   B. 方向公差   C. 位置公差   D. 跳动公差

12. "∀" 表示用（ ）的方法获得的表面粗糙度。

A. 去除材料   B. 不去除材料   C. 任何

13. 通常机用铰刀主偏角为（ ）。

A. $15°$ B. $25°$ C. $35°$ D. $45°$

14. 钻小孔时，因钻头直径小，强度低，容易折断，故钻孔时的钻头转速比钻一般的孔要（　　）。

　　A. 高　　　　　　　B. 低　　　　　　　C. 相等

15. 钻小孔时，因转速很高，要用（　　）。

　　A. 乳化液　　　　B. 煤油　　　　　C. 切削液　　　　D. 柴油

16. 花键配合的定心方式为（　　）定心。

　　A. 大径　　　　　B. 小径　　　　　C. 键侧

17. 旋转体在径向截面上有不平衡量，且产生的合力通过其重心，此不平衡称为（　　）。

　　A. 动不平衡　　　B. 动静不平衡　　　C. 静不平衡

18. 利用开口销与带槽螺母锁紧，属于（　　）防松装置。

　　A. 附加摩擦力　　B. 机械　　　　　C. 冲点　　　　　D. 粘接

19. 锲键是一种紧键联接，能传递转矩和承受（　　）。

　　A. 单向径向力　　B. 单向轴向力　　C. 双向轴向力　　D. 双向径向力

20. 直齿、斜齿和人字齿圆柱齿轮用于（　　）的传动。

　　A. 两轴平行　　　B. 两轴不平行　　C. 两轴相交　　　D. 两轴相错

21. 平键联接是靠平键与键槽的（　　）接触传递转矩。

　　A. 上平面　　　　B. 下平面　　　　C. 两侧面　　　　D. 上下平面

22. 滑移齿轮与花键轴的联接，为了得到较高的定心精度，一般采用（　　）。

　　A. 小径定心　　　　　　　　　　　B. 大径定心

　　C. 键侧定心　　　　　　　　　　　D. 大、小径定心

23. 标准圆锥销具有（　　）的锥度。

　　A. 1:60　　　　　B. 1:30　　　　　C. 1:15　　　　　D. 1:50

24. 过盈联接装配，是依靠配合面的（　　）产生的摩擦力来传递转矩。

　　A. 推力　　　　　B. 载荷力　　　　C. 压力　　　　　D. 静力

25. 圆锥面过盈联接的装配方法有（　　）。

　　A. 热装法　　　　B. 冷装法　　　　C. 压装法　　　　D. 液压装拆

26. 动压润滑轴承是指运转时（　　）的滑动轴承。

　　A. 混合摩擦　　　B. 纯液体摩擦　　　C. 平摩擦

27. 滚动轴承内径与轴的配合应为（　　）。

　　A. 基孔制　　　　B. 基轴制　　　　C. 非基制

28. 滚动轴承外径与外壳孔的配合应为（　　）。

　　A. 基孔制　　　　B. 基轴制　　　　C. 非基制

29. 装配剖分式滑动轴承时，为了达到配合要求，轴瓦的剖分面比轴承体的剖分面应（　　）。

A. 低一些　　　　B. 一致　　　　C. 高一些

30. 装配推力球轴承时，紧环应安装在（　　）的那个方向。

A. 静止的平面　　B. 转动的平面　　C. 紧靠轴肩　　　D. 远离轴肩

31. 装配滚动轴承时，轴颈或壳体孔台肩处的圆弧半径，应（　　）轴承的圆弧半径。

A. 大于　　　　　B. 小于　　　　　C. 等于　　　　　D. 大于等于

32. 装配滚动轴承时，轴上的所有轴承内、外圈的轴向位置应该（　　）。

A. 有一个轴承的外圈不固定　　　　B. 全部固定

C. 都不固定　　　　　　　　　　　D. 有一个轴承的外圈固定

33. 一种黄色凝胶状润滑剂称为（　　）。

A. 润滑油　　　　B. 润滑脂　　　　C. 固体润滑剂　　D. 胶状润滑剂

34. 滚动轴承采用定向装配法，是为了减小主轴的（　　）量，从而提高主轴的旋转精度。

A. 同轴度　　　　B. 轴向窜动　　　C. 径向圆跳动　　D. 垂直度

35. 轴是机械中的重要零件，轴本身的精度高低将直接影响旋转件的运转质量，所以其精度一般都控制在（　　）mm 以内。

A. 0.02　　　　　B. 0.05　　　　　C. 0.01　　　　　D. 0.1

36. 滚动轴承采用定向装配时，前后轴承的精度应（　　）最理想。

A. 相同　　　　　B. 前轴承比后轴承高一级

C. 后轴承比前轴承高一级

37. 滚动轴承采用定向装配时，轴承运转应灵活，无噪声，工作时温度不超过（　　）。

A. 25℃　　　　　B. 50℃　　　　　C. 75℃　　　　　D. 100℃

38. （　　）是利用油路本身的压力来控制执行元件顺序动作，以实现油路的自动控制。

A. 溢流阀　　　　B. 减压阀　　　　C. 顺序阀　　　　D. 节流阀

39. （　　）工作台的移动范围是活塞或缸筒有效行程的三倍。

A. 单活塞杆式液压缸　　　　　　　B. 双活塞杆式液压缸

C. 柱塞式液压缸　　　　　　　　　D. 摆动式液压缸

40. （　　）形密封圈装入密封沟槽后，其横截面一般产生 15%～30% 的压缩变形，在介质压力的作用下达到密封的目的。

A. O　　　　　　B. Y　　　　　　C. U　　　　　　D. V

41. 液压机构在运动中爬行，主要原因是（　　）。

A. 流量过大　　　　　　　　　　　B. 载荷过大

C. 液压缸和马达中有空气　　　　　D. 液压缸或液压马达磨损或损坏

42. 对重型机械上传递动力的低速重载齿轮副，其主要的要求是（　　）。

A. 传递运动的准确性　　　　　　　B. 传动平稳性

C. 齿面承载的均匀性　　　　　　　D. 齿轮副侧隙的合理性

43. 直齿圆柱齿轮装配后，发现接触斑点单面偏接触，其原因是（　　）。

A. 两齿轮轴不平行　　　　　　　　B. 两齿轮轴线歪斜且不平行

C. 两齿轮轴线歪斜

44. 锥齿轮装配后，在无载荷情况下，齿轮的接触表面应（　　）。

A. 靠近齿轮的小端　　　　　　　　B. 在中间

C. 靠近齿轮的大端

45. 蜗轮箱经装配后，蜗轮蜗杆的接触斑点精度是靠移动（　　）的位置来达到的。

A. 蜗轮轴向　　　B. 蜗杆径向　　　C. 蜗轮径向　　　D. 蜗杆轴向

46. 一对中等精度等级，正常啮合的齿轮，它的接触斑点在齿轮高度上应不少于（　　）。

A. 30% ~ 50%　　　B. 40% ~ 50%　　　C. 30% ~ 60%　　　D. 50% ~ 70%

47. 测量齿轮副侧隙的方法有（　　）两种。

A. 涂色法和压熔丝法

B. 涂色法和用指示表检验法

C. 压熔丝法和用指示表检验法

D. 涂色法、压熔丝法和用指示表检验法

48. 锥齿轮啮合质量的检验，应包括（　　）的检验。

A. 侧隙和接触斑点　　　　　　　　B. 侧隙和圆跳动

C. 接触斑点和圆跳动　　　　　　　D. 侧隙、接触斑点和圆跳动

49. 联轴器装配的主要技术要求是应保证两轴的（　　）要求。

A. 垂直度　　　B. 同轴度　　　C. 平行度　　　D. 直线度

50. 在尺寸链中当其他尺寸确定后，所产生的一个环是（　　）。

A. 增环　　　B. 减环　　　C. 封闭环

51. 封闭环公差等于（　　）。

A. 增环公差　　　B. 减环公差　　　C. 各组成环公差之和

52. 在垂直平面内，车床滑板用导轨的直线度公差全长为 0.02mm。在任意长 250mm，测量长度上的局部公差为 0.0075mm，且只允许（　　）。

A. 凹　　　B. 凸　　　C. 一样

53. 在冷态下，检验车床主轴与尾座孔两中心线的等高时，要求尾座孔中心线应（　　）主轴中心线。

A. 等于　　　B. 稍高于　　　C. 稍低于

54. 车床主轴变速箱安装在床身上时，应保证主轴中心线对滑板移动在垂直平面的平行度要求，并要求主轴中心线（　　　）。

    A. 只许向前偏　　B. 只许向后偏　　　C. 只许向上偏　　D. 只许向下偏

55. CA6140 型车床主轴前端的锥孔为莫氏（　　　）号锥度。

    A. 3　　　　　　　B. 4　　　　　　　C. 5　　　　　　　D. 6

56. CA6140 型车床主轴的精度要求为径向圆跳动和轴向窜动均不超过（　　　）mm。

    A. 0.01　　　　　B. 0.02　　　　　C. 0.03　　　　　D. 0.04

57. （　　　）的作用是使机床在接通机动进给时，开合螺母不能合上，反之在合上开合螺母时，机动进给就不能接通。

    A. 开合螺母机构　　　　　　　　　B. 互锁机构

    C. 纵、横向机动机构　　　　　　　D. 制动操作机构

58. 车床导轨面的表面粗糙度值在磨削时要高于 Ra（　　　）。

    A. 6.3　　　　　　B. 3.2　　　　　C. 1.6　　　　　D. 0.8

59. 车床导轨面的表面粗糙度在刮削时每 $25mm \times 25mm$ 面积内不少于（　　　）。

    A. 6　　　　　　　B. 10　　　　　　C. 12　　　　　　D. 20

60. 链传动中，链轮轮齿逐渐磨损，节距增加，链条磨损加快，磨损严重时，应（　　　）。

    A. 调节链轮中心距　　　　　　　　B. 更换个别链轮

    C. 更换链条和链轮　　　　　　　　D. 更换全部链轮

61. C6140A 型卧式车床主轴前端锥孔为（　　　）锥度，用以安装顶尖和心轴。

    A. 米制 4 号　　　B. 米制 6 号　　　C. 莫氏 4 号　　　D. 莫氏 6 号

62. 为提高主轴的刚度和抗振性，C6140A 型卧式车床采用（　　　）结构。

    A. 二支承　　　　B. 三支承　　　　C. 四支承　　　　D. 六支承

63. 将部件、组件、零件连接组合成为整台机器的操作过程，称为（　　　）。

    A. 组件装配　　　B. 部件装配　　　C. 总装配　　　　D. 零件装配

64. 装配精度完全依赖于零件加工精度的装配方法，即为（　　　）。

    A. 完全互换法　　B. 修配法　　　　C. 选配法

65. 根据装配精度（即封闭环公差）合理分配各组成环公差的过程，叫（　　　）。

    A. 装配方法　　　B. 检验方法　　　C. 解尺寸链　　　D. 加工方法

66. 一般机床导轨的直线度公差为（　　　）mm/100mm，平行度公差为（　　　）mm/100mm。

    A. 0.01 ~ 0.02　　B. 0.015 ~ 0.02　　C. 0.02 ~ 0.04　　D. 0.02 ~ 0.05

    E. 0.03 ~ 0.05

67. 刮削导轨的接触精度（导轨宽度小于等于 250mm）：高精度机床导轨为
（　　）点／（25mm×25mm）；精密机床为（　　）点／（25mm×25mm）；普通
机床为（　　）点／（25mm×25mm）。

　　A. 6　　　　　　　　B. 10　　　　　　　　C. 12　　　　　　　　D. 16

　　E. 20　　　　　　　　F. 25

68. 车床的几何精度检验要分（　　）次进行。

　　A. 一　　　　　　　　B. 二　　　　　　　　C. 三　　　　　　　　D. 四

69. CA6140 型车床主轴的精度要求为径向圆跳动和轴向窜动均不超过
（　　）mm。

　　A. 0.01　　　　　　　B. 0.02　　　　　　　C. 0.05　　　　　　　D. 0.10

70. 一般刮削导轨的表面粗糙度值在 Ra（　　）μm 以下；磨削或精刨导轨
的表面粗糙度值在 Ra（　　）μm 以下。

　　A. 0.2　　　　　　　B. 0.4　　　　　　　C. 0.8　　　　　　　D. 1.6

　　E. 3.2

71. M1432A 型磨床是（　　）磨床。

　　A. 万能外圆　　　　　B. 内圆　　　　　　　C. 平面　　　　　　　D. 螺纹

72. 铣床主轴孔的锥度是（　　）。

　　A. 7∶24　　　　　　　B. 1∶30　　　　　　　C. 1∶15　　　　　　　D. 1∶50

73. 指示表可作（　　）测量。

　　A. 相对　　　　　　　B. 绝对　　　　　　　C. 比较

74. 指示表的分度值一般为 0.01mm、0.001mm、（　　）mm。

　　A. 0.02　　　　　　　B. 0.05　　　　　　　C. 0.002　　　　　　　D. 0.005

75. 用杠杆指示表作绝对测量时，行程不宜（　　），行程较大时，采用
（　　），测量精度高。

　　A. 过长　　　　　　　B. 过短　　　　　　　C. 相对测量　　　　　　D. 比较测量

76. 杠杆卡规的分度值常见的有 0.002mm 和（　　）mm。

　　A. 0.010　　　　　　　B. 0.005　　　　　　　C. 0.001　　　　　　　D. 0.01

77. 气动量仪的放大倍率有 2000、5000、（　　）三种。

　　A. 1000　　　　　　　B. 3000　　　　　　　C. 4000　　　　　　　D. 10000

78. 经纬仪的分度值一般为（　　）。

　　A. 1″　　　　　　　　B. 2″　　　　　　　　C. 3″　　　　　　　　D. 4″

79. 圆度仪的传感器和测头沿立柱导轨上、下移动的方向与旋转轴线要（　　）。

　　A. 垂直　　　　　　　B. 平行　　　　　　　C. 同轴　　　　　　　D. 交叉

80. 精车外圆试验是属于车床装配质量检验中的（　　）检验。

　　A. 工作精度　　　　　B. 几何精度　　　　　C. 尺寸精度　　　　　D. 装配精度

技能要求试题

一、T形开口锉配

1. 考件图样（见图1）

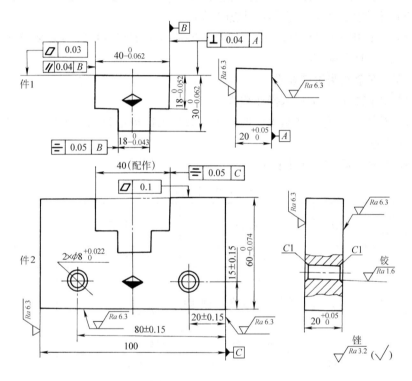

技术要求

材料：45钢。

图1　T形开口锉配件

2. 准备要求

1）熟悉考件图样。

2）检查毛坯是否与考件符合。

3）工具、量具、夹具的准备。

4）设备的检查（主要是电气和机械传动部分）。

5）划线及划线工具的准备。

3. 考核内容

（1）考核要求

1）采用锯、锉、钻的方法制作。加工后应达到图样要求的尺寸公差：15mm ±0.15mm；$60_{-0.074}^{0}$ mm；$40_{-0.062}^{0}$ mm；$30_{-0.062}^{0}$ mm；$18_{-0.043}^{0}$ mm（三处）；20mm ± 0.15mm；80mm ±0.15mm；$2 \times \phi 8_{0}^{+0.022}$ mm。几何公差：对称度公差0.05mm（两处）；平面度公差0.1mm；垂直度公差0.04mm；平行度公差0.04mm；另一处平面度公差0.03mm。相配间隙≤0.12mm；互换间隙≤0.12mm。锉削表面粗糙度值为 $Ra6.3\mu m$（2处）；铰孔表面粗糙度值为 $Ra1.6\mu m$；其他 $Ra3.2\mu m$。

2）不准用砂布或风磨机打光加工表面。

3）图样中未注公差按 GB/T 1804—2000 标准 IT12～IT14 规定要求加工。

（2）工时定额 5h

（3）安全文明生产要求

1）正确执行安全技术操作规程。

2）应按企业有关文明生产的规定，做到工作场地整洁，工件、工具、量具等摆放整齐。

4. 配分、评分标准见表1

表1 T形开口锉配评分表

序号	作业项目	配分	考核内容	评分标准	考核记录	扣分	得分
1	锉削	2×2	$60_{-0.074}^{0}$ mm，$Ra3.2\mu m$	超差无分			
		1.5×2	$30_{-0.062}^{0}$ mm，$Ra3.2\mu m$	超差无分			
		3×2	$18_{-0.052}^{0}$ mm，$Ra3.2\mu m$（2处）	超差无分			
		1.5×2	$18_{-0.043}^{0}$ mm，$Ra3.2\mu m$	超差无分			
		1.5×2	$40_{-0.062}^{0}$ mm，$Ra3.2\mu m$	超差无分			
		8	对称度公差0.05mm(2处)	超差无分			
		3	平面度公差0.1mm	超差无分			
		3	平面度公差0.03mm	超差无分			
		2	平行度公差0.04mm	超差无分			
		3	垂直度公差0.04mm	超差无分			
		32	配合间隙≤0.12mm	超差0.02mm扣5分，超差0.05mm扣10分，超差>0.06mm无分			
		14	互换间隙≤0.12mm	超差<0.05mm扣5分，超差>0.05mm无分			

（续）

序号	作业项目	配分	考 核 内 容	评 分 标 准	考核记录	扣分	得分
2	钻、铰孔	3	80mm ± 0.15mm	超差无分			
		3	20mm ± 0.15mm	超差无分			
		6	15mm ± 0.15mm	超差无分			
		4	$2 \times \phi 8^{+0.022}_{0}$mm，$Ra1.6\mu m$	超差无分			
3	安全文明生产		遵守安全操作规程，正确使用工、夹、量具，操作现场整洁	按达到规定的标准程度评定，一项不符合要求，在总分中扣2～5分，总扣分不超过10分			
			安全用电、防火，无人身、设备事故	因违规操作发生重大人身设备事故，此卷按0分计算			
4	分数合计	100					

二、锉钻装配

1. 考件图样（见图2）

2. 准备要求

1）熟悉考件图样。

2）检查毛坯是否与考件符合。

3）所使用的设备检查（电气与机械传动部分）。

4）工具、量具、夹具的准备。

5）划线与划线工具的准备。

3. 考核内容

（1）考核要求

1）本题采用锯、錾、锉、钻、铰方法制作。加工后应达到图样要求的尺寸公差：96mm ± 0.3mm；$30^{0}_{-0.05}$mm（两处）；30mm ± 0.15mm；60mm ± 0.20mm。几何公差：位置度公差 $\phi 0.15$mm；锯削平面度公差0.5mm；錾削平面度公差0.5mm；平行度公差0.04mm；平面度公差0.04mm；垂直度公差0.04mm。与圆柱销间隙 <0.12mm，铰孔表面粗糙度 $Ra1.6\mu m$；其余 $Ra3.2\mu m$。

2）锯削面要求一次完成，不准修锉。

3）不准用砂布或风磨机打光加工表面。

4）图样中未注公差按 GB/T 1804—2000 标准 IT12～IT14 规定的要求加工。

（2）工时定额为5h

（3）安全文明生产要求

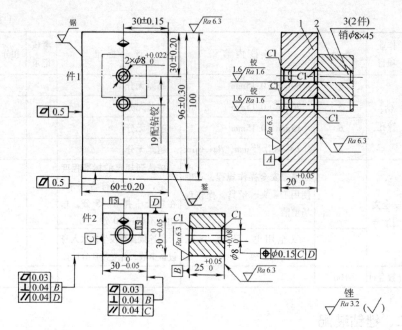

技术要求

材料：HT150。

图2 锉钻装配件

1）正确执行安全技术操作规程。

2）应按企业有关文明生产的规定，做到工作场地整洁，工件、工具、量具等摆放整齐。

4．评分、配分标准见表2。

表2 锉钻装配评分表

序号	作业项目	配分	考核内容	评分标准	考核记录	扣分	得分
1	錾削	3	96mm ± 0.30mm	超差无分			
		3	平面度公差 0.5mm	超差无分			
2	锯削	3	60mm ± 0.20mm	超差无分			
		3	平面度公差 0.5mm	超差无分			
3	锉削	4×2	$2 \times 30_{-0.05}^{\ 0}$ mm，$Ra3.2\mu$m （2处）	超差无分			
		4×2	平面度公差 0.03mm（2处）	超差无分			
		4×2	垂直度公差 0.04mm（2处）	超差无分			
		4×2	平行度公差 0.04mm（2处）	超差无分			
		40	配合间隙≤0.12mm	超差 0.02mm 扣 5 分，超差 0.05mm 扣 10 分，超差 >0.06mm 无分			

（续）

序号	作业项目	配分	考核内容	评分标准	考核记录	扣分	得分
4	钻铰孔	2×2	$2 \times \phi 8^{+0.022}_{0}$ mm，$Ra1.6\mu$m	超差无分			
		3	$\phi 8^{+0.08}_{0}$ mm	超差无分			
		3	30mm±0.15mm	超差无分			
		3	30mm±0.20mm	超差无分			
		3	位置度公差 ϕ0.15mm	超差无分			
5	安全文明生产		遵守安全操作规程，正确使用工、夹、量具，操作现场整洁	按达到规定的标准程度评定，一项不符合要求，在总分中扣2~5分，总扣分不超过10分			
			安全用电、防火，无人身、设备事故	因违规操作发生重大人身设备事故，此卷按0分计算			
6	分数合计	100					

三、圆弧直角镶配

1. 考件图样（见图3）

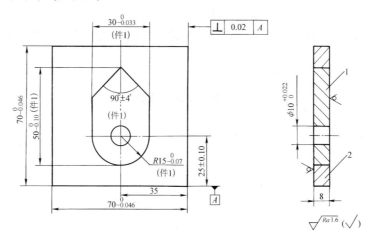

技术要求

1. 件2配合面按件1配作。

2. 配合（翻转180°配合）间隙0.06。

3. 锐边倒圆 R0.3。

4. 材料，45钢。

图3 圆弧直角镶配

2. 准备要求

1）熟悉考件图样。

2）检查毛坯是否考件符合。

3）工具、量具、夹具准备。

4）所使用的设备检查（电气与机械传动部分）。

5）划线和划线工具的准备。

3. 考核内容

（1）考核要求

1）本题采用锯、錾、锉、钻、铰的方法制作。加工后应达到图样要求的尺寸公差：$70_{-0.046}^{0}$ mm（$Ra1.6\mu m$，两处）；$70_{-0.046}^{0}$ mm（$Ra1.6\mu m$，两处）；$50_{-0.10}^{0}$ mm；$30_{-0.033}^{0}$ mm（$Ra1.6\mu m$）；25mm ± 0.10mm；$90° ± 4'$（$Ra1.6\mu m$）；$\phi10_{0}^{+0.022}$ mm（$Ra1.6\mu m$）；$R15_{-0.07}^{0}$ mm（$Ra1.6\mu m$）；配合间隙≤0.06mm；互换间隙≤0.06mm。几何公差：垂直度公差0.02mm。

2）不准用砂布或风磨机打光加工表面。

3）图样中未注公差按 GB/T 1804—2000 标准 IT12 ~ IT14 规定的要求加工。

4）不能严重畸形。

（2）工时定额为 4.5h

（3）安全文明生产要求

1）正确执行安全技术操作规程。

2）应按企业有关文明生产的规定，做到工作场地整洁，工件、工具、量具等摆放整齐。

4. 配分、评分标准见表3。

表3　圆弧直角镶配评分表

序号	作业项目	配分	考核内容	评分标准	考核记录	扣分	得分
1	锉削	6	$70_{-0.046}^{0}$ mm，$Ra1.6\mu m$（2处）	超差无分			
		6	$30_{-0.033}^{0}$ mm，$Ra1.6\mu m$	超差无分			
		6	$R15_{-0.07}^{0}$ mm，$Ra1.6\mu m$	超差无分			
		4	25mm ±0.10mm，$Ra1.6\mu m$	超差无分			
		4	$50_{-0.10}^{0}$ mm，$Ra1.6\mu m$	超差无分			
		6	$90° ± 4'$	超差无分			
		6	垂直度公差0.02mm	超差无分			
		36	配合间隙≤0.06mm	超差 0.02mm 扣 5 分，超差 0.05mm 扣 10 分，超差 >0.06mm 无分			
		20	互换间隙≤0.06mm	超差 <0.05mm 扣 5 分，超差 >0.05mm 无分			

（续）

序号	作业项目	配分	考核内容	评分标准	考核记录	扣分	得分
2	钻、铰孔	6	$\phi 10^{+0.022}_{0}$ mm，$Ra1.6\mu m$	超差无分			
3	安全文明生产		遵守安全操作规程，正确使用工、夹、量具，操作现场整洁	按达到规定的标准程度评定，一项不符合要求，在总分中扣2～5分，总扣分不超过10分			
			安全用电、防火，无人身、设备事故	因违规操作发生重大人身设备事故，此卷按0分计算			
4	分数合计	100					

四、斜台换位对配

1. 考件图样（见图4）

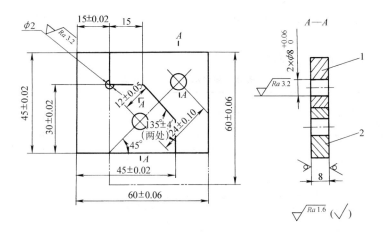

技术要求

1. 件1按件2配作，锐边倒圆 $R0.3$。

2. 配合（件2翻转180°配合）间隙0.06。

3. 外形（件2翻转180°外形）错位0.05。

4. 材料：45钢。

图4　斜台换位对配

2. 准备要求

1）熟悉考件图样。

2）检查毛坯是否与考件相符合。

3）工具、量具、夹具的准备。

4）所使用的设备检查（电气和机械传动部分）。

5）划线及划线工具的准备。

3. 考核内容

（1）考核要求

1）采用锯、錾、锉、钻的方法制作。加工后应达到图样要求的尺寸公差：45mm ± 0.02mm（$Ra1.6\mu$m）；15mm ± 0.02mm（$Ra1.6\mu$m）；12mm ± 0.05mm（$Ra1.6\mu$m）；60mm ± 0.06mm（$Ra1.6\mu$m，两处）；24mm ± 0.10mm；30mm ± 0.02mm；$2 \times \phi8^{+0.06}_{0}$mm（$Ra3.2\mu$m）；135° ± 4′（$Ra1.6\mu$m，两处）。配合间隙≤0.06mm；外形错位量≤0.05mm。

2）不准用砂布或风磨机打光加工表面。

3）图样中未注公差按 GB/T 1804—2000 标准 IT12 ~ IT14 规定的要求加工。

（2）工时定额为 4h

（3）安全文明生产要求

1）正确执行安全技术操作规程。

2）应按企业有关文明生产的规定，做到工作场地整洁，工件、工具、量具等摆放整齐。

4. 配分、评分标准参照表4。

表4　斜台换位对配评分表

序号	作业项目	配分	考核内容	评分标准	考核记录	扣分	得分
1	锉削	4×2	2×60mm ± 0.06mm, $Ra1.6\mu$m（2 处）	超差无分			
		4×2	2×45mm ± 0.02mm, $Ra1.6\mu$m（2 处）	超差无分			
		4	15mm ± 0.02mm, $Ra1.6\mu$m	超差无分			
		4	30mm ± 0.02mm, $Ra1.6\mu$m	超差无分			
		36	配合间隙≤0.06mm	超差 0.02mm 扣 5 分，超差 0.05mm 扣 10 分，超差 >0.06mm 无分			
		20	外形错位量≤0.05mm	超差 <0.05mm 扣 5 分，超差 >0.05mm 无分			

（续）

序号	作业项目	配分	考核内容	评分标准	考核记录	扣分	得分
2	钻、铰孔	4	12mm ± 0.05mm	超差无分			
		4	24mm ± 0.10mm	超差无分			
		4 × 2	135° ± 4′mm（2 处）	超差无分			
		4	$2 × \phi 8^{+0.06}_{0}$mm，$Ra3.2\mu m$	超差无分			
3	安全文明生产		遵守安全操作规程，正确使用工、夹、量具，操作现场整洁	按达到规定的标准程度评定，一项不符合要求，在总分中扣 2～5 分，总扣分不超过 10 分			
			安全用电、防火，无人身、设备事故	因违规操作发生重大人身设备事故，此卷按 0 分计算			
4	分数合计	100					

五、制作角度模板

1. 考件图样（见图 5）

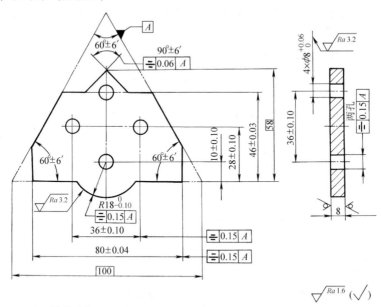

技术要求

1. 锐边倒圆 R0.3。

2. 材料：Q235。

图 5　角度模板

2. 准备要求

1）熟悉考件图样。

2）检查毛坯是否与考件相符合。

3）工具、量具、夹具的准备。

4）所使用的设备检查（电气和机械传动部分）。

5）划线与划线工具的准备。

3. 考核内容

（1）考核要求

1）采用锯、錾、锉、钻的方法制作。加工后应达到图样要求的尺寸公差：$4 \times \phi 8_{\ 0}^{+0.06}$ mm；46mm ± 0.03mm；80mm ± 0.04mm；10mm ± 0.10mm；36mm ± 0.10mm（两处）；90° ±6′；60° ±6′（两处）；圆弧度 $R18_{\ -0.10}^{\ 0}$ mm。对称度公差：0.06mm；0.15mm（三处）；0.04mm。表面粗糙度 Ra1.6μm（三处）；Ra3.2μm。

2）不准用砂布或风磨机打光加工表面。

3）图样中未注公差按 GB/T 1804—2000 标准 IT12～IT14 规定的要求加工。

（2）工时定额为 6h

（3）安全文明生产要求

1）正确执行安全技术操作规程。

2）应按企业有关文明生产的规定，做到工作场地整洁，工件、工具、量具等摆放整齐。

4. 配分、评分标准参照表5。

表5　角度模板评分表

序号	作业项目	配分	考核内容	评分标准	考核记录	扣分	得分
1	锉削	6	80mm ± 0.04mm，Ra1.6μm	超差无分			
		6×2	46mm ± 0.03mm，Ra1.6μm（2处）	超差无分			
		5×3	3×60° ±6′	超差无分			
		5	90° ±6′				
		5	$R18_{\ -0.10}^{\ 0}$ mm，Ra1.6μm	超差无分			
		6	对称度公差 0.15mm	超差无分			
		6	对称度公差 0.06mm	超差无分			

（续）

序号	作业项目	配分	考核内容	评分标准	考核记录	扣分	得分
2	钻、铰孔	5	36mm±0.10mm（2处）	超差无分			
		5	10mm±0.10mm	超差无分			
		5	28mm±0.10mm	超差无分			
		6×4	4×$\phi 8^{+0.06}_{0}$mm，$Ra3.2\mu m$	超差无分			
		6	对称度公差0.15mm（3处）	超差无分			
3	安全文明生产		遵守安全操作规程，正确使用工、夹、量具，操作现场整洁	按达到规定的标准程度评定，一项不符合要求，在总分中扣2~5分，总扣分不超过10分			
			安全用电、防火，无人身、设备事故	因违规操作发生重大人身设备事故，此卷按0分计算			
4	分数合计	100					

六、台阶对配四方

1. 考件图样（见图6）

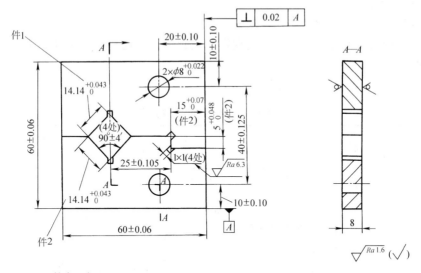

技术要求

1. 件1配合面按件2配作。

2. 配合面间隙0.08，外形错位0.05。

3. 锐边倒圆 R0.3。

4. 材料：45钢。

图6 台阶对配四方件

2. 准备要求

1）熟悉考件图样。

2）检查毛坯是否与考件相符合。

3）工具、量具、夹具的准备。

4）所使用的设备检查（电气和机械传动部分）。

5）划线及划线工具准备。

3. 考核内容

（1）考核要求

1）采用锯、锉、钻的方法制作。加工后应达到图样要求的尺寸公差：40mm ± 0.125mm；25mm ± 0.105mm；$2 \times \phi 8^{+0.022}_{0}$ mm；$5^{+0.048}_{0}$ mm；$15^{+0.07}_{0}$ mm；$14.14^{+0.043}_{0}$ mm（两处）；60mm ± 0.06mm（两处）；90° ± 4'（两处）；20mm ± 0.10mm。配合间隙≤0.08mm；表面粗糙度 $Ra1.6\mu m$（两处）；表面粗糙度 $Ra3.2\mu m$（五处）。几何公差：垂直度公差 0.02mm，外形错位≤0.05mm。

2）不准用砂布或风磨机打光加工表面。

3）图样中未注公差按 GB/T 1804—2000 标准 IT12～IT14 规定的要求加工。

（2）工时定额为 6h

（3）安全文明生产要求

1）正确执行安全技术操作规程。

2）应按企业有关文明生产的规定，做到工作场地整洁，工件、工具、量具等摆放整齐。

4. 配分、评分标准参照表6。

表6 台阶对配四方评分表

序号	作业项目	配分	考核内容	评分标准	考核记录	扣分	得分
1	锉削	4	$2 \times 60mm \pm 0.06mm$, $Ra1.6\mu m$（2处）	超差无分			
		4 × 2	$2 \times 14.14^{+0.043}_{0}mm$, $Ra1.6\mu m$	超差无分			
		3	25mm ± 0.105mm	超差无分			
		5	$15^{+0.07}_{0}mm$	超差无分			
		6	$5^{+0.048}_{0}mm$	超差无分			
		4 × 4	4 × 90° ± 4'	超差无分			
		6	垂直度公差 0.02mm	超差无分			
		20	配合间隙≤0.08mm	超差 0.02mm 扣 5 分，超差 0.05mm 扣 10 分，超差 >0.06mm 无分			
		10	外形错位≤0.05mm	超差 <0.05mm 扣 5 分，超差 >0.05mm 无分			

（续）

序号	作业项目	配分	考核内容	评分标准	考核记录	扣分	得分
2	钻、铰孔	4	20mm ± 0.10mm	超差无分			
		4	2 × 10mm ± 0.10mm	超差无分			
		4	40mm ± 0.125mm	超差无分			
		5 × 2	$2 \times \phi 8^{+0.022}_{0}$mm, $Ra1.6\mu$m	超差无分			
3	安全文明生产		遵守安全操作规程，正确使用工、夹、量具，操作现场整洁	按达到规定的标准程度评定，一项不符合要求，在总分中扣2~5分，总扣分不超过10分			
			安全用电、防火，无人身、设备事故	因违规操作发生重大人身设备事故，此卷按0分计算			
4	分数合计	100					

七、方槽角度对配

1. 考件图样（见图7）

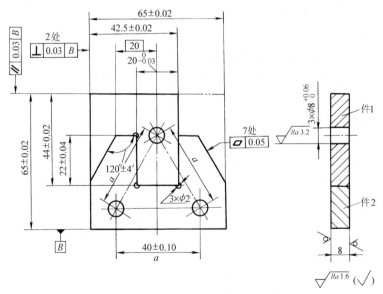

技术要求
1. 件2按件1配作，锐边倒圆 R0.3。
2. 配合（翻转180°配合）间隙 0.08。
3. 外形（翻转180°外形）错位 0.05。
4. 三个 α 误差0.15。
5. 材料：45钢。

图7 方槽角度对配件

2. 准备要求

1）熟悉考件图样。

2）检查毛坯是否与考件相符合。

3）工具、量具、夹具的准备。

4）所使用的设备检查（电气和机械传动部分）。

5）划线及划线工具准备。

3. 考核内容

（1）考核要求

1）采用锯削、錾削、锉削和钻削加工的方法。加工后应达到图样要求的尺寸公差：$65mm \pm 0.02mm$；$42.5mm \pm 0.02mm$；$20_{-0.03}^{0}mm$；$24mm \pm 0.04mm$；$44mm \pm 0.02mm$；$40mm \pm 0.10mm$（三处）；$3 \times \phi 8_{0}^{+0.06}mm$；$120° \pm 4'$。配合间隙 $\leqslant 0.08mm$；外形错位量 $\leqslant 0.05mm$。几何公差：平行度公差 $0.03mm$；垂直度公差 $0.03mm$（两处）；平面度公差 $0.015mm$（七处）。表面粗糙度 $Ra1.6\mu m$（六处）；$\phi 8$ 孔表面粗糙度 $Ra3.2\mu m$；其余 $Ra1.6\mu m$。

2）不准用砂布或风磨机打光加工表面。

3）图样中未注公差按 GB/T 1804—2000 标准 IT12～IT14 规定的要求加工。

（2）工时定额为 5h

（3）安全文明生产要求

1）正确执行安全技术操作规程。

2）应按企业有关文明生产的规定，做到工作场地整洁，工件、工具、量具等摆放整齐。

4. 配分、评分标准参照表7。

表7 方槽角度对配评分表

序号	作业项目	配分	考核内容	评分标准	考核记录	扣分	得分
1	锉削	2×2	$2 \times 65mm \pm 0.02mm$，$Ra1.6\mu m$（2处）	超差无分			
		2×2	$44mm \pm 0.02mm$，$Ra1.6\mu m$（2处）	超差无分			
		2	$22mm \pm 0.04mm$，$Ra1.6\mu m$	超差无分			
		2×2	$42.5mm \pm 0.02mm$，$Ra1.6\mu m$（2处）	超差无分			
		4	$20_{-0.03}^{0}mm$，$Ra1.6\mu m$	超差无分			
		2	$120° \pm 4'$	超差无分			
		3×2	垂直度公差 $0.03mm$（2处）	超差无分			
		3	平行度公差 $0.03mm$	超差无分			
		2×7	平面度公差 $0.05mm$（7处）	超差无分			

（续）

序号	作业项目	配分	考核内容	评分标准	考核记录	扣分	得分
1	锉削	30	配合间隙≤0.08mm	超差0.02mm扣5分，超差0.05mm扣10分，超差>0.06mm无分			
		15	外形错位≤0.05mm	超差<0.05mm扣5分，超差>0.05mm无分			
2	钻、铰孔	2×3	3×40mm±0.10mm	超差无分			
		2×3	3×$\phi 8^{+0.06}_{0}$mm，$Ra3.2\mu m$（3处）	超差无分			
3	安全文明生产		遵守安全操作规程，正确使用工、夹、量具，操作现场整洁	按达到规定的标准程度评定，一项不符合要求，在总分中扣2～5分，总扣分不超过10分			
			安全用电、防火，无人身、设备事故	因违规操作发生重大人身设备事故，此卷按0分计算			
4	分数合计	100					

八、燕尾圆弧对配

1. 考件图样（见图8）

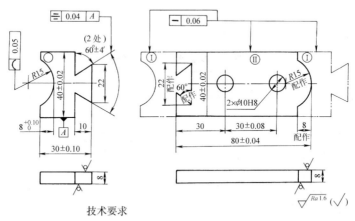

技术要求

1. 燕尾配合（翻转180°配合）间隙0.04。

2. 圆弧配合（翻转180°配合）间隙0.04。

3. 锐边倒圆 R0.3。

4. 材料：Q235。

图8 燕尾圆弧对配图

2. 准备要求

1）熟悉考件图样。

2）检查毛坯是否与考件相符合。

3）工具、量具、夹具的准备。

4）所使用的设备检查（电气和机械传动部分）。

5）划线及划线工具的准备。

3. 考核内容

（1）考核要求

1）采用锯、錾、锉、钻的方法制作。加工后应达到图样要求的尺寸公差：40mm ± 0.02mm；40mm ± 0.04mm；30mm ± 0.08mm；30mm ± 0.10mm；80mm ± 0.08mm；$8^{+0.10}_{0}$mm；$2 \times \phi 10$H8mm；$60° \pm 4''$；燕尾配合间隙 ≤ 0.04mm；圆弧的配合间隙 ≤ 0.04mm。几何公差：R15 圆弧轮廓度要求 0.05mm；直线度公差 0.06mm；对称度公差 0.04mm；圆弧的配合间隙 0.04mm。表面粗糙度 $Ra1.6\mu m$（十二处）；60°角表面粗糙度 $Ra1.6\mu m$；其他 $Ra1.6\mu m$。

2）不准用砂布或风磨机打光加工表面。

3）图样中未注公差按 GB/T 1804—2000 标准 IT12 ~ IT14 规定的要求加工。

（2）工时定额为 6h

（3）安全文明生产要求

1）正确执行安全技术操作规程。

2）应按企业有关文明生产的规定，做到工作场地整洁，工件、工具、量具等摆放整齐。

4. 配分、评分标准参照表 8。

表 8　燕尾圆弧对配评分表

序号	作业项目	配分	考核内容	评分标准	考核记录	扣分	得分
1	锉削	3	30mm ± 0.10mm, $Ra1.6\mu m$	超差无分			
		3	$8^{+0.10}_{0}$mm 配作, $Ra1.6\mu m$	超差无分			
		3 × 2	2 × 40mm ± 0.02mm, $Ra1.6\mu m$（2 处）	超差无分			
		3	R15mm 配作, $Ra1.6\mu m$	超差无分			
		3 × 3	22mm 配作, $Ra1.6\mu m$（3 处）	超差无分			
		3 × 2	60° ± 4′配作（2 处）	超差无分			

（续）

序号	作业项目	配分	考核内容	评分标准	考核记录	扣分	得分
1	锉削	3	80mm±0.04mm，Ra1.6μm	超差无分			
		5	对称度公差0.04mm	超差无分			
		5	线轮廓度公差0.05mm	超差无分			
		5	直线度公差0.06mm	超差无分			
		25	燕尾配合间隙≤0.04mm	超差0.02mm扣5分，超差0.05mm扣10分，超差>0.06mm无分			
		13	圆弧配合间隙≤0.04mm	超差<0.05mm扣5分，超差>0.05mm无分			
2	钻、铰孔	3	30mm±0.08mm	超差无分			
		2	30mm	超差无分			
		3×3	2×ϕ10H8mm，Ra1.6μm（3处）	超差无分			
3	安全文明生产		遵守安全操作规程，正确使用工、夹、量具，操作现场整洁	按达到规定的标准程度评定，一项不符合要求，在总分中扣2~5分，总扣分不超过10分			
			安全用电、防火，无人身、设备事故	因违规操作发生重大人身设备事故，此卷按0分计算			
4	分数合计	100					

九、制作整体式镶配件

1. 考件图样（见图9）

2. 准备要求

（1）熟悉考件图样。

（2）检查毛坯是否与考件相符合。

（3）工具、量具、夹具的准备。

（4）所使用的设备检查（电气和机械传动部分）。

（5）划线及划线工具的准备。

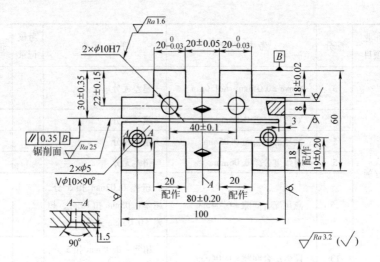

技术要求

1. 以凸件（上）为基准，凹件（下）配作，配合互换间隙≤0.08，两侧错位量≤0.08。

2. 孔 2×φ5 的表面粗糙度值为 Ra6.3μm，2×φ10×90°锥形孔的表面粗糙度值为 Ra3.2μm。

3. φ10H7 两孔对 A 的对称度误差≤0.25。

4. 将此件锯开后进行检测。

5. 材料：Q235。

图9　整体式镶配件

3. 考核内容

（1）考核要求

1）采用锯、錾、锉、钻的方法制作。加工后应达到图样要求的尺寸公差：50mm±0.08mm；30mm±0.3mm；16$_{-0.03}^{0}$mm；36mm±0.02mm；20$_{-0.03}^{0}$mm；20mm±0.02mm；120°±4′。配合间隙≤0.08mm；孔 2×φ10H7mm。错位量≤0.08mm。几何公差：对称度公差0.20mm；平行度公差0.35mm。表面粗糙度 Ra3.2μm（十八处）；Ra1.6μm（两处）；Ra12.5μm。

2）不准用砂布或风磨机打光加工表面。

3）锯削面不准修锉。

4）图样中未注公差按 GB/T 1804—2000 标准 IT12～IT14 规定的要求加工。

（2）工时定额为 7h

（3）安全文明生产要求

1）正确执行安全技术操作规程。

2）应按企业有关文明生产的规定，做到工作场地整洁，工件、工具、量具等摆放整齐。

4. 配分、评分标准参照表9。

表9 整体式镶配件评分表

序号	作业项目	配分	考核内容	评分标准	考核记录	扣分	得分
1	锯削	2	平行度公差0.35mm	超差无分			
2	锉削	2	60mm	超差无分			
		2×2	30mm±0.35mm，$Ra3.2\mu m$（2处）	超差无分			
		5	$2\times20_{-0.03}^{\ 0}$ mm，$Ra3.2\mu m$（2处）	超差无分			
		3	20mm±0.05mm，$Ra3.2\mu m$（2处）	超差无分			
		5	18mm±0.02mm，$Ra3.2\mu m$	超差无分			
		35	配合间隙≤0.08mm	超差0.02mm扣5分，超差0.05mm扣10分，超差＞0.06mm无分			
		16	错位量≤0.08mm	超差＜0.05mm扣5分，超差＞0.05mm无分			
3	钻、铰孔	3	40mm±0.10mm	超差无分			
		3	80mm±0.20mm	超差无分			
		3	22mm±0.15mm	超差无分			
		2×4	2×ϕ5mm，90°，1.5mm	超差无分			
		4×2	2×ϕ10H7mm，$Ra1.6\mu m$（2处）	超差无分			
		3	对称度误差≤0.25mm	超差无分			
4	安全文明生产		遵守安全操作规程，正确使用工、夹、量具，操作现场整洁	按达到规定的标准程度评定，一项不符合要求，在总分中扣2～5分，总扣分不超过10分			
			安全用电、防火，无人身、设备事故	因违规操作发生重大人身设备事故，此卷按0分计算			
5	分数合计	100					

十、CA6140 型车床主轴箱装配

1. 考件图样（见图 10）

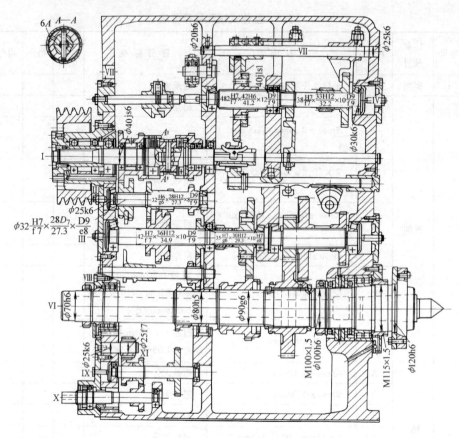

图 10　CA6140 车床主轴箱

2. 准备要求

1）熟悉考件图样，并拟定装配方案及装配顺序。

2）检查装配件是否齐全和符合质量要求。

3）工具、量具、夹具的准备。

4）所需要使用的设备检查（电气和机械传动部分）。

5）严格清洗各有关零件，有些销、键联接件需要修毛刺及倒角。

3. 考核内容

（1）考核要求

1）装配顺序正确，工夹量具使用规范及做到修护保养要求。装配后应达到如下要求：主轴轴向窜动量 ≤0.01mm；主轴定心轴颈的径向圆跳动量

≤0.01mm；主轴轴线径向圆跳动量，要求近轴端≤0.01mm，离轴端300mm处≤0.02mm。零件的清洁度符合要求。

2）不准用硬物敲击装配件。

3）盘车平稳、轻松无阻滞感。

（2）工时定额为8h

（3）安全文明生产要求

1）正确执行安全技术操作规程。

2）应按企业有关文明生产的规定，做到工作场地整洁，工件、工具、量具等摆放整齐。

4. 配分、评分标准参照表10。

表10　CA6140型车床主轴箱装配评分表

序号	作业项目	配分	考核内容	评分标准	考核记录	扣分	得分
1	装配	25	主轴轴向窜动量≤0.01mm	超差无分			
		25	主轴定心轴颈的径向圆跳动量≤0.01mm	超差无分			
		20	主轴轴线径向圆跳动量近轴端≤0.01mm	超差无分			
		20	主轴轴线径向圆跳动量离轴端300mm处≤0.02mm	超差无分			
		10	装配后盘车平稳，无窜动、无阻滞	超差无分			
2	安全文明生产		遵守安全操作规程，正确使用工、夹、量具，操作现场整洁	按达到规定的标准程度评定，一项不符合要求，在总分中扣2～5分，总扣分不超过10分			
			安全用电、防火，无人身、设备事故	因违规操作发生重大人身设备事故，此卷按0分计算			
3	分数合计	100					

模拟试卷样例

一、判断题 (对画 √，错画 ×，答错倒扣分。每题 1 分，共 60 分)

1. 箱体类工件划线的基准是以面为主。（　　）

2. 划高度方向的所有线条，划线基准是水平线或水平中心线。（　　）

3. 为了减少箱体划线时的翻转次数，第一划线位置应选择待加工孔和面最多的一个位置。（　　）

4. 第二次划线要依据已加工表面作为基准并为找正依据。（　　）

5. 立体划线时，工件的支持和安置方式不取决于工件的形状和大小。

（　　）

6. 起锯时起锯角过小，锯齿钩住工件棱边锋角，所选用锯条锯齿粗细不适应加工对象，推锯过程中角度突然变化，碰到硬杂物，均会引起崩齿。（　　）

7. 锯削时工件伸出钳口的长度不宜过长，否则锯削时容易产生振动。

（　　）

8. 不大的平面和最后锉光都可用交叉锉。（　　）

9. 推磨研点时压力不均，研具伸出工件太多，按出现的假点刮削，会导致刮削面精密度不准确。（　　）

10. 几何公差分形状公差、方向公差和位置公差三种。（　　）

11. 倾斜度属于位置公差。（　　）

12. "⊘" 表示用去除材料的方法获得的表面粗糙度。（　　）

13. 标准群钻上的分屑槽能使宽的切屑变窄，从而使排屑流畅。（　　）

14. 孔口或工件边缘被挤出的研磨剂未及时去除仍继续研磨，会导致平面成凸形或孔口扩大。（　　）

15. 主切削刃上各点的前角大小不同，近心处 $d/3$ 范围内为负角，对钻削有利。（　　）

16. 标准群钻主要用来钻削碳素结构钢和各种合金结构钢。（　　）

17. 标准群钻圆弧刃上各点的前角增加了切削阻力。（　　）

18. 孔的中心轴线与孔的端面不垂直的孔，必须采用钻斜孔的方法进行钻孔。（　　）

19. 研磨铰刀的研具有分体式和整体式两种。（　　）

20. 深孔一般指长径比 $L/d > 5$ 的孔。（　　）

21. 对于长径比小的高速旋转体，只需进行静平衡。　　　（　　）

22. 为了保证传递转矩，安装锲键时必须使键侧和键槽有少量过盈。（　　）

23. 圆锥销以小端直径和长度表示其规格。　　　　　　　（　　）

24. 粘结剂按化学成分可分为有机粘结剂和无机粘结剂。　（　　）

25. 过盈联接是利用联接件产生弹性变形来达到紧固目的。（　　）

26. 平键联接是靠平键的上表面与轮壳底面接触传递转矩。（　　）

27. 公称接触角为 0°的向心轴承称为径向接触轴承。　　（　　）

28. 滑动轴承按滚动体的种类，可分为球轴承和滚子轴承两大类。（　　）

29. 滚动轴承的代号由基本代号、前置代号和后置代号组成。（　　）

30. 滚动轴承径向游隙的大小，通常作为轴承旋转精度高低的一项指标。

（　　）

31. 把滚动轴承装在轴上时，压力应加在外圈的端面上。　（　　）

32. 滚动轴承的配合游隙既小于原始游隙又小于工作游隙。（　　）

33. 润滑剂有润滑油、润滑脂两类。　　　　　　　　　　（　　）

34. 主轴轴颈本声的圆柱度和圆度误差，不会引起滚动轴承的变形而降低装配精度。　　　　　　　　　　　　　　　　　　　　（　　）

35. 直齿、斜齿和人字齿圆柱齿轮用于两相交轴之间的传动。（　　）

36. 齿轮传动机构在装配后的跑合可分为加载跑合和电火花跑合两种。

（　　）

37. 接触精度是齿轮的一项制造精度，所以和装配无关。（　　）

38. 齿轮传动中的运动精度是指齿轮在转动一周中的最大转角误差。（　　）

39. 齿轮传动的特点包括：能保证一定的瞬时传动比，传动的准确可靠，并有过载保护作用。　　　　　　　　　　　　　　　　　（　　）

40. 轴的损坏形式主要是轴颈磨损和轴弯曲变形。　　　（　　）

41. 离合器可以作为起动或过载时控制传递转矩的安全保护装置。（　　）

42. 片式摩擦离合器要求装配后松开的时候间隙要大。　（　　）

43. 液压系统由驱动元件、执行元件、控制元件、辅助元件组成。（　　）

44. 叶片泵分为单作用式叶片泵和双作用式叶片泵两种。（　　）

45. 溢流阀的作用是保持出油口的压力基本不变。　　　（　　）

46. 齿轮传动机构装配后的跑合，是为了提高接触精度，减小噪声。（　　）

47. 可以单独进行装配的零件，称为装配单元。　　　　（　　）

48. 尺寸链中，当封闭环增大时，增环也随之增大。　　（　　）

49. 指示表可作相对测量。　　　　　　　　　　　　　　（　　）

50. 产品的装配顺序基本上是由产品的结构和装配组织形式决定的。（　　）

51. 在制定装配工艺规程时，每个装配单元通常可作为一道装配工序，任何

一个产品一般多能分成若干个装配单元。 （　　）

52. 把水平仪横向放在车床导轨上，是测量导轨直线度误差。 （　　）

53. 燕尾形导轨的刮削，一般采取成对交替配刮的方法进行。 （　　）

54. CA6140 型车床主轴前端的锥孔为莫氏 5 号。 （　　）

55. 车床的双向摩擦离合器的作用是实现主轴起动、停止、换向及过载保护。 （　　）

56. 车床互锁机构的作用是使机床在接通机动进给时，开合螺母不能合上。 （　　）

57. 卧式车床工作精度检验有精车外圆和精车端面两种。 （　　）

58. 铣床主轴孔的锥度是 7∶24。 （　　）

59. 床身导轨水平平面内的直线度误差用水平仪测量。 （　　）

60. 卧式车床装配质量检验分空运转试验、负荷试验、工作精度检验和几何精度检验。 （　　）

二．选择题（将正确答案的序号填入括号内，每题 1 分，共 40 分）

1. 箱体类划线的基准是以（　　）为主。

A. 点　　　　　　　B. 线　　　　　　　C. 面　　　　　　　型腔

2. 划线时为避免和减少翻转次数，其垂直线可用（　　）一次划出。

A. 直角尺　　　　　　　　　　　　B. 钢直尺

C. 游标高度尺　　　　　　　　　　D. 游标万能角度尺

3. 一般将加工直径小于 φ（　　）的孔称为小孔。

A. 2　　　　　　B. 3　　　　　　C. 4　　　　　　D. 5

4. 标准群钻圆弧刃上各点的（　　）增大，减小了切削阻力，可提高切削效率。

A. 前角　　　　　B. 后角　　　　　C. 刀尖角　　　　　D. 横刃斜角

5. 标准群钻磨有月牙形的圆弧刃，切削时的阻力（　　）。

A. 增大　　　　　B. 减小　　　　　C. 不变

6. 直线度属于（　　）。

A. 形状公差　　　B. 方向公差　　　C. 位置公差　　　D. 跳动公差

7. "√"表示表面可用（　　）获得。

A. 去除材料　　　B. 不去除材料　　　C. 任何方法

8. 旋转体在径向截面上有不平衡量，且产生的合力通过其重心，此不平衡称为（　　）。

A. 动不平衡　　　B. 动静不平衡　　　C. 静不平衡

9. 旋转体静平衡需在（　　）个平面上安放（　　）个平衡重物，使旋转体达到平衡。

    A. 一   B. 二   C. 三   D. 四

10. 滑移齿轮与花键轴的联接，为了得到较高的定心精度，一般采用( )。

    A. 小径定心   B. 大径定心   C. 键侧定心   D. 大、小径定心

11. 直齿、斜齿和弧齿锥齿轮用于 ( ) 的传动。

    A. 两轴平行   B. 两轴不平行   C. 两轴相交   D. 两轴相错

12. 圆锥面过盈联接的装配方法有 ( )。

    A. 热装法   B. 冷装法   C. 压装法   D. 液压装拆

13. 滚动轴承内径与轴的配合应为 ( )。

    A. 基孔制   B. 基轴制   C. 非基制

14. 过盈联接装配，是依靠配合面的 ( ) 产生的摩擦力来传递转矩。

    A. 推力   B. 载荷力   C. 压力   D. 静力

15. 装配剖分式滑动轴承时，为了达到配合要求，轴瓦的剖分面比轴承体的剖分面应 ( )。

    A. 低一些   B. 一致   C. 高一些

16. 装配推力球轴承时，紧环应安装在 ( ) 的那个方向。

    A. 静止平面   B. 转动平面   C. 紧靠轴肩   D. 远离轴肩

17. 装配滚动轴承时，轴上的所有轴承内、外圈的轴向位置应该 ( )。

    A. 有一个轴承的外圈不固定   B. 全部固定

    C. 都不固定   D. 有一个轴承的外圈固定

18. 滚动轴承采用定向装配法，是为了减小主轴的 ( ) 量，从而提高主轴的旋转精度。

    A. 同轴度   B. 轴向窜动   C. 径向圆跳动   D. 垂直度

19. 滚动轴承采用定向装配时，前后轴承的精度应 ( ) 最理想。

    A. 相同

    B. 前轴承比后轴承高一级

    C. 后轴承比前轴承高一级

20. 溢流阀属于 ( ) 控制阀。

    A. 压力   B. 流量   C. 方向

21. ( ) 型密封性能好、寿命长、结构紧凑、装拆方便。

    A. O 型   B. Y 型   C. U 型   D. V 型

22. 对重型机械上传递动力的低速重载齿轮副，其主要的要求是 ( )。

    A. 传递运动的准确性   B. 传动平稳性

    C. 齿面承载的均匀性   D. 齿轮副侧隙的合理性

23. 锥齿轮装配后，在无载荷情况下，齿轮的接触表面应（　　）。

A. 靠近齿轮的小端　　　　　　　　B. 在中间

C. 靠近齿轮的大端

24. 一对中等精度等级、正常啮合的齿轮，它的接触斑点在齿轮高度上应不少于（　　）。

A. 30% ~50%　　　B. 40% ~50%　　　C. 30% ~60%　　　D. 50% ~70%

25. 锥齿轮啮合质量的检验，应包括（　　）的检验。

A. 侧隙和接触斑点　　　　　　　　B. 侧隙和圆跳动

C. 接触斑点和圆跳动　　　　　　　D. 侧隙、接触斑点和圆跳动

26. 在尺寸链中当其他尺寸确定后，新产生的一个环是（　　）。

A. 增环　　　　　　B. 减环　　　　　　C. 封闭环

27. 在冷态下，检验车床主轴与尾座孔两中心线的等高时，要求尾座孔中心线应（　　）主轴中心线。

A. 等于　　　　　　B. 稍高于　　　　　　C. 稍低于

28. 装配精度完全依赖于零件加工精度的装配方法，即为（　　）。

A. 完全互换法　　　B. 修配法　　　C. 选配法

29. 一般刮削导轨的表面粗糙度值在 $Ra0.8\mu m$ 以下，磨削或精刨导轨的表面粗糙度值在 Ra（　　）μm 以下。

A. 0.2　　　B. 0.4　　　C. 0.8　　　D. 1.6　　　E. 3.2

30. CA6140 型车床丝杠螺距为（　　）mm。

A. 6　　　　　　B. 10　　　　　　C. 12　　　　　　D. 16

31. （　　）的作用是使机床在接通机动进给时，开合螺母不能合上，反之在合上开合螺母时，机动进给就不能接通。

A. 开合螺母机构　　　　　　　　B. 互锁机构

C. 纵、横向机动机构　　　　　　　D. 制动操作机构

32. 车床导轨面的表面粗糙度在刮削时每 25mm × 25mm 面积内不少于（　　）。

A. 6　　　　　　B. 10　　　　　　C. 12　　　　　　D. 20

33. CA6140 型卧式车床尾座锥孔为（　　）锥度，用以安装顶尖。

A. 莫氏 3 号　　　B. 莫氏 4 号　　　C. 莫氏 5 号　　　D. 莫氏 6 号

34. 将部件、组件、零件联接组合成为整台机器的操作过程，称为（　　）。

A. 组件装配　　　B. 部件装配　　　C. 总装配　　　D. 零件装配

35. 车床工作精度检验主要包括精车外圆、精车端面和（　　）。

A. 精车内孔　　　B. 精车螺纹　　　C. 精车锥面　　　D. 精车沟槽

36. 车床的几何精度检验有（　　）项

A. 12   B. 13   C. 14   D. 15

37. 铣床主轴孔的锥度是（   ）。

A. 7:24   B. 1:30   C. 1:15   D. 1:50

38. 正弦规两圆柱的中心距一般有100mm、（   ）mm。

A. 150   B. 200   C. 250   D. 400

39. 杠杆卡规其分度值常见的有0.002mm和（   ）mm。

A. 0.010   B. 0.005   C. 0.001   D. 0.01

40. 气动量仪的放大倍率有2000、5000、（   ）三种。

A. 1000   B. 3000   C. 4000   D. 10000

知识要求试题答案

一、判断题

1. ×　 2. ✓　 3. ✓　 4. ✓　 5. ×　 6. ✓　 7. ✓　 8. ✓　 9. ×
10. ×　 11. ✓　 12. ✓　 13. ✓　 14. ✓　 15. ✓　 16. ×　 17. ✓　 18. ×
19. ✓　 20. ✓　 21. ✓　 22. ✓　 23. ×　 24. ✓　 25. ×　 26. ×　 27. ✓
28. ✓　 29. ✓　 30. ×　 31. ✓　 32. ×　 33. ✓　 34. ✓　 35. ✓　 36. ×
37. ✓　 38. ×　 39. ×　 40. ×　 41. ×　 42. ×　 43. ✓　 44. ×　 45. ×
46. ×　 47. ×　 48. ×　 49. ✓　 50. ✓　 51. ✓　 52. ✓　 53. ✓　 54. ✓
55. ✓　 56. ×　 57. ✓　 58. ✓　 59. ✓　 60. ✓　 61. ×　 62. ×　 63. ✓
64. ✓　 65. ×　 66. ✓　 67. ✓　 68. ✓　 69. ✓　 70. ×　 71. ✓　 72. ×
73. ×　 74. ×　 75. ✓　 76. ✓　 77. ×　 78. ✓　 79. ✓　 80. ×　 81. ✓
82. ✓　 83. ✓　 84. ✓　 85. ×　 86. ×　 87. ✓　 88. ✓　 89. ✓　 90. ×
91. ×　 92. ✓　 93. ✓　 94. ✓　 95. ✓　 96. ×　 97. ✓　 98. ×　 99. ✓
100. ×　101. ×　102. ✓　103. ×　104. ✓　105. ✓　106. ✓　107. ×　108. ✓
109. ×　110. ✓　111. ×　112. ×　113. ×　114. ✓　115. ×　116. ×　117. ✓
118. ✓　119. ×　120. ×　121. ×　122. ✓　123. ×　124. ✓　125. ✓　126. ✓
127. ×　128. ✓　129. ×　130. ✓　131. ✓　132. ✓　133. ✓　134. ×　135. ×
136. ×　137. ×　138. ×　139. ×　140. ✓　141. ×　142. ✓　143. ×　144. ×
145. ✓　146. ×　147. ✓　148. ✓　149. ✓　150. ✓

二、选择题

1. B　　 2. A、C　 3. C　　 4. B、C　 5. A　　 6. A　　 7. A、B　 8. A
9. A　　 10. A　　 11. A　 12. A　　 13. A　　 14. A　 15. C　　 16. B

17. C 18. B 19. B 20. A 21. C 22. B 23. D 24. C
25. D 26. B 27. A 28. B 29. C 30. C 31. B 32. A
33. B 34. C 35. A 36. B 37. B 38. C 39. B 40. A
41. C 42. C 43. B 44. A 45. A 46. D 47. C 48. A
49. B 50. C 51. C 52. B 53. B 54. A 55. D 56. A
57. B 58. C 59. B 60. C 61. D 62. B 63. C 64. A
65. C 66. B 67. E、D、B 68. B 69. B 70. C 71. A
72. A 73. B、C 74. C 75. A、D 76. C 77. D 78. B 79. B
80. A

模拟试卷样例答案

一、判断题

1. √ 2. √ 3. √ 4. √ 5. × 6. × 7. √ 8. × 9. √ 10. ×
11. × 12. √ 13. √ 14. √ 15. × 16. √ 17. × 18. √ 19. ×
20. √ 21. × 22. × 23. √ 24. √ 25. √ 26. × 27. √ 28. √
29. √ 30. √ 31. × 32. √ 33. × 34. × 35. × 36. √ 37. ×
38. √ 39. √ 40. √ 41. √ 42. × 43. √ 44. √ 45. × 46. √
47. × 48. × 49. × 50. √ 51. √ 52. × 53. √ 54. × 55. √
56. √ 57. × 58. √ 59. × 60. ×

二、选择题

1. C 2. A 3. B 4. A 5. B 6. A 7. C 8. C 9. A
10. B 11. C 12. D 13. A 14. C 15. C 16. C 17. A 18. C
19. B 20. A 21. A 22. C 23. A 24. D 25. A 26. C 27. B
28. A 29. C 30. C 31. B 32. B 33. C 34. C 35. B 36. D
37. A 38. B 39. C 40. D

钳工需学习下列课程：

初级：机械识图、机械基础（初级）、钳工常识、电工常识、钳工（初级）

中级：机械制图、机械基础（中级）、钳工（中级）

高级：机械基础（高级）、钳工（高级）

技师、高级技师：液气压传动、数控技术与 AutoCAD 应用、机床夹具设计与制造、测量与机械零件测绘、钳工（技师、高级技师）

国家职业资格培训教材

丛书介绍：深受读者喜爱的经典培训教材，依据最新国家职业标准，按初级、中级、高级、技师（含高级技师）分册编写，以技能培训为主线，理论与技能有机结合，书末有配套的试题库和答案。所有教材均免费提供 PPT 电子教案，部分教材配有 VCD 实景操作光盘（注：标注★的图书配有 VCD 实景操作光盘）。

读者对象：本套教材是各级职业技能鉴定培训机构、企业培训部门、再就业和农民工培训机构的理想教材，也可作为技工学校、职业高中、各种短训班的专业课教材。

◆ 机械识图

◆ 机械制图

◆ 金属材料及热处理知识

◆ 公差配合与测量

◆ 机械基础（初级、中级、高级）

◆ 液气压传动

◆ 数控技术与 AutoCAD 应用

◆ 机床夹具设计与制造

◆ 测量与机械零件测绘

◆ 管理与论文写作

◆ 钳工常识

◆ 电工常识

◆ 电工识图

◆ 电工基础

◆ 电子技术基础

◆ 建筑识图

◆ 建筑装饰材料

◆ 车工（初级★、中级、高级、技师和高级技师）

◆ 铣工（初级★、中级、高级、技师和高级技师）

◆ 磨工（初级、中级、高级、技师和高级技师）

◆ 钳工（初级★、中级、高级、技师和高级技师）

◆ 机修钳工（初级、中级、高级、技师和高级技师）

◆ 锻造工（初级、中级、高级、技师和高级技师）

◆ 模具工（中级、高级、技师和高级技师）

◆ 数控车工（中级★、高级★、技师和高级技师）

◆ 数控铣工/加工中心操作工（中

级★、高级★、技师和高级技师）

◆ 铸造工（初级、中级、高级、技师和高级技师）

◆ 冷作钣金工（初级、中级、高级、技师和高级技师）

◆ 焊工（初级★、中级★、高级★、技师和高级技师★）

◆ 热处理工（初级、中级、高级、技师和高级技师）

◆ 涂装工（初级、中级、高级、技师和高级技师）

◆ 电镀工（初级、中级、高级、技师和高级技师）

◆ 锅炉操作工（初级、中级、高级、技师和高级技师）

◆ 数控机床维修工（中级、高级和技师）

◆ 汽车驾驶员（初级、中级、高级、技师）

◆ 汽车修理工（初级★、中级、高级、技师和高级技师）

◆ 摩托车维修工（初级、中级、高级）

◆ 制冷设备维修工（初级、中级、高级、技师和高级技师）

◆ 电气设备安装工（初级、中级、高级、技师和高级技师）

◆ 值班电工（初级、中级、高级、技师和高级技师）

◆ 维修电工（初级★、中级★、高级、技师和高级技师）

◆ 家用电器产品维修工（初级、中级、高级）

◆ 家用电子产品维修工（初级、中级、高级、技师和高级技师）

◆ 可编程序控制系统设计师（一级、二级、三级、四级）

◆ 无损检测员（基础知识、超声波探伤、射线探伤、磁粉探伤）

◆ 化学检验工（初级、中级、高级、技师和高级技师）

◆ 食品检验工（初级、中级、高级、技师和高级技师）

◆ 制图员（土建）

◆ 起重工（初级、中级、高级、技师）

◆ 测量放线工（初级、中级、高级、技师和高级技师）

◆ 架子工（初级、中级、高级）

◆ 混凝土工（初级、中级、高级）

◆ 钢筋工（初级、中级、高级、技师）

◆ 管工（初级、中级、高级、技师和高级技师）

◆ 木工（初级、中级、高级、技师）

◆ 砌筑工（初级、中级、高级、技师）

◆ 中央空调系统操作员（初级、中级、高级、技师）

◆ 物业管理员（物业管理基础、物业管理员、助理物业管理师、物业管理师）

◆ 物流师（助理物流师、物流师、高级物流师）

◆ 室内装饰设计员（室内装饰设计员、室内装饰设计师、高级室内装饰设计师）

◆ 电切削工（初级、中级、高级、技师和高级技师）

◆ 汽车装配工

◆ 电梯安装工   ◆ 电梯维修工

变压器行业特有工种国家职业资格培训教程

丛书介绍：由相关国家职业标准的制定者——机械工业职业技能鉴定指导中心组织编写，是配套用于国家职业技能鉴定的指定教材，覆盖变压器行业 5 个特有工种，共 10 种。

读者对象：可作为相关企业培训部门、各级职业技能鉴定培训机构的鉴定培训教材，也可作为变压器行业从业人员学习、考证用书，还可作为技工学校、职业高中、各种短训班的教材。

◆ 变压器基础知识
◆ 绕组制造工（基础知识）
◆ 绕组制造工（初级 中级 高级技能）
◆ 绕组制造工（技师 高级技师技能）
◆ 干式变压器装配工（初级、中级、高级技能）
◆ 变压器装配工（初级、中级、高级、技师、高级技师技能）

◆ 变压器试验工（初级、中级、高级、技师、高级技师技能）
◆ 互感器装配工（初级、中级、高级、技师、高级技师技能）
◆ 绝缘制品件装配工（初级、中级、高级、技师、高级技师技能）
◆ 铁心叠装工（初级、中级、高级、技师、高级技师技能）

国家职业资格培训教材——理论鉴定培训系列

丛书介绍：以国家职业技能标准为依据，按机电行业主要职业（工种）的中级、高级理论鉴定考核要求编写，着眼于理论知识的培训。

读者对象：可作为各级职业技能鉴定培训机构、企业培训部门的培训教材，也可作为职业技术院校、技工院校、各种短训班的专业课教材，还可作为个人的学习用书。

◆ 车工（中级）鉴定培训教材
◆ 车工（高级）鉴定培训教材
◆ 铣工（中级）鉴定培训教材
◆ 铣工（高级）鉴定培训教材
◆ 磨工（中级）鉴定培训教材
◆ 磨工（高级）鉴定培训教材

◆ 钳工（中级）鉴定培训教材
◆ 钳工（高级）鉴定培训教材
◆ 机修钳工（中级）鉴定培训教材
◆ 机修钳工（高级）鉴定培训教材
◆ 焊工（中级）鉴定培训教材
◆ 焊工（高级）鉴定培训教材

- ◆ 热处理工（中级）鉴定培训教材
- ◆ 热处理工（高级）鉴定培训教材
- ◆ 铸造工（中级）鉴定培训教材
- ◆ 铸造工（高级）鉴定培训教材
- ◆ 电镀工（中级）鉴定培训教材
- ◆ 电镀工（高级）鉴定培训教材
- ◆ 维修电工（中级）鉴定培训教材
- ◆ 维修电工（高级）鉴定培训教材
- ◆ 汽车修理工（中级）鉴定培训教材
- ◆ 汽车修理工（高级）鉴定培训教材
- ◆ 涂装工（中级）鉴定培训教材
- ◆ 涂装工（高级）鉴定培训教材
- ◆ 制冷设备维修工（中级）鉴定培训教材
- ◆ 制冷设备维修工（高级）鉴定培训教材

国家职业资格培训教材——操作技能鉴定实战详解系列

丛书介绍：用于国家职业技能鉴定操作技能考试前的强化训练。特色：

- ● 重点突出，具有针对性——依据技能考核鉴定点设计，目的明确。
- ● 内容全面，具有典型性——图样、评分表、准备清单，完整齐全。
- ● 解析详细，具有实用性——工艺分析、操作步骤和重点解析详细。
- ● 练考结合，具有实战性——单项训练题、综合训练题，步步提升。

读者对象：可作为各级职业技能鉴定培训机构、企业培训部门的考前培训教材，也可供职业技能鉴定部门在鉴定命题时参考，也可作为读者考前复习和自测使用的复习用书，还可作为职业技术院校、技工院校、各种短训班的专业课教材。

- ◆ 车工（中级）操作技能鉴定实战详解
- ◆ 车工（高级）操作技能鉴定实战详解
- ◆ 车工（技师、高级技师）操作技能鉴定实战详解
- ◆ 铣工（中级）操作技能鉴定实战详解
- ◆ 铣工（高级）操作技能鉴定实战详解
- ◆ 钳工（中级）操作技能鉴定实战详解
- ◆ 钳工（高级）操作技能鉴定实战详解
- ◆ 钳工（技师、高级技师）操作技能鉴定实战详解
- ◆ 数控车工（中级）操作技能鉴定实战详解
- ◆ 数控车工（高级）操作技能鉴定实战详解
- ◆ 数控车工（技师、高级技师）操作技能鉴定实战详解
- ◆ 数控铣工/加工中心操作工（中级）操作技能鉴定实战详解
- ◆ 数控铣工/加工中心操作工（高级）操作技能鉴定实战详解
- ◆ 数控铣工/加工中心操作工（技师、高级技师）操作技能鉴定实战详解

- ◆ 焊工（中级）操作技能鉴定实战详解
- ◆ 焊工（高级）操作技能鉴定实战详解
- ◆ 焊工（技师、高级技师）操作技能鉴定实战详解
- ◆ 维修电工（中级）操作技能鉴定实战详解
- ◆ 维修电工（高级）操作技能鉴定实战详解
- ◆ 维修电工（技师、高级技师）操作技能鉴定实战详解
- ◆ 汽车修理工（中级）操作技能鉴定实战详解
- ◆ 汽车修理工（高级）操作技能鉴定实战详解

技能鉴定考核试题库

丛书介绍：根据各职业（工种）鉴定考核要求分级编写，试题针对性、通用性、实用性强。

读者对象：可作为企业培训部门、各级职业技能鉴定机构、再就业培训机构培训考核用书，也可供技工学校、职业高中、各种短训班培训考核使用，还可作为个人读者学习自测用书。

- ◆ 机械识图与制图鉴定考核试题库
- ◆ 机械基础技能鉴定考核试题库
- ◆ 电工基础技能鉴定考核试题库
- ◆ 车工职业技能鉴定考核试题库
- ◆ 铣工职业技能鉴定考核试题库
- ◆ 磨工职业技能鉴定考核试题库
- ◆ 数控车工职业技能鉴定考核试题库
- ◆ 数控铣工/加工中心操作工职业技能鉴定考核试题库
- ◆ 模具工职业技能鉴定考核试题库
- ◆ 钳工职业技能鉴定考核试题库
- ◆ 机修钳工职业技能鉴定考核试题库
- ◆ 汽车修理工职业技能鉴定考核试题库
- ◆ 制冷设备维修工职业技能鉴定考核试题库
- ◆ 维修电工职业技能鉴定考核试题库
- ◆ 铸造工职业技能鉴定考核试题库
- ◆ 焊工职业技能鉴定考核试题库
- ◆ 冷作钣金工职业技能鉴定考核试题库
- ◆ 热处理工职业技能鉴定考核试题库
- ◆ 涂装工职业技能鉴定考核试题库

机电类技师培训教材

丛书介绍：以国家职业标准中对各工种技师的要求为依据，以便于培训为前提，紧扣职业技能鉴定培训要求编写。加强了高难度生产加工，复杂设备的安装、调试和维修，技术质量难题的分析和解决，复杂工艺的编制，故障诊断与排

除以及论文写作和答辩的内容。书中均配有培训目标、复习思考题、培训内容、试题库、答案、技能鉴定模拟试卷样例。

读者对象：可作为职业技能鉴定培训机构、企业培训部门、技师学院培训鉴定教材，也可供读者自学及考前复习和自测使用。

◆ 公共基础知识
◆ 电工与电子技术
◆ 机械制图与零件测绘
◆ 金属材料与加工工艺
◆ 机械基础与现代制造技术
◆ 技师论文写作、点评、答辩指导
◆ 车工技师鉴定培训教材
◆ 铣工技师鉴定培训教材
◆ 钳工技师鉴定培训教材
◆ 焊工技师鉴定培训教材
◆ 电工技师鉴定培训教材

◆ 铸造工技师鉴定培训教材
◆ 涂装工技师鉴定培训教材
◆ 模具工技师鉴定培训教材
◆ 机修钳工技师鉴定培训教材
◆ 热处理工技师鉴定培训教材
◆ 维修电工技师鉴定培训教材
◆ 数控车工技师鉴定培训教材
◆ 数控铣工技师鉴定培训教材
◆ 冷作钣金工技师鉴定培训教材
◆ 汽车修理工技师鉴定培训教材
◆ 制冷设备维修工技师鉴定培训教材

特种作业人员安全技术培训考核教材

丛书介绍：依据《特种作业人员安全技术培训大纲及考核标准》编写，内容包含法律法规、安全培训、案例分析、考核复习题及答案。

读者对象：可用作各级各类安全生产培训部门、企业培训部门、培训机构安全生产培训和考核的教材，也可作为各类企事业单位安全管理和相关技术人员的参考书。

◆ 起重机司索指挥作业
◆ 企业内机动车辆驾驶员
◆ 起重机司机
◆ 金属焊接与切割作业
◆ 电工作业

◆ 压力容器操作
◆ 锅炉司炉作业
◆ 电梯作业
◆ 制冷与空调作业
◆ 登高作业

读者信息反馈表

感谢您购买《钳工（中级）第 2 版》一书。为了更好地为您服务，有针对性地为您提供图书信息，方便您选购合适图书，我们希望了解您的需求和对我们教材的意见和建议，愿这小小的表格为我们架起一座沟通的桥梁。

姓　名		所在单位名称		
性　别		所从事工作(或专业)		
通信地址			邮　编	
办公电话		移动电话		
E-mail				

1. 您选择图书时主要考虑的因素：（在相应项前面画✓）：
   （　　）出版社　（　　）内容　（　　）价格　（　　）封面设计　（　　）其他
2. 您选择我们图书的途径(在相应项前面画✓)：
   （　　）书目　（　　）书店　（　　）网站　（　　）朋友推介　（　　）其他

希望我们与您经常保持联系的方式：

　　　　□　电子邮件信息　　　□　定期邮寄书目
　　　　□　通过编辑联络　　　□　定期电话咨询

您关注(或需要)哪些类图书和教材：

您对我社图书出版有哪些意见和建议(可从内容、质量、设计、需求等方面谈)：

您今后是否准备出版相应的教材、图书或专著(请写出出版的专业方向、准备出版的时间、出版社的选择等)：

非常感谢您能抽出宝贵的时间完成这张调查表的填写并回寄给我们，我们愿以真诚的服务回报您对机械工业出版社技能教育分社的关心和支持。

请联系我们——

地　　址　北京市西城区百万庄大街 22 号　机械工业出版社技能教育分社
邮　　编　100037
社长电话　(010)88379083　88379080　68329397(带传真)
E-mail　jnfs@ cmp book. com